Martin Aschoff

Professionelles Direkt- und Dialogmarketing per E-Mail

Martin Aschoff

Professionelles Direkt- und Dialogmarketing per E-Mail

- Inhalte richtig formulieren und gestalten
- E-Mails sicher zustellen und auswerten
- Praxistipps und Fallbeispiele

HANSER

Martin Aschoff, *Vorstand* AGNITAS AG, *München*

Alle in diesem Buch enthaltenen Informationen wurden nach bestem Wissen zu-sammengestellt. Dennoch sind Fehler nicht ganz auszuschließen. Aus diesem Grund sind die im vorliegenden Buch enthaltenen Informationen mit keiner Verpflichtung oder Garantie irgendeiner Art verbunden. Autor und Verlag übernehmen infolgedessen keine juristische Verantwortung und werden keine daraus folgende oder sonstige Haftung übernehmen, die auf irgendeine Art aus der Benutzung dieser Informationen entsteht, auch nicht für die Verletzung von Patentrechten und anderen Rechten Dritter, die daraus resultierten könnten.
Ebenso übernehmen Autor und Verlag keine Gewähr dafür, dass die beschriebenen Verfahren usw. frei von Schutzrechten Dritter sind. Die Wiedergabe von Gebrauchs-namen, Handelsnamen, Warenbezeichnungen usw. in diesem Buch berechtigt auch ohne besondere Kennzeichnung nicht zu der Annahme, dass solche Namen im Sinne der Warenzeichen- und Markenschutz-Gesetzgebung als frei zu betrachten wären und daher von jedermann benutzt werden dürfen.

Bibliographische Information Der Deutschen Bibliothek
Die Deutsche Bibliothek verzeichnet diese Publikation in der Deutschen National-bibliografie; detaillierte bibliografische Daten sind im Internet über http://dnb.ddb.de abrufbar.

© 2005 Carl Hanser Verlag München Wien
Internet: http://www.hanser.de
Lektorat: Lisa Hoffmann-Bäuml
Herstellung: Ursula Barche
Umschlaggestaltung: Büro plan.it unter Verwendung
eines Bildmotives von Hartmut Keitel
Gesamtherstellung: Kösel, Krugzell
Printed in Germany

ISBN 3-446-40038-9

Inhalt

Vorwort

Liebe Leserin, lieber Leser,

die Zukunft des Verkaufens liegt im Management der bestehenden Kundenbeziehungen („Customer Relationship Management", kurz: CRM), denn erst langfristige Kundenbeziehungen sind für ein Unternehmen ertragreich.

Dialogmarketing ist der Schlüssel für die erfolgreiche Umsetzung eines professionellen Kundenbeziehungsmanagements, weil sich nur durch eine kontinuierliche Kommunikation die Kundenbeziehung steuern lässt. War Dialogmarketing früher auf Brief, Fax und Telefon beschränkt, so haben sich mit dem Medium E-Mail neue Perspektiven eröffnet, denn Dialogmarketing per E-Mail bietet gegenüber den „klassischen" Medien eine ganze Reihe von Vorteilen, wie z. B.

- schnellerer Versand und umgehendes Feedback,
- perfekte Messbarkeit aller wichtigen Parameter,
- echtes 1:1-Marketing durch hohes Automatisierungspotenzial,
- ein unschlagbares Preis-Leistungs-Verhältnis.

Deshalb hat sich E-Mail-Marketing in kürzester Zeit zu einem unverzichtbaren Bestandteil in jedem Marketing-Mix entwickelt.

Dieses Buch richtet sich an alle Mitarbeiter in Marketing-Abteilungen, Marketing-Berater und andere Marketing-Interessierte. Es soll Sie mit dem erforderlichen **Praxiswissen** ausstatten, damit Sie die Vorteile des E-Mail-Marketings optimal ausschöpfen und professionell umsetzen können. Mit seinen Inhalten soll dieses Buch zum einen das Fundament für Ihre E-Mail-Marketing-Aktivitäten legen und Ihnen zum anderen ein unentbehrlicher Ratgeber für die tägliche Arbeit sein.

Als Gründer und Vorstand eines Dienstleisters für E-Mail-Marketing kann der Autor auf über fünf Jahre Praxiserfahrung zurückgreifen. Daher bietet dieses Buch neben dem erforderlichen theoretischen Grundwissen zu E-Mail-Marketing eine Fülle von praktischen Erfahrungen und Anregungen, konkrete Tipps, Profi-Tricks, Checklisten sowie Fallbeispiele erfolgreicher E-Mail-Marketing-Aktivitäten, die der Autor für verschiedene Unternehmen realisiert hat.

Die Reihenfolge des in diesem Buch behandelten Stoffs orientiert sich an der Reihenfolge, in der diese Themen gewöhnlich in der Praxis im Rahmen des E-Mail-Marketing-Workflows auftreten. Die Kapitel dieses Buches lassen sich daher sehr gut nacheinander lesen. Sie können allerdings

auch in einer anderen Reihenfolge gelesen werden, weil sie in sich unabhängig voneinander aufgebaut sind. Das führt zwar ab und an zu gering-
fügigen Redundanzen, stellt jedoch sicher, dass sich das Buch auch zum
Nachschlagen für die gezielte Suche nach Informationen zu einem bestimmten Thema verwenden lässt.

Ein Fachbuch, dessen Themen ganz wesentlich den Bereich Internet
berühren, kann nur schwer mit der Entwicklung des Marktes mithalten.
Daher finden Sie ergänzende und aktualisierte Informationen zu diesem
Buch im Newsletter des E-Mail-Marketing-Dienstleisters AGNITAS
AG, den Sie unter der Adresse www.agnitas.de kostenfrei abonnieren
können.

Für Ihre Kritik, Anregungen und Verbesserungsvorschläge ist der
Autor unter der E-Mail-Adresse maschoff@agnitas.de erreichbar.

München im Dezember 2004   *Martin Aschoff*

1 Grundlagen E-Mail-Marketing

In den letzten Jahren hat das Direkt- und Dialogmarketing als Werbeform gegenüber der klassischen Werbung wie Imageanzeigen, TV-Spots, Plakatierungen oder auch Messeauftritten stetig an Boden gewonnen. Anfangs wurden Direktmarketing- und Dialogmarketing-Aktionen noch von vielen Werbern scheu belächelt oder gar offen abschätzig beurteilt. Renommierte Agenturen waren sich oft zu fein, um in die Niederungen dieser neuen Werbeform hinabzusteigen.

Doch die Ergebnisse des Direkt- und Dialogmarketings haben schnell für sich gesprochen. Denn im Gegensatz zur klassischen Werbung sind die Resultate beim Direkt- und Dialogmarketing klar und eindeutig messbar. Dies führt dazu, dass diese Ergebnisse interpretiert und zur Optimierung der nachfolgenden Aktionen eingesetzt werden können.

Mittlerweile haben die zuvor erwähnten renommierten Agenturen längst reagiert und Töchter gegründet, die sich diesen modernen Marketing-Formen widmen. Inzwischen sind sogar einige klassische Werbeagenturen mit Dialogmarketing-Agenturen fusioniert. Das erhebt das Direkt- und Dialogmarketing zwar nicht gleich in den Adelsstand, etabliert es aber zumindest als gleichwertige Werbeform neben den klassischen Maßnahmen.

Während Direkt- und Dialogmarketing bislang hauptsächlich auf Post- und Fax-Mailings, auf Direct-Response-Hörfunk-Spots und -TV-Spots sowie Callcenter und Telefon-Hotlines beschränkt war, gibt es mit E-Mail seit kurzem ein weiteres Medium, das ideal für Direkt- und Dialogmarketing geeignet ist.

Der Leser hat vielleicht schon den Spruch von Henry Ford II., dem Enkel des Gründers des Automobilherstellers Ford, gehört, der sinngemäß gesagt haben soll: „Die eine Hälfte meiner Werbeausgaben ist zum Fenster hinausgeworfen, ich weiß leider nur nicht, welche Hälfte." Dieses Missgeschick kann mit E-Mail-Marketing nicht mehr passieren, denn bei E-Mail-Marketing lässt sich die Wirkung und damit der Erfolg jeder Aktion genau messen.

1.1 Der Nutzen des E-Mail-Marketings

1.1.1 Überblick

E-Mail-Marketing, also Direkt- und Dialogmarketing per E-Mail, ist der schnelle und preisgünstige Weg, um im Rahmen des Kundenbeziehungs-managements (CRM) ertragreiche Kundenbeziehungen auf- und auszu-bauen und den Wert der Kunden (den so genannten „Customer Lifetime Value") voll auszuschöpfen.

Kurz zusammengefasst bietet E-Mail-Marketing folgende Vorteile:

- E-Mail-Marketing ist **sehr preisgünstig**: Ausgaben für Papier und Druck entfallen, die Distributionskosten sind sehr gering.
- E-Mail-Marketing ist **blitzschnell und hochaktuell**: E-Mails werden nicht nur weltweit innerhalb von wenigen Sekunden zugestellt, die Empfänger reagieren auch sehr rasch darauf. Für die Empfänger hat die ultrakurze Laufzeit der E-Mails den Vorteil, dass keine lästigen Wartezeiten anfallen.
- E-Mail-Marketing ist **rücklaufstark**: Weil das Reagieren auf eine E-Mail per Mausklick oder über den Antworten-Button sehr einfach und bequem ist, fallen die Rücklaufquoten gegenüber Post- und Fax-Mailings deutlich höher aus.
- E-Mail-Marketing ist **perfekt messbar**: Alle Reaktionen auf eine E-Mail lassen sich elektronisch erfassen und automatisch exakt aus-werten.
- E-Mail-Marketing hat das Potenzial zum **1:1-Marketing**: Durch alter-native und optionale Textbausteine lassen sich Inhalte individuell auf das Profil des jeweiligen E-Mail-Empfängers anpassen.
- E-Mail-Marketing kann **sehr interaktiv** sein, indem E-Mails direkt auf die Mausklicks des Empfängers reagieren. Wenn die entsprechende Bandbreite auf Empfängerseite vorhanden ist, können die E-Mails sogar mit **multimedialen** Gestaltungselementen wie Animationen, Musik und Videos angereichert sein.

Mit E-Mail-Marketing lässt sich der gesamte Lebenszyklus eines Kunden, der über eine E-Mail-Adresse verfügt, begleiten (siehe Bild 1.1). Mit E-Mail-Marketing

- werden Dialogmarketing-Aktionen durchgeführt, um Interessenten zum Kauf von Produkten oder Dienstleistungen zu bewegen (**Neu-kundengewinnung**);

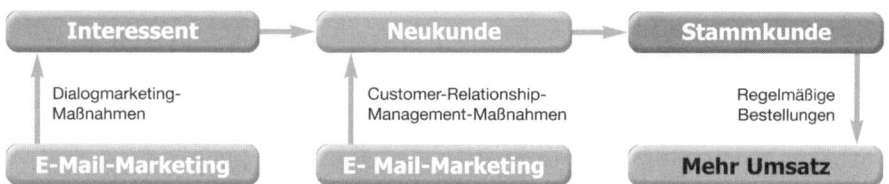

Bild 1.1: Mit E-Mail-Marketing Interessenten als Neukunden gewinnen und Neu-
kunden in Stammkunden umwandeln

- wird Imageaufbau betrieben, um das Vertrauen der Kunden in die Kompetenz, Redlichkeit und Zuverlässigkeit einer Marke (Branding) oder eines Internet-Angebotes aufzubauen (**Wiederholungskäufer**);
- lassen sich wertvolle Kundenprofile aufbauen, mit denen die Kommunikation personalisiert und inhaltlich individualisiert werden kann, um Kunden gezielter anzusprechen und langfristige, ertragreiche Beziehungen aufzubauen (**Stammkunden**);
- ist die Verbreitung von Support- und Service-Informationen möglich, damit Kunden die gekauften Produkte optimal einsetzen (**Kundenzufriedenheit/-bindung**).

Erste Voraussetzung für eine erfolgreiche E-Mail-Marketing-Kampagne ist, die E-Mail-Adressen der Interessenten und Kunden (sowie deren Namen für eine persönliche Anrede) zu besitzen und die Erlaubnis zu haben, diese per E-Mail anzuschreiben. Mehr zu diesem Thema folgt im Kapitel 2.

Die zweite Voraussetzung für erfolgreiches E-Mail-Marketing ist der Aufbau einer Datenbank mit Profilen der E-Mail-Empfänger, die für die gezielte Ansprache durch Personalisierung und Individualisierung der E-Mails verwendet werden können. Die Rückläufe und Aktionen der E-Mail-Empfänger werden wiederum zur Erweiterung der Profile in der Datenbank herangezogen.

E-Mail ist ein Massenmedium

E-Mail ist nicht länger ein Nischenmedium für Internet-Freaks, sondern mittlerweile zum Massenkommunikationsmedium herangewachsen. So haben zahlreiche Studien übereinstimmend ergeben, dass mittlerweile weit über die Hälfte der Bevölkerung in Deutschland das Internet nutzt. In der werberelevanten Zielgruppe der 14- bis 49-Jährigen liegt die Reichweite des Internets inzwischen sogar bei fast 80 %.

E-Mail ist der am häufigsten genutzte Dienst im Internet. Zahlreiche Untersuchungen belegen, dass praktisch alle Internet-Nutzer auch E-Mails empfangen und verschicken. Und während die Zahl der E-Mail-Nutzer linear wächst, steigt die Zahl der versendeten E-Mails exponentiell, weil sich mit jedem neuen Nutzer die Zahl der möglichen Sender-Empfänger-Kombinationen vervielfacht.

E-Mail ist im Begriff, den Brief und das Fax als schriftliches Basiskommunikationsmedium abzulösen, denn es bietet gegenüber Brief und Fax eine ganze Reihe von Vorteilen:

- **Geschwindigkeit:** Eine E-Mail benötigt für den Weg vom Sender zum Empfänger in der Regel nur wenige Sekunden.
- **Kostenersparnis:** E-Mails sind immateriell. Kosten für Papier, Druck und Distribution (beim Brief der Transport, beim Fax die Telefongebühr) entfallen.
- **Qualität:** E-Mails sind digital. Sie lassen sich beliebig oft reproduzieren und weiterleiten, ohne an Qualität zu verlieren.
- **Weiterverarbeitbarkeit:** Weil E-Mails digital sind, lassen sie sich mit Software (beispielsweise einem Textverarbeitungsprogramm) einfach weiterverarbeiten oder neu formatieren und ausdrucken.
- **Multimedia:** E-Mails können bei Bedarf multimedial sein, denn fast alle Adressaten können mittlerweile E-Mails im HTML-Format empfangen. Das HTML-Format, das auch für die Gestaltung von Websites im Internet verwendet wird, ermöglicht formatierte Texte, Farben, Icons, Tabellen, Diagramme, Grafiken, Fotos, Soundeffekte, Musik und sogar Animationen. Wenn die entsprechende Bandbreite bereitsteht (z. B. per Standleitung oder DSL), ist sogar der Versand von Videosequenzen möglich.

Die Konsequenz daraus: Die Geschäftskorrespondenz und ein großer Teil der privaten Korrespondenz werden in Zukunft schwerpunktmäßig über E-Mail abgewickelt werden. Dies betrifft auch Marketing-Post wie Mailings, Broschüren etc. So waren laut dem US-Marktforschungsinstitut eMarketer in den USA bereits 2001 22 % aller E-Mails kommerzielle Marketing-Mails.

Es gibt also keinen Grund mehr, mit dem Einsatz von E-Mail-Marketing zu warten mit der Begründung, man könne damit nur eine kleine Zielgruppe erreichen. Zwar ist die Durchdringung der Haushalte mit E-Mail noch nicht so hoch wie mit anderen Massenkommunikationsmedien wie Hörfunk oder TV, aber die kaufkräftigen Zielgruppen lassen sich bereits größtenteils per E-Mail erreichen.

1.1.2 Vorteile des E-Mail-Marketings

Während viele Unternehmen für klassische Werbung, ohne mit der Wimper zu zucken, jährlich sechs-, sieben- oder gar achtstellige Beträge ausgeben, steht für E-Mail-Marketing oft nur ein kleines oder gar kein Budget bereit und muss mühsam aus anderen Töpfen zusammengekratzt werden. Wem es ähnlich geht und wer seine Kollegen oder Vorgesetzten überzeugen möchte, künftig ein Budget für E-Mail-Marketing bereitzustellen, dem sind die folgenden Argumente zu empfehlen:

Günstige Kosten

Die Kosten für ein E-Mailing betragen in der Regel nur 10 bis 20 % der Kosten für ein Post-Mailing mit vergleichbarer Auflage (ohne Kreativleistungen und Produktion der Inhalte). Es fallen keinerlei Papier- und Druckkosten an, denn E-Mails sind immateriell. Da demzufolge nur Bits statt Atome transportiert werden müssen, sind die Versandkosten bei dem Medium E-Mail sehr gering und liegen mit 0,5 bis 5 Cent pro Aussendung deutlich unter dem Porto für Post-Mailings oder den Telekommunikationsgebühren für Fax-Mailings.

Hohe Aktualität

Die E-Mails eines E-Mailings sind, abhängig von dessen Auflage, innerhalb von wenigen Minuten bis Stunden verschickt und gehen in der Regel nur Sekunden nach dem Versand bei den E-Mail-Empfängern in deren Postfächern ein, sodass diese (weltweit) extrem schnell informiert werden können.

Erfahrungsgemäß treffen innerhalb der ersten 48 Stunden nach dem Versandtermin eines E-Mailings 80 bis 90 % der Rückläufe (Link-Klicks und E-Mail-Antworten) beim Versender ein, sodass das Feedback schnell vorliegt.

Gezielte Ansprache

Der Inhalt eines E-Mailings lässt sich mit Hilfe von alternativen und optionalen Textbausteinen ohne viel Aufwand dem individuellen Profil des jeweiligen Empfängers anpassen, sodass dieser ganz gezielt angesprochen wird. So kann Interessenten beispielsweise ein Einstiegsangebot offeriert werden, Wiederholungskäufer bekommen einen Treuerabatt und Stammkunden mit besonders hohen Umsätzen erhalten ein exklusives Spezialangebot. Damit bietet E-Mail-Marketing das Potenzial für Mikro- und 1:1-Marketing.

Hohe Response

Abgesehen von den variablen Inhalten, die sich natürlich rücklaufsteigernd auswirken, weisen E-Mails erfahrungsgemäß von Haus aus eine höhere Rücklaufquote als vergleichbare klassische Papier- oder Fax-Mailings auf, weil das Antworten viel einfacher und bequemer ist.

Statt eine Postkarte auszufüllen, diese mit einer Briefmarke zu versehen und zum Briefkasten zu bringen oder ein Faxformular auszufüllen, dieses in das Faxgerät einzulegen und die Empfängernummer anzuwählen, braucht der Empfänger bei einer E-Mail nur auf den Antworten-Button zu klicken und ein paar Zeilen zu tippen oder – noch einfacher – in der Checkbox eines HTML-Mail-Formulars ein Häkchen anzuklicken.

Mit einem weiteren Klick auf „Senden" schickt er seine Antwort auf den Weg mit der Gewissheit, dass diese innerhalb weniger Sekunden beim Empfänger angekommen sein wird. Alternativ lassen sich per Mausklick auf Links in einer E-Mail weiterführende Informationen auf der referenzierten Website aufrufen.

Perfekte Messbarkeit

Der Erfolg eines E-Mailings lässt sich aufgrund seiner elektronischen Natur einfach, präzise und schnell messen, denn der Rücklauf auf ein E-Mailing landet wieder in einem Computer und kann dadurch unmittelbar elektronisch erfasst und automatisch ausgewertet werden. Konkret lässt sich messen, wer eine E-Mail tatsächlich erhalten hat, wer sie geöffnet hat und wer wann und wie oft auf welche Links in der E-Mail geklickt hat. Dadurch wird es sehr einfach, nachfolgende E-Mail-Marketing-Aktionen oder Kampagnenstufen auf Basis des vorliegenden Feedbacks zu optimieren.

Unbegrenzte Inhalte

E-Mails können im Prinzip beliebig lang sein. Im Gegensatz zu alternativen Werbeformen wie TV-Spots, Printanzeigen oder Werbebannern, die sich zeitlich oder räumlich beschränken müssen, ist die Länge einer E-Mail unlimitiert, sodass die Kommunikation mit dem Empfänger wesentlich entspannter ablaufen kann.

Interaktive Inhalte

E-Mailings im HTML- oder Flash-Format können interaktive Elemente wie Webformulare oder klickbare Bereiche enthalten, die direkt auf die Mausklicks des E-Mail-Empfängers reagieren, um unmittelbar ein Ergebnis zu produzieren. Dadurch lassen sich E-Mails aktiver und eindringlicher gestalten.

Multimediale Inhalte

E-Mailings im HTML- oder Flash-Format können formatierte Texte, Farben, Icons, Tabellen, Diagramme, Grafiken, Fotos, Sound, Animationen und interaktive Elemente enthalten, um beim Empfänger eine höhere Aufmerksamkeit zu erzielen.

Zeitersparnis

Aufgrund der ultrakurzen Laufzeit von E-Mails entstehen für Interessenten und Kunden, die Informationen per E-Mail anfordern, keine lästigen Wartezeiten, wenn diese per Autoresponder bedient werden. (Ein Autoresponder beantwortet eingehende E-Mails automatisch mit einem vorgegebenen Text.)

1.1.3 Effektivität des E-Mail-Marketings

Eine Studie des renommierten Marktforschungsunternehmens Forrester Research hat bereits 1999 die Effektivität von Marketing-Maßnahmen für die Websites von US-Unternehmen untersucht. Deren Marketing-Leiter wurden befragt, welche Maßnahmen wie effektiv zur Generierung von Verkehr auf den jeweiligen Websites sind.

Bei dieser Umfrage erwiesen sich E-Mails an Interessenten und Kunden als am effektivsten. Eine vergleichbar hohe Effektivität erzielten nur die ursprünglich von Amazon entwickelten Affiliate-Programme. (Teilnehmer eines Affiliate-Programms verlinken ihre Website mit einem Shop-Anbieter und erhalten von diesem eine Provision auf Basis der zugeführten Kundenzahl oder Umsätze.)

Die hohe Effektivität der E-Mails ist darauf zurückzuführen, dass E-Mails nur dann gelesen werden, wenn der Empfänger es will. Es handelt sich beim E-Mail-Marketing also nicht um klassisches **Interruption Marketing,** das den Empfänger der Werbebotschaft bei einer anderen Tätigkeit (TV-Sendung anschauen, Artikel lesen o. Ä.) unterbricht.

Hat der Anbieter eines E-Mailings das Einverständnis der Empfänger, ihnen E-Mails zuzusenden (das ist übrigens eine rechtliche Voraussetzung in Deutschland), so spricht man von **Permission Marketing,** d. h. die Marketing-Botschaft hat die Erlaubnis des Empfängers, ihn zu erreichen.

Marketing-Maßnahme	Effektivität*
E-Mail an Interessenten/Kunden	4,3
Affiliate-Programme	4,3
Pressearbeit	4,1
TV-Werbung	4,0
Plakatierung	3,7
Mieten von Opt-in-Maillisten	3,5
Zeitschriftenanzeigen	3,4
Radiowerbung	3,4
Print-Mailings	3,4
Sponsoring-Programme	3,3
Buttons mit Links	3,2
Werbebanner	2,8
Zeitungsanzeigen	2,6

* Die Effektivität gibt die durchschnittliche Bewertung auf einer Skala von 1 (schlecht) bis 5 (großartig) an.

Einen weiteren Beleg für den hohen Stellenwert von E-Mail-Marketing und dessen wachsende Bedeutung im Vergleich zu anderen Marketing-Instrumenten lieferte eine Befragung von Mitgliedern des Deutschen Direktmarketing Verbandes (DDV) im September 2003. Im Rahmen dieser Untersuchung wurden die Teilnehmer unter anderem gefragt, bei welchen der aufgelisteten Instrumente, Medien und Techniken die Bedeutung in den folgenden drei Jahren zunehmen wird.

Auf dem ersten Platz landete mit deutlichem Vorsprung E-Mail-Marketing (65 % Zustimmung), gefolgt von personalisierten Mailings (58 %) und Internetseiten mit Dialogmöglichkeit (52 %), sowie Couponing (48 %) und Mobile Marketing (41 %). Das DDV-Präsidium unterstrich dieses Ergebnis, indem es betonte, dass „der Kundendialog via E-Mail sich immer mehr zu einem Hauptinstrument des Dialogmarketings entwickelt".

1.2 Die Umsetzung von E-Mail-Marketing

1.2.1 Wann macht E-Mail-Marketing Sinn?

Wer für ein neues Produkt oder eine Dienstleistung möglichst schnell einen hohen Bekanntheitsgrad in der Bevölkerung erreichen möchte, für den ist Marketing per E-Mail sicherlich nicht der beste Weg. Die Schaltung von Anzeigen oder TV-Spots in reichweitestarken Medien ist in diesem Fall die bessere Alternative.

Wenn dagegen die Zielgruppe für die zu vermarktenden Produkte bzw. Dienstleistungen schon so weit aufbereitet wurde, dass die Interessenten oder Kunden namentlich bekannt sind, ist E-Mail-Marketing eine interessante Ergänzung für den Marketing-Mix.

Es gibt eigentlich nur zwei Voraussetzungen, die für den Einsatz von E-Mail-Marketing zu erfüllen sind: Zum einen müssen die Interessenten und Kunden über einen Internet-Zugang verfügen, damit sie E-Mails empfangen (und senden) können. Zum anderen muss der Anbieter Themen rund um seine Produkte oder Dienstleistungen identifizieren, die so interessant sind, dass die Empfänger bereit sind, dem Anbieter ihre E-Mail-Adressen mit der Einwilligung zur Zusendung dieser Informationen zu überlassen.

Im Idealfall lassen sich zu den definierten Themen immer wieder neue Informationen generieren, sodass der Anbieter E-Mail-Marketing in Form von regelmäßigen E-Mail-Aussendungen betreiben und damit als Dialogmarketing-Instrument einsetzen kann.

Damit das Ganze etwas anschaulicher wird, folgen drei Paradebeispiele für den praktischen Einsatz von E-Mail-Marketing:

1. Ein Versandhändler kommuniziert mit seinen Interessenten und Kunden nur zweimal im Jahr durch die Zusendung des jeweils aktuellen Sommer- und Winterkatalogs. Zur Erhöhung der Kommunikationsfrequenz bietet der Versandhändler über den Katalog und seine Website einen wöchentlichen E-Mail-Newsletter mit aktuellen Angeboten an. Mit Hilfe dieses Newsletters kann er die Empfänger über Änderungen und Ergänzungen in seinem Sortiment zeitnah informieren, neue Kaufimpulse geben und die Bindung zu seinen Kunden intensivieren.

2. Ein Reiseveranstalter möchte zeitnah über Last-Minute-Angebote informieren und bietet auf seiner Website Interessenten die Registrierung ihres Reiseprofils an (Zielgebiet, Anzahl der Reisenden, Preisobergrenze etc.). Sobald ein neues Last-Minute-Angebot vorliegt,

wird dieses per E-Mail an alle Empfänger, deren Profilangaben zu dem jeweiligen Angebot passen, versendet.

3. Ein Pharmahersteller möchte den Kontakt zu den Endverbrauchern aufbauen. Dazu weist er auf den Beipackzetteln seiner Medikamente auf einen E-Mail-Service hin, der telefonisch über eine Hotline oder über seine Website bestellt werden kann und regelmäßig weiterführende Informationen sowie neue Erkenntnisse zu der Krankheit liefert, die das jeweilige Medikament behandelt.

1.2.2 Varianten von E-Mail-Marketing-Aktionen

Grundsätzlich gibt es mehrere Arten von E-Mail-Marketing-Aktionen. Die populärste Variante ist sicherlich der **E-Mail-Newsletter**, der periodisch an einen festen Verteiler gesendet und auf den im nächsten Abschnitt noch genauer eingegangen wird. Denkbar sind aber auch **einzelne E-Mailings** zu besonderen Anlässen oder **mehrstufige E-Mail-Kampagnen**, deren Aussendungen unmittelbar aufeinander aufbauen und in den Folgestufen variieren – abhängig von der Reaktion des jeweiligen Empfängers auf die vorige Stufe.

Ein Beispiel für eine mehrstufige Kampagne: Ein Versicherungskonzern versendet ein E-Mailing mit allgemeinen Informationen zu seinen verschiedenen Versicherungen. Die Empfänger können über ein Formular in der erhaltenen E-Mail wählen, zu welcher Art von Versicherung sie weiter gehende Informationen wünschen. Abhängig von ihrer Wahl erhalten die Empfänger in der zweiten Stufe eine E-Mail mit den gewünschten Informationen und einem Formular, das Angaben für ein konkretes Angebot abfragt. Empfänger, die auf die erste Stufe nicht reagiert haben, erhalten in der zweiten Stufe eine freundliche Erinnerung per E-Mail (Follow-up-Mail).

In der dritten Stufe erhalten diejenigen, die das Formular aus der zweiten Stufe ausgefüllt haben, ein auf ihren Angaben basierendes, maßgeschneidertes Angebot, das nur noch durch einen Klick bestätigt werden muss, um den unterschriftsreifen Versicherungsvertrag anzufordern.

Eine ganz neue Entwicklung im Bereich E-Mail-Marketing sind ereignis- und regelgesteuerte E-Mailings (die aber noch nicht von allen Dienstleistern angeboten werden). Mit dieser Klasse von E-Mailings lassen sich individuelle E-Mail-Dialoge im Sinne des 1:1-Marketings in Echtzeit (d. h. Real-Time-Marketing) umsetzen.

Bei **ereignisgesteuerten E-Mailings** erhalten nur diejenigen Empfänger eine E-Mail, die ein Ereignis generiert haben, beispielsweise, indem sie einen bestimmten Link angeklickt haben. Auf diese Weise lassen sich z. B. automatische Follow-up-Mails produzieren, die sofort (oder auch mit zeitlicher Verzögerung) versendet werden, sobald ein E-Mail-Empfänger durch einen Link-Klick anzeigt, dass er sich für ein bestimmtes Thema interessiert.

Regelgesteuerte E-Mailings werden nur an die E-Mail-Empfänger versendet, auf die eine zuvor definierte Regel zutrifft. Ein typischer Fall ist das Geburtstags-Mailing, das jeden Tag nur an diejenigen Empfänger versendet wird, deren Geburtstag mit dem aktuellen Datum überein-stimmt. Weitere Anwendungsgebiete für regelgesteuerte E-Mailings sind Erinnerungsmails, die beispielsweise sechs Wochen vor einem Urlaubs-antritt oder drei Monate vor dem Auslaufen des Mobilfunkvertrages ver-sendet werden, Jubiläumsmails, wenn ein Empfänger seit fünf oder zehn Jahren Kunde ist, oder Trigger-Mails, wenn beispielsweise eine bestimmte Anzahl von (Bonus-)Punkten erreicht wurde.

1.2.3 Plädoyer für den E-Mail-Newsletter

Neben den allgemeinen Argumenten, die für E-Mail-Marketing gelten, gibt es spezielle Vorteile, die für die Einführung eines regelmäßigen E-Mail-Newsletters sprechen.

Wie bereits erwähnt wurde, haben E-Mailings gegenüber Post-Mai-lings den großen Vorteil, dass sie deutlich preiswerter sind. Aus diesem Grund ist für E-Mailings eine wesentlich höhere Kommunikationsfre-quenz als bei Post-Mailings möglich – bei gleichem finanziellem Einsatz. Ein wöchentlicher E-Mail-Newsletter muss daher in Summe beispiels-weise nicht teurer sein als ein Post-Mailing, das lediglich alle zwei bis drei Monate versendet wird.

Ein E-Mail-Newsletter, der regelmäßig verschickt wird (üblich sind Frequenzen von wöchentlich bis monatlich), hat den weiteren Vorteil, dass sich der Anbieter mit seinen Produkten und Leistungen immer wie-der aktiv in das Gedächtnis der E-Mail-Empfänger bringt und auf diese Weise regelmäßige Kaufanreize bewirken kann. Die hohe Kommunika-tionsfrequenz sorgt zudem dafür, dass die Empfänger stets über aktuelle Entwicklungen, Produkte, Leistungen und Angebote auf dem Laufenden sind und kein Leser den Anbieter vergisst.

Ein regelmäßiger, professionell gestalteter und getexteter E-Mail-Newsletter vermittelt den Empfängern zudem ein vom Anbieter kontrol-liertes Image seines Unternehmens (Branding) und trägt durch seine in-formations- oder unterhaltungsorientierten Inhalte zur Kundenbindung bei. Dazu müssen die Newsletter-Ausgaben allerdings optisch stringent gestaltet und inhaltlich einheitlich strukturiert sein, wie es auch bei einer guten Kundenzeitschrift der Fall ist.

Wenn für den jeweiligen E-Mail-Empfänger Profilinformationen vorliegen, lässt sich ein E-Mail-Newsletter über variable und/oder optionale Textbausteine sogar inhaltlich individualisieren, sodass nicht alle Empfänger die gleiche E-Mail erhalten, sondern deren Inhalt von Empfänger zu Empfänger variiert. Damit ist eine noch gezieltere Ansprache der Leser möglich.

Über einen E-Mail-Newsletter lässt sich nicht nur Direktmarketing betreiben, indem den Empfängern regelmäßig neue Angebote unterbreitet werden. Durch den regelmäßigen Versand ist ein E-Mail-Newsletter auch ideal als Instrument für Dialogmarketing-Aktionen geeignet. Das heißt, der Newsletter wird nicht nur als kommunikative Einbahnstraße benutzt, sondern bietet den Lesern einen Rückkanal an, indem der Versender beispielsweise die Klicks auf die Links in den E-Mails misst, E-Mail-Adressen für alle Arten von Feedback anbietet oder eine Leserbrief-Rubrik einführt.

Auf diese Weise lässt sich von den E-Mail-Empfängern wertvolles Feedback erhalten, das genutzt werden kann, um die Kommunikation mit den Lesern noch zielgerichteter und individueller zu gestalten. Dies wird sich wiederum in besseren Rücklaufwerten und letztendlich in höheren Umsätzen niederschlagen.

1.2.4 Die Evolutionsstufen im E-Mail-Marketing

E-Mail-Marketing ist nicht gleich E-Mail-Marketing. Die Resultate des Direkt- und Dialogmarketings per E-Mail hängen entscheidend vom technischen und Marketing-Aufwand ab, den der Anbieter eines E-Mailings oder E-Mail-Newsletters betreibt (siehe Bild 1.2).

Einen minimalen Aufwand bedeutet das Versenden von einheitlichen Massenmails (auch „Bulk Mails" genannt) im **Text-Format**. Doch die Ergebnisse dieser schlichten E-Mails entsprechen oft dem Aufwand – sie sind bescheiden.

Einen Schritt weiter geht das Versenden von E-Mails im **HTML-Format**, da sich der Inhalt dieser Mails gegenüber Mails im Textformat wesentlich übersichtlicher, lesefreundlicher und attraktiver gestalten lässt. Erfahrungsgemäß kann sich die Response auf ein E-Mailing allein durch den Wechsel vom Text- zum HTML-Format um den Faktor 2 bis 4 erhöhen.

Noch einen Schritt weiter geht das Versenden von E-Mails, die datenbankgestützt **personalisiert** wurden, sodass jeder Empfänger im An-Feld mit seiner persönlichen E-Mail-Adresse (statt eines allgemeinen Platzhalters) angeschrieben und in der E-Mail mit seinem eigenen Namen begrüßt

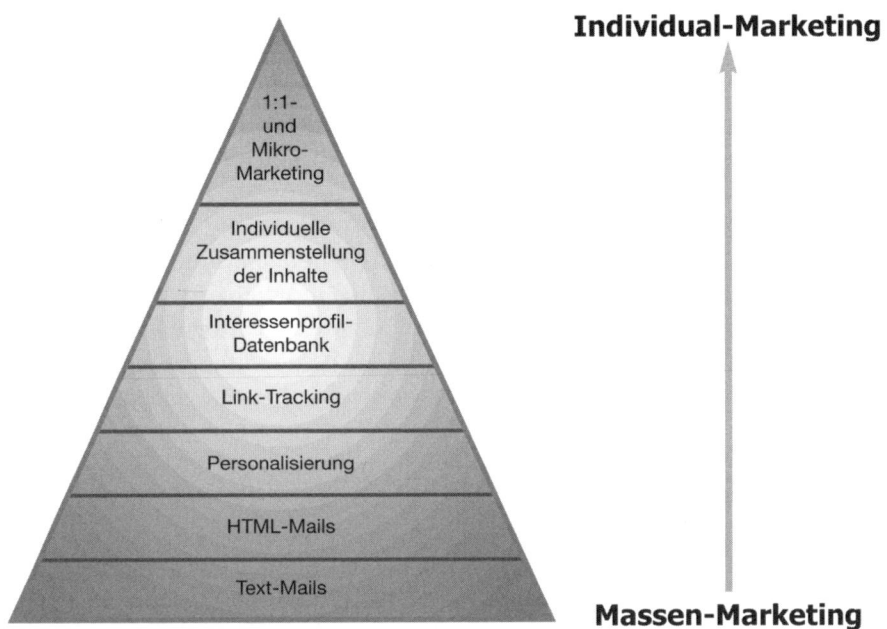

Bild 1.2: *Die Evolutionsstufen im E-Mail-Marketing vom Massen- zum Mikro-Marketing*

wird. Dies, so weiß es jeder Direktmarketer aus Erfahrung, garantiert eine erhöhte Aufmerksamkeit beim E-Mail-Empfänger.

Das **Link-Tracking** stellt die nächste Stufe in der E-Mail-Marketing-Evolution dar. Für das Link-Tracking werden die Links in jeder E-Mail speziell codiert, sodass sich später für das E-Mailing feststellen lässt, auf welchen Link wie oft geklickt wurde. Auf diese Weise erhält der Versender eine klare Rückmeldung, welche Angebote in seinem E-Mailing von den Empfängern wie gut angenommen wurden und kann seine Mailing-Inhalte entsprechend optimieren.

Alternativ können die Links in jeder E-Mail mit der Kundennummer des Empfängers personalisiert werden, sodass sich sogar feststellen lässt, welcher Empfänger wann und wie oft auf welchen Link geklickt hat. Auf diese Weise ist es dem Anbieter möglich, **Interessenprofile** der Empfänger zu ermitteln und in einer **Profildatenbank** zu speichern.

Während zum personenbezogenen Messen und Auswerten der Link-Klicks aus Datenschutzgründen vorab das Einverständnis der E-Mail-Empfänger eingeholt werden muss, kann den Lesern alternativ eine Auswahl an Themenfeldern für E-Mailings angeboten werden, sodass diese ihre Interessengebiete freiwillig selbst definieren.

Existiert eine Datenbank mit den Interessenprofilen der E-Mail-Empfänger, lassen sich diese Informationen nutzen, um E-Mails inhaltlich zu individualisieren. Das bedeutet, die Meldungen der einzelnen E-Mails werden für jeden Empfänger abhängig von dessen Profilangaben **individuell zusammengestellt.** Mit Hilfe der inhaltlichen Individualisierung lassen sich Response-Quoten erfahrungsgemäß um den Faktor 2 bis 10 (!) erhöhen.

Bei einer großen Auswahl an Interessengebieten sind entsprechend viele Kombinationen für die E-Mail-Inhalte möglich, sodass sich auch kleinste Zielgruppen mit ganz bestimmten Interessenprofilen gezielt ansprechen lassen (**Mikro-Marketing**).

Werden nicht nur E-Mailings mit inhaltlich individualisierten Inhalten verschickt, sondern erhalten die Empfänger entsprechend ihrer Reaktion auf diese E-Mailings zeitlich unabhängig voneinander einzelne E-Mails mit von ihnen gewünschten oder auf sie fokussierten Inhalten, so handelt es sich um echtes **1:1-Marketing**. Dies ist die höchste Stufe im Dialogmarketing, weil mit jedem Empfänger ein inhaltlich und zeitlich individueller, persönlich auf ihn zugeschnittener E-Mail-Dialog geführt wird. Solche E-Mail-Dialoge lassen sich mit Hilfe von regel- und ereignisgesteuerten E-Mailings automatisiert durchführen.

1.2.5 Die E-Mail-Marketing-Prozesskette

Der typische Ablauf einer E-Mail-Marketing-Kampagne lässt sich grundsätzlich in acht Schritte unterteilen (siehe auch Bild 1.3):

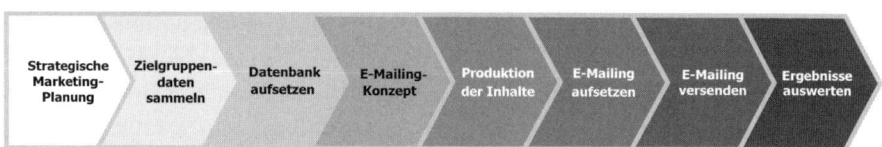

Bild 1.3: Die Prozesskette im E-Mail-Marketing besteht aus acht Stufen

1. Marketing-Strategie planen

Zuerst müssen die globalen Ziele und Meilensteine definiert werden, die mit Hilfe von E-Mail-Marketing erreicht werden sollen. Wenn solche Ziele nicht definiert sind und nur Aktionismus vorherrscht, werden E-Mail-Marketing-Aktionen keinen Erfolg haben. E-Mail-Marketing ist kein Sprint, sondern ein Marathon. Daher müssen Weg und Ziel klar abgesteckt sein, damit der Anbieter nicht von der Strecke abkommt.

2. Zielgruppendaten sammeln

Nachdem die übergeordneten Ziele feststehen, ist auch klar, welche Zielgruppen angesprochen werden sollten. Jetzt müssen die E-Mail-Adressen der Mitglieder dieser Zielgruppen gesammelt bzw. angemietet werden. Zusätzlich ist deren Einverständnis mit der Zusendung von E-Mails einzuholen.

3. Datenbank aufsetzen

Die Daten der Zielgruppen wie E-Mail-Adressen und eventuelle weitere Angaben (Vornamen, Nachnamen, Geschlecht, gewünschtes E-Mail-Format etc.) müssen in einer Datenbank abgelegt werden, auf deren Basis die zu versendenden E-Mails personalisiert werden. Falls weitere Profilinformationen von den E-Mail-Empfängern abgefragt oder erhoben werden sollen, beispielsweise um die E-Mails inhaltlich individualisieren zu können, werden auch diese in der Datenbank gespeichert.

4. E-Mailing-Konzept definieren

Im nächsten Schritt wird das konkrete Konzept des E-Mailings festgelegt, also die taktischen Ziele und daraus abgeleitet z. B. die Kommunikationsfrequenz (eine einzelne Aktion, ein regelmäßiger Newsletter oder eine mehrstufige Kampagne) oder die Tonalität (von gediegenem Stil und dezentem Design bis hin zur flapsigen Sprache mit flippigem Layout).

5. Produktion der Inhalte

Für jedes E-Mailing müssen der Zielgruppe und dem Konzept entsprechende Inhalte produziert werden. Diese bestehen aus redaktionellen und/oder werblichen Texten und bei E-Mails im HTML-Format zusätzlich aus Fotos, Grafiken und gegebenenfalls weiteren Bildelementen.

6. E-Mailing aufsetzen

Wenn Konzept und Inhalte für das jeweilige E-Mailing feststehen, muss das E-Mailing aufgesetzt werden. So muss beispielsweise die Reihenfolge der Texte definiert werden und bei variablen und optionalen Textbausteinen zusätzlich angegeben werden, welche Zielgruppen den jeweiligen Textbaustein erhalten sollen. Abschließend kommen noch die Kopf- und Fußzeilen hinzu sowie die Angaben für den E-Mail-Header (Absenderadresse, Betreffzeile etc.).

7. E-Mailing versenden

Beim Versand eines E-Mailings wird für jeden Empfänger dessen persönliche E-Mail zusammengestellt und versendet. Bei der Zusammenstellung sind das vom Empfänger gewünschte E-Mail-Format (Text, HTML, Flash, PDF etc.), die persönliche Anrede und eventuelle variable oder optionale Textbausteine zu berücksichtigen. E-Mails, die als unzustellbar zurückkommen, müssen abhängig vom Grund der Nichtzustellung entsprechend weiterverarbeitet werden. Darüber hinaus sollte bei den großen Providern über Test-Accounts geprüft werden, ob die E-Mails ordnungsgemäß zugestellt oder als Spam-Mails ausgefiltert werden.

8. Ergebnisse auswerten

Zuletzt werden die Ergebnisse des E-Mailings wie z.B. die Quote der unzustellbaren E-Mails, die Menge und Verteilung der Link-Klicks, die Anzahl und der Umsatz der Bestellungen sowie sonstige Rückmeldungen erfasst und analysiert.

Mit der Auswertung im Schritt 8 sollte eine E-Mail-Marketing-Aktion jedoch nicht beendet sein. Vielmehr müssen die Erkenntnisse, die im Rahmen der Auswertung gewonnen werden, in das Konzept des nächsten E-Mailings oder der nächsten Kampagnenstufe einfließen, sodass ein kontinuierlicher Dialogmarketing-Prozess entsteht.

Ziel dieses sich selbst steuernden Regelkreises, der auch als Closed-Loop-Marketing bezeichnet wird (siehe Bild 1.4), muss es sein, die Wirkung der E-Mail-Marketing-Aktivitäten immer weiter zu verbessern, die Rücklaufquoten stetig zu erhöhen und daraus resultierend das Globalziel aus Schritt 1 (häufig eine Steigerung des Umsatzes auf der eigenen Website) zu erreichen.

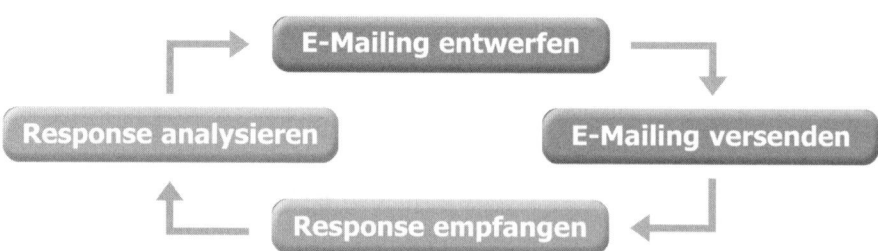

Bild 1.4: Über einen Closed-Loop-Marketing-Ansatz lassen sich die Ergebnisse einer Kampagne optimieren

1.3 E-Mail-Marketing im Marketing-Mix

1.3.1 E-Mailings im Vergleich zu Post-Mailings

Ein großer Vorzug beim E-Mail-Marketing ist der Preisvorteil des Mediums E-Mail gegenüber dem Postbrief. Während man selbst bei einfachen Post-Mailings abhängig von der Auflage mit Kosten von 500 bis 1.000 € pro 1.000 Empfänger (TKP, Tausender-Kontaktpreis) rechnen muss, betragen die Kosten bei E-Mailings in der Regel ein Hundertstel bis ein Zehntel davon, d.h. der TKP-Wert liegt bei 5 bis maximal 100 €, weil die Ausgaben für Papier, Druck und Porto entfallen.

Demgegenüber besteht der Rücklauf auf ein E-Mailing in der Regel aus zwei Stufen: zum einen der Klick auf einen E-Mail-Link, um eine Webseite aufzurufen (**Klickrate**), und zum anderen die eigentliche Aktivität auf der Webseite, z.B. eine Registrierung oder Bestellung (**Konvertierungsrate**).

Rechnet man beispielsweise für die erste Stufe mit einer Response-Quote von 10 % und für die zweite mit 5 %, so beträgt der Rücklauf insgesamt 0,5 %, was ein üblicher Wert bei E-Mailings ist. (Es gibt allerdings auch einstufig arbeitende E-Mailings wie HTML-Mails mit integriertem Bestellformular, die aber nicht zwangsläufig höhere Response-Werte erreichen.)

Gegenüber der Response-Quote auf ein E-Mailing von 0,5 % kann der Rücklauf auf ein Post-Mailing erfahrungsgemäß höher sein, wobei Werte von 2 % bei Standard-Mailings in der Praxis einen sehr guten Wert darstellen. Doch auch bei Einrechnung dieses Response-Wertes sind die Ergebnisse eines E-Mailings wirtschaftlich besser als die eines Post-Mailings. Bei einem E-Mailing-TKP von 5 bis 100 € und einer Response-Quote von 0,5 %, kostet eine Bestellung (**CPO**, Cost per Order) 1 bis 20 €, während bei einem Post-Mailing-TKP von 500 bis 1.000 € und einer Response-Quote von 2 % der CPO-Wert zwischen 25 und 50 € liegt.

Eine Studie des US-Marktforschungsinstituts IMT Strategies vom Oktober 2001 hat für E-Mailings in den USA sogar einen durchschnittlichen CPO-Wert von 2,50 US$ gegenüber 25 US$ für Post-Mailings ermittelt, also ein Verhältnis von 1:10 zugunsten der E-Mailings.

Die Erfahrung zeigt übrigens, dass die Response-Werte bei E-Mailings an Stammkunden deutlich besser als bei E-Mailings an Interessenten oder Neukunden sind. So ist bei Letzteren mit Klickraten von 2 bis 5 % und Konvertierungsraten von 2 bis 5 % zu rechnen, während Stammkunden Klickraten von 10 bis 20 % und Konvertierungsraten von 5 bis 10 % generieren!

1.3.2   E-Mailings in Kombination mit Post-Mailings

E-Mail-Marketing wird zunehmend zu einem wichtigen Bestandteil in jedem Marketing-Mix. Durch die Kombination des neuen Mainstream-Mediums E-Mail mit dem klassischen Medium Postbrief lassen sich moderne Crossmedia-Marketing-Kampagnen realisieren, die für die Anwender zu noch besseren wirtschaftlichen Ergebnissen führen.

Darüber hinaus zeigen Erfahrungen des Versandhandels in den USA, dass Kunden, die crossmedial angesprochen werden und für ihre Bestellungen mehr als nur einen Kommunikationskanal nutzen (d.h. den Postweg für Bestellungen per Katalog **und** das Internet für Online-Bestellungen), signifikant höhere Bestellwerte und -frequenzen aufweisen gegenüber Kunden, die sich auf die Nutzung nur eines einzigen Kanals beschränken.

Post- und E-Mailings lassen sich prinzipiell auf folgende drei Arten kombinieren:

1. Alternativer Einsatz

Abhängig vom Wunsch des Empfängers erhält dieser die Mailings entweder per Post oder als E-Mail.

2. Einsatz im Mix

Im Rahmen von mehrstufigen Mailing-Kampagnen werden sowohl Briefpost als auch E-Mails als Kommunikationskanal genutzt. Solche crossmedialen Kombinationen produzieren oft höhere Response-Werte als die simple Addition der Rückläufe aus getrennten Post- und E-Mail-Aktionen.

3. Substituiver Einsatz

Empfänger, deren E-Mail-Adresse unbekannt oder nicht vorhanden ist, werden per Post angeschrieben, und Empfänger, die postalisch unbekannt verzogen sind, erhalten die Informationen per E-Mail.

Wie kann ein Crossmedia-Ansatz konkret aussehen? Ein Anwendungsbeispiel aus dem Permission Marketing ist, den Empfänger das Medium (Post oder E-Mail) frei wählen zu lassen. Ein anderer Ansatz ist, die beiden Medien nach ihrer Zweckmäßigkeit zu mixen:

- Post-Mailings für dauerhafte Unterlagen, um „etwas in der Hand zu haben" oder, falls der Empfänger nicht über einen Internet-Zugang verfügt,
- E-Mailings, um den Empfänger augenblicklich (ohne Postlaufzeit) und/oder interaktiv zu informieren.

Ein weiteres typisches Beispiel aus den USA: Der Postversand von Broschüren oder Katalogen wird dem Empfänger durch eine Teaser-E-Mail im Voraus angekündigt und durch eine Follow-up-Mail nochmals in Erinnerung gebracht. Während sich in diesem Fall die Kosten durch die ergänzende E-Mail-Marketing-Maßnahme lediglich um 15 bis 25 % erhöhen, kann die Zahl der Bestellungen um 50 bis 100 % steigen, sodass die Kosten pro Bestellung deutlich sinken!

Bei einem Crossmedia-Ansatz lassen sich die Kosten für Mailings durch die Einbeziehung von E-Mailings signifikant senken. Ein Beispiel: In einer bestimmten Zielgruppe erhalten künftig nicht mehr 100 %, sondern nur noch 67 % der Empfänger Mailings per Post. Die restlichen 33 % der Empfänger haben der Kommunikation per E-Mail zugestimmt und erhalten daher E-Mails. Betragen in diesem Beispiel die Kosten für ein E-Mailing 15 % der Kosten eines Post-Mailings, so lassen sich bei einem E-Mail-Anteil von 33 % insgesamt 28 % der Mailing-Kosten sparen!

Fazit: Durch die intelligente Verzahnung von Post- und E-Mailings zu crossmedialen Kampagnen und Aktionen lassen sich die Kosten für Kundenakquisitions- und -bindungsmaßnahmen reduzieren, beim Verkauf günstigere CPO-Werte erzielen und die Ausgaben für Papier, Druck und Porto signifikant senken.

1.3.3 Couponing per E-Mail

Eine weitere empfehlenswerte Einsatzmöglichkeit für E-Mail-Marketing ist das Couponing per E-Mail. Im stationären Handel sind Coupons, also Wertmarken, die einen gewissen Rabatt auf eine bestimmte Ware gewähren, schon seit langem ein beliebtes Marketing-Instrument zur Verkaufsförderung und für Produkt-Promotions am Point of Sale. Diese Coupons sind häufig in regionalen Tageszeitungen abgedruckt und müssen vom Käufer ausgeschnitten werden (das so genannte „Coupon Clipping").

Um die Coupons einzulösen, muss der Käufer diese im Handel an der Kasse präsentieren, um den versprochenen Rabatt zu erhalten. In den USA ist es auch üblich, die Coupons zusammen mit einem Kaufnachweis an den Hersteller einzuschicken, der dem Käufer den Rabatt rückvergütet. Letzteres Verfahren hat den Vorteil, dass der Hersteller auf diese Weise die Adresse des Käufers erhält (allerdings nicht die Bankverbindung, weil in den USA der Zahlungsverkehr in der Regel per Scheck abgewickelt wird).

Nachdem die papierbasierten Coupons in Deutschland seit dem Fall des Rabattgesetzes im Sommer 2001 bereits erfolgreich eingesetzt werden, ist das Couponing per E-Mail noch ein relativ neuer Trend. Coupons per

E-Mail bieten gegenüber Coupons in Zeitungen und Zeitschriften zahlreiche Vorteile:

- Coupons lassen sich per E-Mail sehr kostengünstig versenden.
- Über Mediacodes und personenbezogene Kennungen lässt sich die Response auf elektronische Coupons exakt messen.
- Coupons lassen sich personalisieren, sodass sie nur vom jeweiligen Empfänger eingelöst werden können.
- Coupons lassen sich personenbezogen individualisieren, sodass Neukunden beispielsweise einen anderen Rabattsatz als Stammkunden erhalten.
- Weil die Coupons elektronisch sind, lässt sich die Verarbeitung beim Online-Kauf vollständig automatisieren, sodass die Handlingkosten sehr gering sind.

US-Anwender berichten über ihre Coupon-Aktionen per E-Mail von Klickraten von bis zu 50 % und durchgerechneten Nutzungsraten von immerhin noch 5 bis 10 %, was weit über den Nutzungsraten von Coupons in Tageszeitungen liegt.

Couponing per E-Mail ist für Kundengewinnung, -bindung und -rückgewinnung möglich. Auf diese Weise lassen sich beispielsweise Interessenten bei einer Filialeröffnung anlocken, Altkunden reaktivieren oder neue Produkte mit einem zeitlich befristeten Nachlass einführen.

Dass das Couponing bei den Kunden in Deutschland ankommt, belegt eine Befragung des Online-Marktforschers Dialego von 1.000 Verbrauchern im Sommer 2002. Diese Untersuchung hat ergeben, dass sich 75 % der Befragten durch Coupons in ihrer Kaufentscheidung beeinflussen lassen (14 % „auf jeden Fall", 33 % „eher ja" und 28 % „teils/teils"), 15 % meinen „eher nein", aber nur 10 % der Befragten geben an, dass Coupons keinerlei Einfluss auf ihr Kaufverhalten haben.

Es darf jedoch nicht verschwiegen werden, dass das Couponing per E-Mail auch Schattenseiten haben kann. Werden Coupons beispielsweise nicht personenbezogen versendet, so können sie bei den falschen Empfängern landen (z. B. bei Stammkunden statt Interessenten) und von diesen eingelöst werden. Auch das Image von Coupons ist teilweise negativ behaftet, weil es insbesondere Schnäppchenjäger anspricht. Aus diesem Grund sollten Coupon-Aktionen beispielsweise grundsätzlich zeitlich befristet sein und niemals für Premium-Marken eingesetzt werden.

1.4 E-Mail-Marketing-Automation

1.4.1 E-Mail-Marketing für Fortgeschrittene

E-Mail-Marketing wird immer populärer, weil es ein sehr preiswertes Marketing-Instrument ist und aufgrund der umgehenden Zustellung der E-Mails schnell zu Ergebnissen führt. Doch E-Mail-Marketing bietet einen weiteren großen Vorteil, der bislang allerdings erst selten ausgeschöpft wird:

E-Mail-Marketing basiert auf einem elektronischen, computerbasierten Medium und ist dadurch hochgradig automatisierbar. Die Zukunft heißt E-Mail-Marketing-Automation (EMMA) und liegt im vollautomatisierten Ablauf dialogorientierter E-Mail-Kampagnen auf Basis datenbankgestützter Empfängerprofile.

Mit EMMA ist es möglich, Interessenten und Kunden abhängig von ihrem Profil (das auf Basis freiwilliger Angaben und/oder des Klickverhaltens gewonnen wurde) automatisiert mit einzelnen, durch personalisierte Inhalte individuell zugeschnittenen E-Mails anzusprechen. Ist eine EMMA-Kampagne einmal eingerichtet, sind keine weiteren manuellen Eingriffe mehr erforderlich. Daher ist mit EMMA der alte Traum vom 1 : 1-Marketing erstmals praktisch umsetzbar!

EMMA arbeitet beispielsweise mit E-Mailings, die nach definierten Regeln oder abhängig von Ereignissen generiert und versendet werden. Für die initiale Gewinnung der E-Mail-Adressen lassen sich Popups und Layer nutzen, die abhängig von Ereignissen (z.B. der Besucher verlässt die Website oder bricht den Warenkorb ab) angezeigt werden, um E-Mail-Adressen mit Einverständnis (Permission) zu gewinnen. Durch einen Feedback-Mechanismus auf der Website lassen sich besuchte Seiten, Bewegungsprofile und Warenkorbinhalte als Basis für EMMA-Kampagnen nutzen. All dies ist natürlich in Echtzeit möglich, daher spricht man in diesem Fall auch von Real-Time-Marketing.

Doch mit EMMA lassen sich nicht nur ausgehende E-Mailings optimieren. Auch die eingehenden Rückmeldungen der E-Mail-Empfänger können mit EMMA-Aktionen automatisiert verarbeitet werden, sodass sich die Kosten für den Kundenkontakt dramatisch reduzieren lassen, weil beispielsweise weniger Agenten im Callcenter bzw. an der E-Mail-Hotline benötigt werden.

Einige typische Komponenten für EMMA-Aktionen sind:

* **Offene Profilerhebung:** Pop-up-Fenster, -Layer und E-Mail-Fragebogen, die den Nutzer automatisiert nach Profilinformationen fragen

(z. B. E-Mail-Adresse für Sonderangebote oder Postleitzahl für regionale Mailings).

- **Verdeckte Profilerhebung:** automatisierter Aufbau von Nutzerprofilen durch Link-Tracking und Messen von Webseitenaufrufen (z. B. um Interessen des Empfängers herauszufinden).
- Regelgesteuerte E-Mailings: E-Mails, die erst dann versendet werden, wenn eine definierte Regel im Empfängerprofil erfüllt ist (z. B. Geburtstagsglückwünsche, Reaktivierungsangebote an Altkunden, Folgeangebote zur Vertragsverlängerung etc.).
- **Ereignisgesteuerte E-Mailings:** E-Mails, die erst dann versendet werden, wenn ein definiertes Ereignis eingetreten ist (z. B. der Empfänger hat auf einen Bestell-Link geklickt, an eine spezielle E-Mail-Adresse geantwortet oder eine Webseite mit einem bestimmten Produktangebot besucht).
- **Autoresponder-Kaskaden:** mehrstufige Autoresponderketten, um E-Mail-Rückfragen zu kategorisieren und automatisiert zu beantworten (z. B. Support-Informationen für Self-Service).
- **Shop-Mail-Marketing:** Follow-up- und Reaktivierungskampagnen für Warenkorbabbrecher auf Basis der Warenkorbinhalte.

Im Folgenden zur Illustration ein typisches Beispiel für eine mehrstufige EMMA-Kampagne, die aus verschiedenen EMMA-Aktionen aufgebaut ist, die automatisch ineinander greifen:

Ein Besucher verlässt die Website des Anbieters. Darauf öffnet sich ein kleines Browser-Fenster (als Pop-up oder Layer), in dem ihm angeboten wird, seine E-Mail-Adresse zu hinterlassen, um Sonderangebote und Schnäppchen zu bestimmten Produktgruppen zu erhalten (eventuell zusätzlich verbunden mit einer Incentivierung, um die Konvertierungsrate zu erhöhen). Der Besucher kann die Produktgruppen, die ihn interessieren, über Checkboxen anklicken (**offene Profilerhebung**). Mit diesem ersten Schritt gelingt es, die E-Mail-Adresse eines Website-Besuchers zu gewinnen und gleichzeitig seine Interessenlage abzufragen.

Als zweiten Schritt erhält der Interessent eine Bestätigungsmail, dass seine Anmeldung erfolgreich war und er zukünftig (ausschließlich) zu den angegebenen Produktgruppen Informationen erhält. Im dritten Schritt erhält der Interessent einige Tage später als **regelgesteuerte E-Mail** ein besonderes Angebot, abhängig von der Produktgruppe, die ihn interessiert. Die Regeln für die Zeitverzögerung und das konkrete Angebot in Abhängigkeit von der Interessenlage sind natürlich schon im Voraus definiert worden.

Reagiert der Interessent auf das E-Mail-Angebot per Klick auf den

Link, ist damit sein Interesse bestätigt und kann im Profil vermerkt werden (**verdeckte Profilerhebung**). Sollte er den Kauf wider Erwarten nicht abschließen, lassen sich Follow-up-Mails generieren, die auf den Inhalt des abgebrochenen Warenkorbs Bezug nehmen (**Shop-Mail-Marketing**).

Reagiert der Interessent auf das erste Angebot überhaupt nicht, so erfolgt als vierter Schritt entsprechend eine **ereignisgesteuerte E-Mail** (keine Reaktion ist ein Nichtereignis) mit einem alternativen Angebot, das ihn vielleicht mehr anspricht. Wenn auch das zweite Angebot nicht zum Erfolg führt, kann in einem fünften Schritt ein kleiner E-Mail-Fragebogen versendet werden (**offene Profilerhebung**), mit dessen Antworten das Profil des Interessenten angepasst wird, damit die Angebote in zukünftigen E-Mails besser mit seinen Interessen korrespondieren. An dieser Stelle schließt sich der Kreis zum so genannten Closed-Loop-Marketing.

1.4.2 Mehr Umsatz mit EMMA

Je nachdem, welchen Anbieter man fragt (und wie ehrlich die Antwort ist) liegt bei Online-Shops die Quote der Warenkörbe, die vor dem Abschluss des Kaufprozesses abgebrochen werden, zwischen 40 und 80 %.

Doch ein Warenkorb wird nicht nur deshalb abgebrochen, weil es sich der potenzielle Käufer anders überlegt hat und an einem Kauf nicht länger interessiert ist. Oft sind externe Störungen der Grund für den Abbruch eines Warenkorbes, vor allem

* fehlende Unterlagen (Passwörter, Kundennummer, Kontonummer, Bankleitzahl etc.),
* technische Probleme mit der Internet-Verbindung oder dem Shop (Performance, Aussetzer etc.),
* externe Störungen (Postbote, Baby, Chef etc.).

Aus diesem Grund macht es Sinn, einen abgebrochenen Warenkorb nicht gleich als verloren anzusehen, sondern ihn als Chance zu begreifen und zu versuchen, den Kaufvorgang doch noch zum Abschluss zu bringen.

Dazu bietet sich natürlich der Dialog mit dem potenziellen Käufer per E-Mail an. Der Dialog wird initiiert, indem der Warenkorbabbrecher beim Abbruch seines Bestellvorgangs in einem Pop-up-Fenster oder -Layer kurz und knapp gefragt wird, ob der Warenkorb für eine eventuelle spätere Fortsetzung des Kaufs zwischengespeichert bzw. die ausgewählten Produkte auf einer Merkliste eingetragen werden sollen.

Damit der Nutzer später wieder auf den Warenkorb zugreifen kann, muss er zusätzlich nach seiner E-Mail-Adresse gefragt werden, um mit ihm in Kontakt treten zu können. Eine weitere Begründung ist, dass ihm auf diesem Weg zu den Produkten seines Warenkorbs Preisänderungen, preisgünstige Produkt-Bundles oder spezielle Sonderangebote mitgeteilt werden können. Hier ist jede Argumentation hilfreich, die es dem Nutzer einfacher macht, seine E-Mail-Adresse einzutippen und sein Einverständnis mit der Zusendung von E-Mails abzugeben.

Oberstes Ziel muss es also sein, die E-Mail-Adresse des Warenkorbabbrechers zu erhalten. Ist dies einmal geschehen, so kann ein mehrstufiger, automatisierter E-Mail-Marketing-Dialog gestartet werden (siehe voriger Abschnitt), der zum Ziel hat, den Warenkorbabbrecher mit guten Argumenten und guten Angeboten doch noch zum Kaufabschluss zu bewegen.

Ein weiteres Beispiel für E-Mail-Marketing-Automation zur Umsatzsteigerung sind Reaktivierungsmails an Altkunden, die länger nichts mehr bestellt oder eine Leistung nicht genutzt haben. Umgesetzt werden diese E-Mails in Form von regelgesteuerten E-Mailings, die automatisch verschickt werden, wenn ein Kunde seine übliche Kauffrequenz (beispielsweise monatlich oder quartalsweise) unterbrochen oder schon lange Zeit nichts mehr bestellt hat. In diesem Fall erfolgt ein Reaktivierungsversuch per E-Mail, die den Kunden an den Anbieter erinnert und ihn mit den geeigneten Argumenten zum Besuch der Website motiviert.

2 Aufbau eines E-Mail-Verteilers

Bevor sich E-Mail-Marketing-Aktionen starten lassen, müssen die E-Mail-Adressen der Zielgruppe vorliegen. Eine einfache Feststellung, die jedoch für viele Anbieter noch eine scheinbar unüberwindbare Hürde darstellt, da im Haus oft so gut wie keine oder nur sehr wenige E-Mail-Adressen der Interessenten und Kunden vorhanden sind.

Dieses Kapitel widmet sich daher dem Thema Adressgewinnung: Wie lassen sich neue E-Mail-Adressen für den eigenen E-Mail-Verteiler gewinnen, was ist dabei bezüglich des Einverständnisses der Adressinhaber zu berücksichtigen und wie sollte der Anmeldeprozess für die potenziellen E-Mail-Empfänger konkret umgesetzt werden?

2.1 Wege zur Adressgewinnung

2.1.1 Keine E-Mail ohne Einverständnis

Das Thema „Gewinnung neuer E-Mail-Adressen" ist für E-Mail-Marketing eine Grundvoraussetzung und ein Dauerbrenner. Die wenigsten Anbieter haben, bevor sie mit ihren ersten E-Mail-Marketing-Aktivitäten starten, bereits systematisch E-Mail-Adressen gesammelt. Selbst große Konzerne verfügen oft nur über wenige tausend E-Mail-Adressen ihrer Zielgruppe, und teilweise besteht nicht einmal bei allen Adressen die Erlaubnis, diese per E-Mail anschreiben zu dürfen – diese Erlaubnis ist jedoch zwingend erforderlich.

Um es gleich vorweg ganz deutlich zu sagen: Zum Versenden von E-Mails an eine Zielgruppe sind nicht nur die E-Mail-Adressen der Empfänger erforderlich, sondern es ist auch das Einverständnis der Inhaber dieser Adressen nötig, um diese per E-Mail anschreiben zu dürfen.

Ein Unternehmen darf E-Mail-Adressen, die es bislang gesammelt hat (z.B. über entsprechende Adressfelder auf Antwortpostkarten und Bestellformularen), nicht nach Belieben verwenden, wie es bei postalischen Adressen der Fall ist. Vielmehr sind dem Umgang mit E-Mail-Adressen in Deutschland durch den aktuellen Stand der Rechtsprechung und neuerdings auch durch den Gesetzgeber enge Grenzen gesetzt.

Der Grundsatz, dass E-Mails nur mit dem Einverständnis der Empfänger versendet werden dürfen, ist nämlich seit Mitte 2004 explizit gesetzlich geregelt. Basis hierfür ist die neue Fassung des Gesetzes gegen den unlauteren Wettbewerb, kurz als UWG-Novelle bezeichnet.

In der neuen Fassung des UWG werden in § 7 verschiedene unzumut-
bare (und damit unzulässige) Belästigungen definiert, unter anderem auch
„Werbung unter Verwendung von [...] elektronischer Post, ohne dass
eine Einwilligung des Adressaten vorliegt". Damit ist die Rechtslage für
E-Mail-Marketing wieder glasklar, nachdem sie in 2002 und 2003 auf-
grund einzelner vom Einverständnisprinzip abweichender richterlicher
Urteile aufgeweicht wurde. Mehr zu diesem Thema folgt im Kapitel 8,
Abschnitt 2.

Auf der rechtlich sicheren Seite ist also nur, wer E-Mails ausschließlich
an solche Empfänger versendet, die dazu ihr Einverständnis erteilt haben.
Dieses Einverständnis sollte am besten **explizit** vorliegen, beispielsweise
dadurch, dass der potenzielle Empfänger den Anbieter per E-Mail zum
Versand von E-Mails auffordert oder sich auf dessen Website mit seiner
E-Mail-Adresse registriert. In diesen Fällen hat der Empfänger dem
Anbieter **ausdrücklich** seine Zustimmung zur Zusendung von E-Mails
erteilt.

Das Einverständnis des E-Mail-Empfängers kann aber auch **kon-
kludent** vorhanden sein, z. B. durch eine bereits existierende, aktive Geschäftsbeziehung mit dem Anbieter oder in Form eines mündlich oder
schriftlich geäußerten allgemeinen Interesses an Informationen per
E-Mail im Rahmen einer so genannten Geschäftsanbahnung. In diesen
Fällen spricht man auch von einem vermuteten oder **stillschweigenden**
Einverständnis, das allerdings rechtlich „weicher" und für den Anbieter
schwerer nachweisbar ist als ein ausdrückliches Einverständnis.

Für die Beurteilung, ob es Sinn macht, E-Mails nur an solche Empfänger zu versenden, die dazu ihr Einverständnis erklärt haben, muss jedoch
nicht nur die (eindeutige) rechtliche Lage berücksichtigt werden. Anbietern, denen die rechtliche Situation nicht gefällt, sollten das Ganze einmal
unter Marketing-Gesichtspunkten betrachten. Hier zeigt die Erfahrung,
dass unverlangt versendete E-Mails (also E-Mails, die ohne das Einverständnis der Empfänger an diese versendet werden) kaum Response generieren, bei den Empfängern überwiegend auf Ablehnung stoßen und das
Image des Anbieters beschädigen.

Laut einer Umfrage des US-Beratungsunternehmens IMT Strategies
vom September 2001, also zu einer Zeit, als Spam-Mails noch gar kein so
großes Thema waren, gaben bereits 77 % der Befragten an, unverlangt zu-
gesendete E-Mails sofort zu löschen, ohne diese zu lesen, und weitere
16 % meinten, sie würden diese E-Mails zwar öffnen, seien aber verärgert.
Nur 7 % der Empfänger fühlten sich folglich nicht belästigt. Angesichts
der starken Zunahme von Spam-Mails wird die Ablehnung unverlangter
E-Mails seitdem sicher nicht geringer geworden sein!

Demgegenüber gaben in der Umfrage 48 % der Befragten an, neugierig auf diejenigen E-Mails zu sein, zu denen sie ihre Zustimmung erteilt hätten, und 13 % meinten sogar, sie würden gespannt auf diese E-Mails warten. Abgesehen von der rechtlichen Lage ist es also auch angesichts dieser Umfrageergebnisse sinnvoll, E-Mail-Adressen nur mit dem Einverständnis der Empfänger anzuschreiben.

2.1.2 Konsequenzen für E-Mails ohne Einverständnis

Was kann passieren, wenn ein Anbieter E-Mail-Adressen anschreibt, deren Inhaber dazu keine Zustimmung erteilt haben? Wer sich über die rechtliche Situation hinwegsetzen möchte nach dem Motto „Es wird schon nichts passieren" und auch die im vorigen Abschnitt angesprochenen Marketing-Gesichtspunkte ignoriert, weil seine Response-Ziele ohnehin sehr gering sind, muss mit dem Widerstand der E-Mail-Empfänger rechnen.

Ein Teil der Empfänger wird sich mit energischen Protestmails (teilweise noch freundlich, mehrheitlich aber unfreundlich formuliert) zur Wehr setzen. Diese E-Mails lassen sich gegebenenfalls ignorieren. Erfahrene Internet-Nutzer beschweren sich jedoch bei ihrem Internet- oder E-Mail-Service-Provider unter der standardisierten E-Mail-Adresse abuse@providername.de über den Versender der E-Mails. In diesem Fall besteht die Gefahr, dass der Service-Provider den Anbieter als Versender von Spam-Mails, also als Versender von unerwünschten Massenmails (siehe auch Kapitel 8, Abschnitt 1), einstuft und dessen Mailserver entsprechend sperrt. Solch eine Sperrung bedeutet, dass der Anbieter künftig an die Kunden dieses Service-Providers überhaupt keine E-Mails mehr versenden kann.

Eine weitere Möglichkeit ist, dass die Empfänger der unerwünschten E-Mails den Anbieter bei einer öffentlichen Blacklist wie SpamCop als Spam-Mail-Versender melden. Da manche Service-Provider solche öffentlichen Blacklists als Basis für ihre eigenen Blacklists verwenden, besteht auch hier die Gefahr, dass der Anbieter künftig an die Kunden der entsprechenden Provider keine E-Mails mehr versenden kann.

Einige rabiatere Zeitgenossen mit den entsprechenden technischen Kenntnissen können versuchen, die Mailserver des Versenders mit Mail-Bomben (auch „Mail-Blaster" genannt) zu blockieren und zum Absturz zu bringen. Mail-Bomben bestehen aus einer großen Zahl von automatisch erzeugten E-Mails, die durch ihr gehäuftes Auftreten die komplette Rechenzeit der Hardware eines Mailservers konsumieren und diesen dadurch lahm legen.

Eine weitere Variante, mit der sich technisch versierte E-Mail-Empfänger zur Wehr setzen, sind so genannte „Flood-Tools", die es mit etwas Rechercheaufwand im Internet zu finden gibt. Mit Hilfe dieser Tools lassen sich die E-Mail-Adressen des Versenders per Knopfdruck automatisiert für mehrere hundert oder tausend E-Mail-Verteiler und Mailing-Listen anmelden, sodass die E-Mail-Adressen mit Mails von diesen Verteilern und Listen geflutet werden und praktisch nicht mehr zu gebrauchen sind.

Wer technisch nicht so fit ist, aber die Rechtslage kennt, kann als Privatperson über eine Verbraucherzentrale, als Unternehmen über die IHK und als Wettbewerber direkt eine anwaltliche Abmahnung mit der Aufforderung zur Abgabe einer strafbewehrten Unterlassungserklärung erwirken. Ein Anbieter, der auf solch eine Abmahnung nicht reagiert, muss im nächsten Schritt mit einer entsprechenden einstweiligen Verfügung rechnen, die durch das zuständige Gericht beschlossen wird. Bei einer Abmahnung entstehen Anwaltskosten zwischen 400 und 700 €, bei einer einstweiligen Verfügung kommen noch die Gerichtskosten hinzu (siehe hierzu auch Kapital 8, Abschnitt 4).

Doch es geht noch weiter: Ein Verstoß gegen das Einverständnisprinzip ist seit Gültigkeit der neuen Fassung des UWG kein Kavaliersdelikt mehr. Die Konsequenzen für einen Versender, der gegen das neue UWG verstößt, wurden nämlich gegenüber der bisherigen Rechtslage erheblich verschärft.

Bei Verstößen gegen das UWG drohen neuerdings nicht nur Anwaltskosten für Abmahnungen, sondern der Gesetzgeber hat zur Vermeidung von massenhaftem Missbrauch einen so genannten Gewinnabschöpfungsanspruch in die UWG-Novelle mit aufgenommen. Dazu wird im neuen § 10 ausgeführt, dass der Gewinn, der bei **vorsätzlichem** Verstoß gegen das UWG zu Lasten vieler Betroffener realisiert wird, von der gegen das UWG verstoßenden Partei an den Bundeshaushalt abzuführen ist.

Dieser Gewinn wird in der Regel von den Staatsanwaltschaften und Gerichten großzügig geschätzt (zumal er direkt dem obersten Arbeitgeber zufließt) und dürfte in der Regel weitaus höher sein als die Anwaltskosten für eine Hand voll Abmahnungen.

Eigene Recherchen und Berechnungen haben ergeben, dass Online-Shops mit größeren sechsstelligen E-Mail-Verteilern auf Basis der richterlichen Schätzungen in der Regel Beträge in Höhe von mehreren zehntausend Euro abführen müssten. Damit ist der rein wirtschaftliche Schaden eines UWG-Verstoßes beträchtlich – ganz abgesehen von immateriellen Schäden wie öffentlichkeitswirksamen Ermittlungen der Staatsanwaltschaft etc.

2.1.3 E-Mail-Adressen mieten und tauschen

Der scheinbar einfachste Weg, um schnell an viele E-Mail-Adressen zu gelangen, ist, diese von einem E-Mail-Listbroker (Vermittler von E-Mail-Adresslisten) oder direkt beim Listowner (Eigentümer von E-Mail-Adresslisten) anzumieten oder mit einem anderen Unternehmen zu tauschen.

Doch Vorsicht: Wem von einem Unternehmen angeboten wird, E-Mail-Adressen zu mieten, der sollte genau prüfen, ob seitens der Inhaber dieser Adressen tatsächlich das Einverständnis erteilt wurde, ihnen E-Mails zuzusenden. Oft stammen diese E-Mail-Adressen nämlich aus dubiosen Quellen oder sind mit Software-Tools automatisiert aus Newsgroups, Chaträumen oder von Homepages zusammengetragen worden, ohne dass die Inhaber der E-Mail-Adressen davon wissen.

Aus diesem Grund sollte man sich vor dem Anmieten der E-Mail-Adressen unbedingt von dem Listbroker oder Listowner schriftlich zusichern lassen, dass das Einverständnis der E-Mail-Adressinhaber vorhanden ist und der Listbroker bzw. Listowner den Mieter dieser E-Mail-Adressen von eventuellen Ansprüchen der Adressinhaber freistellt und alle daraus erwachsenden Kosten übernimmt. Nur ein E-Mail-Adressbroker, der solch eine Zusicherung abgibt und seinen Firmensitz im Inland hat, ist vertrauenswürdig. (Dies funktioniert allerdings auch nur dann, wenn der Listbroker oder -owner auch zahlungskräftig genug ist, um im Zweifelsfall eventuelle Ansprüche Dritter befriedigen zu können!)

Folgende größere Listowner sind derzeit in Deutschland bekannt (alphabetisch gelistet ohne Wertung): Adlink, Burda Direct, Ciao, Claritas, Domeus/Valuemail, Geizkragen.de, GMX, Handy.de, Newsflash.de, Promio.net, Quelle Dialog, RTL Newmedia, Schober Lifestyle, TripleDoubleU und Webmiles. Als Listbroker für E-Mail-Adressen treten im deutschen Markt unter anderem Adlink, AZ Direct, Consodata, KOOP, Riek, Schober und Trebbau auf.

Manchmal befindet sich ein Listbroker im guten Glauben, dass die E-Mail-Adressen einer bestimmten Liste beliebig angeschrieben werden können, während der Listowner in Wirklichkeit nur die Erlaubnis zu bestimmten Themen erhalten hat. Es ist daher sinnvoll, sich beim Anmieten von E-Mail-Adressen zuerst an den Listowner zu wenden, da dieser die Adressen selbst gewonnen hat, über die Art des Einverständnisses der E-Mail-Adressinhaber am besten Bescheid weiß und auch folgende drei kritische Frage, die **immer** vom Mieter gestellt werden sollten, beantworten kann:

„Für welche Themen wurde das Einverständnis der E-Mail-Adress-inhaber eingeholt?"

„Auf welche Weise wurde dieses Einverständnis eingeholt?"

„Wann wurde das Einverständnis eingeholt?"

Warum sind die Antworten auf diese Fragen so wichtig? Weil sie in der Regel viel über die Qualität des Adressmaterials aussagen:

Thematisch undifferenzierte E-Mail-Adressen, die über breit bewor-bene Gewinnspiel- und Bonuspunkte-Websites gewonnen wurden, wer-den bei weitem nicht den Rücklauf generieren, den diejenigen Adress-inhaber produzieren, die von redaktionell hochwertigen und thematisch fokussierten Internet-Plattformen über organisches Wachstum gesammelt wurden und sich ernsthaft für das jeweilige Thema interessieren.

Ein weiteres Phänomen bei den Incentive-Websites, die den Adress-inhaber für jede empfangene Werbe-E-Mail mit der Teilnahme an einem Gewinnspiel oder Bonuspunkten belohnen, ist, dass der Adressinhaber bei der Angabe seiner persönlichen Daten das eigene Profil „hochlobt". Je interessanter nämlich sein Profil für die Werbetreibenden ist, desto mehr E-Mails erhält er, was wiederum Einfluss auf seine Gewinnchancen bzw. die Anzahl seiner Bonuspunkte hat. Und je höher der monetäre Anreiz für den Adressinhaber ist, die Erlaubnis zum Empfang von Werbe-E-Mails zu erteilen (man könnte hier auch von Bestechung sprechen), desto eher werden die Profile verfälscht und sind damit für den Mieter der Adressen praktisch unbrauchbar.

Auch die Art des verwendeten Opt-in-Verfahrens hat Einfluss auf die Qualität einer Liste. So generieren E-Mail-Adressen, die ausschließlich über Double Opt-in gewonnen wurden, in der Regel eine höhere Res-ponse als Adressen, die nur per Single oder Confirmed Opt-in angemeldet wurden. Last, not least spielt das Alter einer Liste eine wichtige Rolle für deren Erfolg, denn erfahrungsgemäß veralten pro Quartal 5 bis 10 % der E-Mail-Adressen und werden damit ungültig. Es sollte selbstverständlich sein, dass der Listowner auch E-Mailings für Dritte nur unter seiner eige-nen Absenderadresse verschickt, damit die Empfänger bereits vor dem Öffnen der E-Mails sehen, dass diese aus einer Quelle stammen, der der Versand von E-Mails erlaubt wurde, und es sich nicht um Spam-Mails handelt. Zusätzlich sollte in den E-Mails gleich zu Beginn (z.B. in Form einer standardisierten Kopfzeile) darauf hingewiesen werden, dass hier der Listowner seinen Empfängern das Angebot eines Dritten empfiehlt.

Übrigens: Es spricht für die Seriosität eines Listowners oder -brokers, wenn dieser die Vermietung seiner E-Mail-Adressen abhängig macht vom Inhalt der jeweiligen E-Mailing-Aktion und der Frequenz, mit der diese angeschrieben werden sollen. Ein Anbieter, der seine Adressen unabhängig von Thema und zu versendendem E-Mail-Inhalt vermietet, schätzt sein Adressmaterial nicht und veranlasst durch sein gedankenloses Verhalten, dass sich die „guten" Empfänger seiner Liste, die alle E-Mails aufmerksam lesen, aus dem Verteiler abmelden. Das Gleiche gilt natürlich für die Frequenz, mit der eine Liste angeschrieben wird, denn auch viele E-Mails innerhalb eines kurzen Zeitraums können Empfänger dazu bewegen, sich von der entsprechenden Liste abzumelden.

Wer E-Mail-Adressen mit bestimmten (aufpreispflichtigen) Selektionskriterien mietet, um eine ganz bestimmte Zielgruppe anzusprechen, sollte diese Liste grundsätzlich gegen eine Liste mit unselektierten Adressen testen, um zu prüfen, ob die höhere Response-Quote den Mehrpreis der selektierten Adressen rechtfertigt. So mancher Anbieter hat dabei schon eine böse Überraschung erlebt, die den Verdacht nahe legt, dass die gekaufte Zielgruppe gar keine war.

Eine zusätzliche Variante zum Mieten von E-Mail-Adressen ist das Tauschen der eigenen Adressen mit den Adressen anderer Unternehmen. Allerdings wird in diesem Fall in der Regel die Erlaubnis fehlen, die E-Mail-Empfänger des Tauschpartners anzuschreiben, denn das vorhandene Einverständnis gilt schließlich nur für das Unternehmen, das die E-Mail-Adressen ursprünglich gewonnen hat.

Einzige Ausnahme: Sowohl die Inhaber der eigenen E-Mail-Adressen als auch die des Tauschpartners haben solch einem Adressentausch zugestimmt. In diesem Fall sollte man sich die Existenz dieses Einverständnisses vom Tauschpartner schriftlich zusichern lassen, wie es auch für E-Mail-Listbroker und -Listowner empfohlen wird.

Eine praktikable Alternative zum Tauschen der E-Mail-Adressen ist, dass zwei (oder mehr) Partnerunternehmen jeweils ihre eigenen E-Mail-Adressen im Auftrag des Partners anschreiben und den Angeschriebenen den E-Mail-Verteiler oder E-Mail-Newsletter des Partners empfehlen. Erfahrungen aus den USA zeigen, dass bei diesen wechselseitigen Empfehlungen die Kosten für einen neu gewonnenen E-Mail-Empfänger nur ein Viertel bis ein Drittel der Kosten für solch einen E-Mail-Empfänger betragen, der über gemietete E-Mail-Adressen gewonnen wurde.

Solche Empfehlungsschreiben für Partner dürfen allerdings nicht zu oft durchgeführt werden, weil sonst die Gefahr besteht, dass der Schuss nach hinten losgeht. Die E-Mail-Empfänger könnten sich nämlich durch die zahlreichen Aufforderungen, andere Newsletter zu abonnieren, belästigt fühlen und unter Umständen „ihrem" Anbieter die Erlaubnis zum Versand von E-Mails entziehen.

2.1.4 Der Königsweg: E-Mail-Adressen selbst gewinnen

Die Rechtslage bei der Nutzung von E-Mail-Adressen legt nahe, die E-Mail-Adressen von Interessenten und Kunden inklusive der Erlaubnis, ihnen E-Mails zusenden zu dürfen, selbst zu gewinnen. Auf diese Weise ist auch sichergestellt, dass man genau seine Zielgruppe trifft (denn nur wer sich angesprochen fühlt, erteilt auch sein Einverständnis) und Streuverluste vermeidet, wie sie beim Kauf oder Mieten von E-Mail-Adressen zwangsläufig auftreten.

Darüber hinaus ist ein Anbieter, der das ausdrückliche Einverständnis seiner E-Mail-Empfänger besitzt, rechtlich auf der sicheren Seite und muss nicht befürchten, dass ihm die Empfänger beim Anschreiben per E-Mail Probleme bereiten, wie sie weiter oben dargestellt wurden.

Dreh- und Angelpunkt für die Gewinnung von E-Mail-Adressen sollte eine Seite im Internet-Auftritt des Anbieters sein, auf der jeder Interessent und Kunde seine E-Mail-Adresse eintragen kann, um in den E-Mail-Verteiler des Unternehmens aufgenommen zu werden bzw. dessen E-Mail-Newsletter (sofern vorhanden) zu abonnieren (siehe Bild 2.1).

Diese Anmeldeseite muss direkt und prominent auf der Hauptseite (Homepage) der Website des Anbieters erwähnt und angebunden sein, damit sie mit einem einzigen Klick aufrufbar ist. Im Idealfall sollte diese Seite auch über jede andere Seite des Internet-Auftritts direkt erreichbar sein. Zu diesem Zweck bietet es sich an, einen entsprechenden Hinweis und Link in die Navigationsleiste der Website mit aufzunehmen, weil Letztere ständig sichtbar ist. Eine andere Lösung ist beispielsweise ein eigener Frame am oberen Seitenrand (siehe Bild 2.2). Auf diese Weise sind der E-Mail-Hinweis und der Link ständig sichtbar und müssen nicht in jede Internet-Seite einzeln integriert werden.

Die gute Erreichbarkeit der Anmeldeseite über alle anderen Seiten einer Website ist deshalb so wichtig, weil sich dadurch erfahrungsgemäß die Anmeldezahlen gegenüber der ausschließlichen Anbindung auf der Homepage um den Faktor 2 bis 3 steigern lassen.

Noch mehr Anmeldungen lassen sich erzielen, indem die E-Mail-Anmeldeseite als kleines Pop-up-Fenster bei jedem Aufruf Ihrer Website angezeigt wird. Wer nicht ganz so aggressiv vorgehen möchte, kann das Pop-up-Fenster alternativ erst beim Verlassen seiner Website anzeigen lassen. Um Pop-up-Blocker umgehen zu können, bietet sich alternativ die Layer-Technik an, die von allen modernen Browsern unterstützt wird.

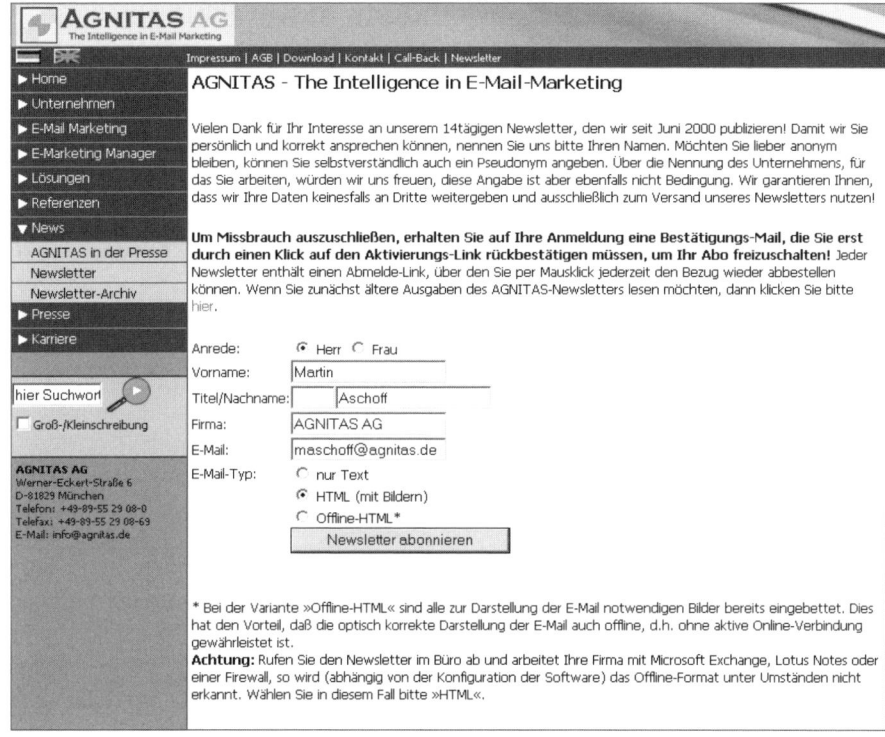

Bild 2.1: Eine professionell umgesetzte Anmeldeseite, über die Interessenten einen E-Mail-Newsletter abonnieren können

Bild 2.2: Beispiel für einen Frame am oberen Seitenrand, der die Anmeldung zum E-Mail-Verteiler von jedem Punkt der Website aus erlaubt

> Der Turbo für die eigenen Anmeldezahlen lässt sich zünden, indem das Anmelde-Pop-up mit einem kleinen Gewinnspiel kombiniert und dieses zusätzlich über Banneranzeigen auf hochfrequentierten und thematisch affinen Websites beworben wird. In diesem Fall erhöhen sich die Anmeldezahlen oft um den Faktor 10 bis 20, und die Wirtschaftlichkeit ist trotz der Zusatzkosten für Gewinnspiel und Werbebanner deutlich besser als beim Anmieten von Fremdadressen!

2.1.5 Interessenten zur Anmeldung motivieren

Damit sich möglichst viele Besucher einer Website auf der Anmeldeseite oder über das Anmelde-Pop-up in den E-Mail-Verteiler eintragen, müssen die Unentschlossenen dazu motiviert werden. Dies kann auf verschiedene Arten erfolgen.

Zuerst müssen den Website-Besuchern selbstverständlich die Vorteile, die die Anmeldung zum E-Mail-Verteiler mit sich bringt, kommuniziert werden. Vorteile können beispielsweise sein, dass die E-Mail-Empfänger frühzeitig über neue Produkte und Updates (Zeitvorteil) oder exklusive Sonderangebote (Preisvorteil) informiert werden. Wichtig ist, dass dieser Text kurz und prägnant formuliert ist, damit er auch gelesen wird.

Weitere Beispiele: Die Aufnahme in den E-Mail-Verteiler kann nützliche Informationen zu Service und Support, eine bevorzugte Behandlung bei Bestellungen (Skonto, längeres Zahlungsziel, kürzere Lieferzeiten etc.) oder bei attraktiven Sonderaktionen erst die Information der E-Mail-Empfänger garantieren, bevor einige Tage später die Aktionen allgemein auf der Website angekündigt werden.

Natürlich müssen diese zwangsläufig sehr allgemein gehaltenen Bespiele, abhängig vom Produkt- oder Dienstleistungsangebot des Anbieters, individuell auf dessen Bedürfnisse angepasst und mit einer maßgeschneiderten Nutzenargumentation zugunsten eines Eintrags im E-Mail-Verteiler versehen werden. Am besten funktioniert nach wie vor das Angebot eines regelmäßigen E-Mail-Newsletters, der nicht nur aus platter Werbung besteht, sondern interessante redaktionelle Inhalte mit Nutz- oder zumindest Unterhaltungswert bietet.

Damit die potenziellen E-Mail-Empfänger sich ein Bild vom Inhalt und der Qualität der E-Mailings machen können, sollten zwei oder drei aktuelle Muster-Mails zum Abruf auf der Website bereitgehalten werden. Wird ein regelmäßiger E-Mail-Newsletter versendet, bietet sich ein Archiv für die zurückliegenden Ausgaben an, das Interessenten durchblättern können und das auf diese Weise für die Anmeldung zum Newsletter wirbt.

Um die Bereitschaft der Website-Besucher zu erhöhen, sich in den E-Mail-Verteiler einzutragen oder für einen E-Mail-Newsletter anzumelden, empfiehlt sich der Einsatz von Response-Verstärkern. Response-Verstärker sind Maßnahmen, die helfen, die Anmeldequote zu steigern. Beispielsweise kann allen Besuchern, die sich anmelden, die Zusendung einer informativen Marktforschungsstudie, einer hilfreichen Tipps-&-Tricks-Broschüre, eines nützlichen Software-Tools oder eines witzigen Bildschirmschoners per E-Mail angeboten werden.

Wer noch aggressiver vorgehen möchte, kann allen Interessenten, die sich registrieren, die Teilnahme an einer Verlosung oder einem Gewinnspiel anbieten. In diesem Fall sollten allerdings die Preise, die ausgesetzt werden, nicht zu attraktiv sein, weil sonst zu viele professionelle Preisausschreiben-Teilnehmer angelockt werden, die nur etwas gewinnen wollen, an den E-Mailings selbst aber keinerlei Interesse haben. Doch selbst beim Ausloben kleiner Preise muss man damit rechnen, dass bis zu 50 % derjenigen, die sich registriert haben, innerhalb der nächsten drei Monate wieder vom E-Mail-Verteiler verschwinden.

! Auch automatisch generierte Transaktionsmails, wie sie beispielsweise zur Bestätigung einer Registrierung, Bestellung oder Buchung benutzt werden, lassen sich als Marketing-Tool zur Gewinnung von E-Mail-Adressen verwenden. Dazu muss in den Text dieser E-Mails lediglich ein kurzer Werbetext aufgenommen werden, der mit geeigneten Argumenten für die Anmeldung zum E-Mail-Verteiler des Anbieters wirbt.

2.1.6 E-Mail-Adressen mit implizitem Einverständnis

Wenn sich E-Mail-Empfänger über eine Anmeldeseite selbst in einen E-Mail-Verteiler eintragen, erteilen sie damit dem Anbieter ihr explizites Einverständnis mit der Zusendung von E-Mails. Unter ganz bestimmten Umständen kann der Anbieter jedoch auch von einem impliziten Einverständnis ausgehen, sodass es ihm möglich ist, diese E-Mail-Empfänger selbst, d.h. ohne deren Zutun, in einen E-Mail-Verteiler aufzunehmen. Dieses Verfahren wird in Fachkreisen auch als „Soft Opt-in" bezeichnet.

Dieses Verfahren ist im Prinzip natürlich viel einfacher und weniger mühselig als die Gewinnung von E-Mail-Adressen mit explizitem Einverständnis. Die Bedingungen dafür sind im neuen UWG in § 7 Absatz 3 konkret formuliert:

1. Der Anbieter hat die E-Mail-Adresse vom Kunden „im Zusammenhang mit dem Verkauf einer Ware oder einer Dienstleistung [...] erhalten".
2. Der Anbieter verwendet die E-Mail-Adresse nur „zur Direktwerbung für eigene ähnliche Waren oder Dienstleistungen".
3. „Der Kunde [hat] der Verwendung [seiner E-Mail-Adresse] nicht widersprochen."

4. Der Kunden wird „bei der Erhebung der Adresse und bei jeder Verwendung klar und deutlich darauf hingewiesen [...], dass er der Verwendung jederzeit widersprechen kann".

Zuerst könnte man meinen, dass damit alle E-Mail-Adressen, die einem Anbieter von seinen Kunden vorliegen, für E-Mail-Marketing-Aktionen verwendet werden dürfen. Doch der Knackpunkt ist die vierte der oben aufgeführten Bedingungen (denn alle Bedingungen müssen erfüllt sein): Wurde der Kunde bereits bei der Erhebung (d.h. Abfrage) seiner E-Mail-Adresse auf das jederzeitige Widerspruchsrecht hingewiesen? Oft war dies in der Vergangenheit nicht der Fall, womit diese E-Mail-Adressen für Direktwerbezwecke leider wertlos sind.

Sind die vier Bedingungen des § 7 Absatz 3 UWG dagegen erfüllt, so kann der Anbieter die entsprechenden Adressen problemlos in seinen eigenen E-Mail-Verteiler aufnehmen. Wichtig ist nur, dass die Bedingungen Nummer 2 (ähnliche Waren und Dienstleistungen) und Nummer 4 (Hinweis auf Widerspruchsrecht) mit **jeder** versendeten E-Mail eingehalten werden und dass jede E-Mail dem Empfänger eine Abmeldemöglichkeit bietet.

Sicherheitshalber sollte allen E-Mail-Empfängern, die kein explizites Einverständnis mit der Zusendung von E-Mails abgegeben haben, gleich **am Anfang** der ersten E-Mail, die sie über den jeweiligen E-Mail-Verteiler erhalten, erklärt werden, warum sie diese E-Mail erhalten und wie sie sich wieder aus dem E-Mail-Verteiler austragen bzw. den Newsletter abbestellen können. Wenn die Vermutung eines impliziten Einverständnisses (unabhängig von der gesetzlichen Regelung) ein Missverständnis war, kann sich der jeweilige Empfänger bei Anwendung dieses Verfahrens mit einem einzigen Klick austragen und wird nicht gereizt reagieren.

Die Praxis zeigt übrigens, dass es sich generell empfiehlt – unabhängig von explizitem und implizitem Einverständnis –, den Empfängern bereits am Anfang einer E-Mail zu erklären, warum sie diese erhalten und wie sie sich wieder aus dem Verteiler abmelden können. Das erspart dem Anbieter häufig Rückfragen sowie manuellen Aufwand und manchmal auch den Unmut der E-Mail-Empfänger.

2.1.7 Marketing-Maßnahmen zur Adressgewinnung

Bislang wurde nur beschrieben, mit welchen Maßnahmen sich über eine Website E-Mail-Adressen gewinnen lassen. Doch es gibt natürlich eine Vielzahl von weiteren, ergänzenden Marketing- und Werbemöglichkeiten, die zur E-Mail-Adressgewinnung eingesetzt werden können und sollten.

Die preisgünstigste Form der Werbung (und eine der glaubwürdigsten) ist die Mund-zu-Mund-Propaganda, denn diese kostet den Werbetreibenden keinen Cent. Um die Vorteile der Mund-zu-Mund-Propaganda zu nutzen, sollte jedes E-Mailing, das ein Anbieter an seine Interessenten und Kunden versendet, mit der Bitte abgeschlossen werden, die E-Mail an Personen weiterzuleiten, die am Inhalt dieser Mail ebenfalls interessiert sein könnten. Und damit sich der Empfänger einer weitergeleiteten E-Mail bei Interesse in den E-Mail-Verteiler aufnehmen lassen kann, muss natürlich in jeder E-Mail ein Link vorhanden sein, über den die Anmeldung zum Verteiler möglich ist.

Die von einigen Anbietern verwendete so genannte „Mail-to-a-Friend„-Funktion generiert übrigens erfahrungsgemäß kaum neue Anmeldungen. Für den Empfänger ist es in der Regel einfacher, eine erhaltene E-Mail per Klick auf den „Weiterleitung„-Button, den praktisch alle E-Mail-Programme bieten, an einen Freund zu versenden. Ausnahme hiervon sind lediglich einige Freemail-Provider, die HTML-Mails nur als Anhang darstellen und deren Weiterleitung dadurch gegebenenfalls verkomplizieren können.

Eine weitere preiswerte Möglichkeit zur Gewinnung von E-Mail-Adressen besteht darin, in allen Response-Medien wie Antwortpostkarten oder Faxbestellformularen ein Feld für die Angabe der E-Mail-Adresse aufzunehmen. Dieses Feld sollte unbedingt mit dem Hinweis verbunden werden, dass derjenige, der seine E-Mail-Adresse einträgt, damit gleichzeitig die jederzeit widerrufliche Zustimmung zum Erhalt von Infos per E-Mail erteilt (siehe voriger Abschnitt). Auf diese Weise hat der Anbieter eindeutig kommuniziert, dass er die E-Mail-Adresse nicht aus Lust und Laune abfragt, sondern an diese Adresse E-Mails verschicken möchte. Eigentlich ist das logisch, aber aufgrund der Regelungen im neuen UWG unbedingt rechtlich erforderlich.

Ergänzend zu dem E-Mail-Adressfeld in den Response-Medien sollte in allen anderen Marketing-Unterlagen wie Broschüren, Foldern, Datenblättern etc. ein Hinweis auf den E-Mail-Verteiler bzw. E-Mail-Newsletter und die Webadresse, über die sich der Interessent dafür anmelden kann, aufgenommen werden.

Anbieter, die aktiv Pressearbeit betreiben, sollten in jeder Pressemeldung, die sie versenden, in den Fußzeilen auf ihren E-Mail-Verteiler hinweisen. Und wer einen richtigen E-Mail-Newsletter startet, sollte sich überlegen, ob er aus diesem Anlass nicht eine eigene PR-Meldung an den relevanten Presseverteiler verschickt.

Wenn das Marketing-Budget es erlaubt, können Interessenten und Kunden auch über Anzeigen auf das eigene E-Mailing-Angebot aufmerksam gemacht werden. In erster Linie bieten sich Textanzeigen in zielgruppennahen E-Mail-Newslettern anderer Anbieter an sowie Werbebanner auf thematisch geeigneten Websites mit einem direkten Link zur Anmeldeseite.

Wer sein E-Mail-Informationsangebot auf diese Weise bewirbt, sollte allerdings nicht nur einen E-Mail-Verteiler mit gelegentlichen Werbemails anbieten, sondern einen professionellen E-Mail-Newsletter versenden, um die Erwartungshaltung der Interessenten nicht zu enttäuschen.

Für Werbeschaltungen in fremden E-Mail-Newslettern bieten sich eventuell Bartering-Geschäfte an, indem man Werbeplätze in seinem eigenen Newsletter mit Werbeplätzen in anderen Newslettern tauscht, ohne Geld fließen zu lassen. Der Betreiber eines Newsletters, der thematisch zu ähnlich ist, wird allerdings an der Schaltung oder dem Austausch einer Anzeige in der Regel kein großes Interesse haben, es sei denn, seine Auflagenzahlen sind deutlich geringer als die des Tauschpartners. In diesem Fall ist es aber für den Tauschenden weniger sinnvoll, sich auf ein solches Geschäft einzulassen und einem potenziellen Wettbewerber zu helfen, seine Abonnentenzahlen zu erhöhen.

Im Internet gibt es einige Übersichten, die hunderte von deutschen E-Mail-Newslettern mit Angaben zu Zielgruppen, Auflagenzahlen und Informationen für Anzeigenschaltungen auflisten. Zu finden sind diese Übersichten beispielsweise unter den Webadressen

- www.newsletter-verzeichnis.de und
- www.newsletterpreise.de.

Zum Redaktionsschluss waren im ersten Verzeichnis über 1.600 und im zweiten ca. 310 Newsletter aufgelistet.

Eine Alternative zu Werbeschaltungen ist die so genannte Co-Registrierung. Co-Registrierung bedeutet in der Regel, dass ein seriöser Partner auf seiner eigenen Anmeldeseite zusätzlich die Registrierung zu anderen E-Mail-Newslettern anbietet. Die Co-Registrierung erfolgt natürlich nicht aus reiner Freundlichkeit, sondern auf Gegenseitigkeit oder gegen eine Gebühr, deren Höhe von der Anzahl der E-Mail-Empfänger, die sich tatsächlich anmelden, abhängig sein sollte.

Erfahrungen zeigen allerdings, dass die Co-Registrierung zwar grundsätzlich neue Anmeldungen generiert, der Wert dieser Anmeldungen jedoch deutlich geringer ist als der Wert derjenigen Interessenten, die sich direkt auf der Website des Anbieters anmelden. Der geringere Wert der auf diese Weise gewonnenen E-Mail-Adressen schlägt sich in einer höheren Bounce-Rate (Unzustellbarkeitsquote), geringeren Öffnungs- und Klickquoten, einer deutlich höheren Abmeldequote sowie (sofern es vom Anbieter gemessen wird) in geringeren Umsätzen nieder.

Auch automatisch generierte E-Mails von Autorespondern, wie sie von vielen Websites und Online-Shops benutzt werden, lassen sich zur Gewinnung von E-Mail-Adressen für einen Newsletter-Verteiler verwenden. Dazu muss in den Text dieser E-Mails lediglich ein Werbetext für die Anmeldung zum E-Mail-Verteiler des Anbieters aufgenommen werden.

Mit etwas Kreativität lassen sich noch viele weitere Ideen für die Bewerbung des eigenen E-Mailing-Angebotes entwickeln, beispielsweise eine vordefinierte Signatur, die grundsätzlich an alle ausgehenden E-Mails angehängt wird und auf die Webadresse der E-Mail-Anmeldeseite hinweist, Geschäftsbriefpapier, Rechnungen und Kassenzettel mit einem Hinweis auf den eigenen E-Mail-Newsletter und so weiter.

2.1.8 E-Mail-Adressen per Post gewinnen

Auch wenn es überraschend klingen mag: Steht das entsprechende Budget zur Verfügung und sind die zu gewinnenden E-Mail-Empfänger kaufkräftig genug, so ist die Gewinnung von E-Mail-Adressen per Post-Mailing eine durchaus interessante Option. Der Versand von Briefpost ist im Gegensatz zum Versand von E-Mails nämlich auch dann rechtlich zulässig, wenn die Zustimmung des Empfängers (noch) nicht vorliegt, sodass sich der Postweg als Alternative für den Erstkontakt empfiehlt.

Im Idealfall hat der Anbieter ohnehin schon ein Post-Mailing an seine Zielgruppe geplant und muss nur noch den Hinweis auf seinen E-Mail-Verteiler oder E-Mail-Newsletter mit aufnehmen, sodass praktisch keine Mehrkosten entstehen. Wer dagegen nur zum Zweck der Gewinnung von E-Mail-Adressen ein Post-Mailing verschickt, muss tief in die Tasche greifen, denn solch eine Aktion wird richtig teuer. Rechnet man, abhängig vom Aufwand des Post-Mailings, mit Gesamtkosten von 0,50 bis 1 € pro

Brief und einer durchaus üblichen Anmeldequote von 1 bis 2 %, so kostet ein neuer E-Mail-Empfänger effektiv 25 bis 100 €. Und ein E-Mail-Empfänger ist noch kein Leser, und ein Leser ist noch kein Kunde!

Es kommt daher ganz entscheidend auf die Anmeldequote der Briefempfänger, die Konvertierungsquote in Neukunden und natürlich auf den Kundenwert (Customer Lifetime Value) an, ob Post-Mailings wirtschaftlich sinnvoll sind. Je enger und attraktiver die Zielgruppe für einen E-Mail-Verteiler ist, je präziser das Adressmaterial, das für ein Post-Mailing vorliegt, die Zielgruppe abdeckt und je effektiver die Gestaltung des Post-Mailings ist (Nutzenargumentation und „kostenloser Newsletter"), desto eher rechnet sich ein Mailing per Post.

Dem Autor ist beispielsweise ein großer deutscher Fachverlag bekannt, der anlässlich des Starts eines E-Mail-Newsletters zu einer seiner Fachzeitschriften alle Abonnenten dieser Zeitschrift mit einem simplen einseitigen DIN-A4-Brief (Kosten inklusive Porto ca. 0,50 €) angeschrieben hat. Jeder vierte Empfänger registrierte sich daraufhin für den gut gemachten kostenlosen werktäglichen E-Mail-Newsletter, was Akquisitionskosten von 2 € pro Abonnent entspricht. Diese Kosten wurden durch Werbeschaltungen in dem Newsletter innerhalb weniger Wochen wieder eingespielt.

Bevor angesichts dieses Beispiels eine große und entsprechend teure Post-Mailing-Aktion gestartet wird, empfiehlt sich jedoch ein Test. Dazu sollte das geplante Post-Mailing testweise an 1.000 bis 2.000 Adressen versendet werden. In dem Mailing muss eine eigene Webadresse für eine gesonderte Newsletter-Anmeldeseite genannt sein, damit sich hinterher exakt feststellen lässt, wie oft diese Anmeldeseite aufgerufen wurde und wie viele Empfänger des Post-Mailings sich tatsächlich für den Newsletter angemeldet haben.

Eventuell empfiehlt sich auch ein Split der Mailing-Liste mit zwei unterschiedlichen Kreativkonzepten. In diesem Fall müssen die beiden Mailings unterschiedliche Webadressen für die Anmeldeseite verwenden, damit sich messen lässt, welches Mailing mehr Klicks und Anmeldungen generiert.

Unabhängig vom Ausgang dieser Tests sind optisch auffällige Hinweise auf einen E-Mail-Newsletter im Rahmen der regulären Post-Mailings (sofern vorhanden) grundsätzlich empfehlenswert, z. B. als Banderole auf dem Briefumschlag oder als Stopper auf dem Briefbogen.

2.2 Die Umsetzung der Anmeldung

2.2.1 Die Gestaltung der Anmeldeseite

Im letzten Abschnitt wurde die Anmeldeseite als zentraler Dreh- und Angelpunkt für die Anmeldung zu einem E-Mail-Verteiler oder E-Mail-Newsletter beschrieben. Der Aufbau und die Gestaltung dieser Webseite und des Anmeldeformulars haben entscheidenden Einfluss auf die Quote der Interessenten und Kunden, die sich letztendlich anmelden, denn eine Anmeldeseite kann noch zögernde Interessenten dazu motivieren, die Anmeldung abzuschließen, aber auch anmeldewillige Nutzer irritieren oder von einer Anmeldung abschrecken.

Am wichtigsten ist, dass der Anbieter den Interessenten auf der Anmeldeseite die Vorteile, die seine E-Mails bieten, überzeugend darstellt, also beispielsweise E-Mailings zu Sonderaktionen und Sonderangeboten, um Geld zu sparen, oder ein regelmäßiger E-Mail-Newsletter mit nutzwertigen Tipps zu seinen Produkten oder Dienstleistungen. Auch wenn der Interessent diese Argumente vielleicht schon im Vorfeld auf der Homepage der Website oder in einem Werbemittel des Anbieters gelesen hat – Wiederholung ist in diesem Fall Vertiefung und hilft, die Botschaft beim Leser fest zu verankern.

Ebenfalls wichtig ist, dass der Interessent darauf hingewiesen wird, dass und wie er sich jederzeit von dem E-Mail-Verteiler abmelden kann, um Vertrauen aufzubauen. Eine unterschwellige Sorge, die bei vielen Interessenten im Hinterkopf mit entscheidet, ist nämlich, dass es zwar ganz einfach sein wird, sich zu einem E-Mail-Verteiler anzumelden, dass es aber so gut wie unmöglich sein könnte, sich davon wieder abzumelden. Angesichts der Stolpersteine, die mancher E-Mailing-Versender seinen Empfängern (unbeabsichtigt?) in den Weg legt, ist diese Befürchtung nicht einmal unbegründet.

Um den Anmeldevorgang zu erleichtern, Nachfragen der Interessenten zu minimieren und den Support-Aufwand so gering wie möglich zu halten, sollten auf der Anmeldeseite die wichtigsten Fragen zu dem Angebot detailliert beantwortet werden (z.B. der Umstieg vom Text- auf das HTML-Format oder der Abmeldeprozess). Lässt der zur Verfügung stehende Platz auf der Anmeldeseite dies nicht zu, so müssen die Texte auf eine Hilfeseite ausgelagert werden, die mit der Anmeldeseite auffällig verlinkt wird.

Als abschließende Überzeugungsarbeit empfiehlt sich ein Link auf der Anmeldeseite, über den die Interessenten zwei oder drei aktuelle Mustermails zur Ansicht aufrufen können und bei einem regelmäßigen Newsletter ein Archiv mit den zurückliegenden Ausgaben. Haben die Interessenten bei der Anmeldung die Wahl zwischen Text- und HTML-Format, sollten auch die Muster in beiden Formaten bereitstehen, um ihnen das responsestärkere HTML-Format schmackhaft zu machen.

2.2.2 Das Anmeldeformular

Nachdem der allgemeine Inhalt der Anmeldeseite geklärt ist, muss im zweiten Schritt das Anmeldeformular, in dem die Daten des Interessenten abgefragt werden, entworfen werden. Prinzipiell ist die einzige Angabe, die man zur Anmeldung eines Interessenten benötigt, dessen E-Mail-Adresse, die sich über ein simples Formular, das aus einem einzigen Textfeld besteht, abfragen lässt.

Manche Anbieter halten es für sinnvoll, dieses Feld mit einem kleinen „OK"-Button direkt auf ihre Homepage oder in die Navigationsleiste zu setzen, sodass eine eigene Anmeldeseite überflüssig wird. In diesem Fall ist es aber nicht mehr möglich, dem Interessenten die Anmeldung zum E-Mail-Verteiler oder E-Mail-Newsletter zu verkaufen. Wenn erfahrungsgemäß viel Überzeugungsarbeit für eine Anmeldung nötig ist, sollte man auf eine eigene Anmeldeseite nicht verzichten.

Wer die Kommunikation mit seinen E-Mail-Empfängern über eine individuelle Anrede personalisieren möchte, muss das Anmeldeformular um die Abfrage des Geschlechts per Radio-Button (Herr/Frau) und um ein weiteres Textfeld für die Abfrage des Nachnamens und gegebenenfalls des Titels ergänzen. Soll auch der Vorname abgefragt werden, muss hierfür unbedingt ein eigenes Textfeld verwendet werden. Ältere Personen geben nämlich häufig ihren Nachnamen vor dem Vornamen an, und in manchen Fällen kann dann nicht nachvollzogen werden, welcher Teil des Namens der Nachname ist.

Anbieter, die Informationen zu verschiedenen Themengebieten versenden, können die Interessenten über Checkboxen im Formular wählen lassen, zu welchen Themen sie Informationen wünschen. Der Vorteil dieses Verfahrens besteht darin, dass hier gleichzeitig Interessenprofile der E-Mail-Empfänger gewonnen werden. Interessanterweise zeigt hier die Erfahrung, dass mit steigender Anzahl der angebotenen Optionen auch die Anzahl der vom Empfänger ausgewählten Optionen steigt.

Wer weitere Informationen wie den Firmennamen oder die Postanschrift abfragen möchte, sollte deutlich machen, ob es sich bei diesen Daten um Pflicht- oder freiwillige Angaben handelt. In der Regel geschieht dies durch ein Sternchen an den Feldbezeichnungen, die zu den Pflichtangaben gehören, und einer Fußnote am Ende des Formulars, die darauf hinweist, dass diese Felder ausgefüllt werden müssen. Manchmal ist das Ganze jedoch auch genau entgegengesetzt gelöst, was bedeutet, dass die Sternchen die Felder mit den freiwilligen Angaben bezeichnen.

Bei der Abfrage zusätzlicher Daten ist zu bedenken, dass erfahrungsgemäß jedes zusätzliche Pflichtfeld im Formular die Anmeldequote verringert, weil Internet-Nutzer im Allgemeinen nur ungern Informationen über sich preisgeben. Doch selbst wenn alle weiteren Felder des Anmeldeformulars nur freiwillige Angaben abfragen, kann die schiere Menge der Felder abschreckend wirken und die Anmeldequote senken. Besser ist es, darauf zu verzichten, viele Informationen abfragen zu wollen. Gegebenenfalls lässt sich das zu einem späteren Zeitpunkt nachholen, wenn die E-Mail-Empfänger Kunden geworden sind und mehr Vertrauen in den Anbieter gefasst haben.

Wer dennoch zusätzliche Daten abfragen möchte, sollte dies in einer Weise begründen, die für den Leser plausibel ist. Wer die Postleitzahl wissen möchte, sollte beispielsweise mit regional zugeschnittenen Angeboten argumentieren. Wird das Geburtsjahr abgefragt, kann dies damit erklärt werden, dass die Angebote im Newsletter der jeweiligen Altersklasse angepasst werden sollen. Und eine Abfrage des kompletten Geburtsdatums lässt sich damit begründen, dass der potenzielle E-Mail-Empfänger an seinem Geburtstag vom Anbieter eine Überraschung erhalten soll.

Versendet der Anbieter seine E-Mailings nicht nur im HTML-Format, sondern wird auch noch das Textformat angeboten, so muss dem Interessenten per Radio-Button die Wahl zwischen dem Text- und HTML-Format angeboten werden. Zur Verdeutlichung für Nutzer, denen der Begriff „HTML-Format" nichts sagt, sollte dieses als „Text mit Bildern" o. Ä. umschrieben werden. Um alle Unklarheiten zu beseitigen, kann je eine Mustermail im Text- und HTML-Format mit der Anmeldung verlinkt sein, damit sich der E-Mail-Empfänger beide Versionen anschauen und besser zwischen den Formaten unterscheiden kann.

Nach erfolgreicher Anmeldung sollte die Website des Anbieters eine Bestätigungsseite anzeigen, die dem Interessenten für seine Anmeldung dankt und die von ihm angegebene E-Mail-Adresse zur Kontrolle aufführt – verbunden mit dem Hinweis, diese auf eventuelle Tippfehler zu prüfen. Leider treten gerade bei E-Mail-Adressen sehr häufig Tippfehler auf (bis über 10 %), sodass es sich empfiehlt, die Interessenten um die Prüfung ihrer Angaben und gegebenenfalls um eine nochmalige Anmeldung zu bitten.

> **!** Aufgrund der immer schärferen Einstellungen der Spam-Filter auf Empfängerseite sollte direkt auf der Bestätigungsseite die Absenderadresse des Newsletters aufgeführt werden, verbunden mit der eindringlichen Bitte an den Interessenten, diese in sein persönliches E-Mail-Adressbuch mit aufzunehmen, um eine reibungslose Zustellung der E-Mails sicherzustellen. Dieser Schritt entspricht einem lokalen Whitelisting und erhöht für den Anbieter die Wahrscheinlichkeit, dass seine E-Mails tatsächlich in den Posteingang des jeweiligen Empfängers geliefert werden. Darüber hinaus ist bei den neuen Outlook-, Thunderbird- und Outlook-Express-Versionen sichergestellt, dass diese E-Mail-Programme E-Mails im HTML-Format inklusive aller Bilder anzeigen und diese nicht unterdrücken.

2.2.3 Anmeldung für Fortgeschrittene

Vertrauen ist in Zeiten der ausufernden Flut an Spam-Mails das Gebot der Stunde. Bei einer Befragung von E-Mail-Empfängern in den USA bezüglich der ärgerlichsten Eigenschaften von E-Mail-Marketing lag auf Platz eins aller Nennungen mit klarer Dreiviertelmehrheit die Sorge, dass E-Mail-Adressen ungefragt an Dritte weitergegeben werden. Anbieter können daher das Vertrauen in ihr E-Mail-Angebot steigern, indem sie bereits auf der Anmeldeseite klipp und klar darauf hinweisen, dass sie die gesammelten E-Mail-Adressen keinesfalls an Dritte weitergeben. Eine Weitergabe der Adressen wäre nach UWG und TDDSG (Teledienste-Datenschutzgesetz) rechtlich ohnehin nicht zulässig (einzige Ausnahme: die Weitergabe an einen Erfüllungsgehilfen, also einen Dienstleister für den E-Mail-Versand).

Anbieter, die wissen möchten, aus welcher Quelle die Anmeldungen zu ihrem E-Mail-Verteiler stammen, sollten auf der Bestätigungsseite eine Frage in der Art: „Wie sind Sie auf diesen Newsletter aufmerksam geworden?", stellen. Um es den Interessenten besonders einfach zu machen und dadurch die Rücklaufquote zu erhöhen, empfiehlt es sich, die häufigsten

Antworten aufzuführen und jeweils mit einem Radio-Button zu versehen, der dann nur noch angeklickt werden muss, um die passende Antwort auszuwählen.

Zwischen 5 und 10% aller E-Mail-Adressinhaber wechseln pro
Quartal ihre E-Mail-Adresse. Um die Profile dieser Empfänger
nicht zu verlieren, sollten die Interessenten auf der Anmeldeseite
gefragt werden, ob es sich bei ihrer Anmeldung um eine Neuanmeldung oder bloß um eine Ummeldung handelt. In letzterem Fall werden die Ummelder gebeten, zusätzlich ihre alte E-Mail-Adresse mit
anzugeben, damit sich die bestehenden Profilinformationen wie Postadresse oder gewählte Themengebiete automatisch zuordnen lassen.

Um auf den Trend zu Breitbandmails (d.h. HTML-Mails mit Flash-
Animationen, Rich Media oder Streaming Audio bzw. Video) vorbereitet
zu sein, sollte zusätzlich zum gewünschten Mail-Format auch die Art des
Internet-Zugangs abgefragt werden. Dazu bieten sich Radio-Buttons an,
die die Wahl zwischen den beiden Alternativen „Modem/ISDN" und
„DSL/Standleitung" erlauben. So weiß der Anbieter bei allen Neuanmeldungen, ob der jeweilige Empfänger für den Versand von Breitbandmails
infrage kommt.

Während in den USA laut Marktuntersuchungen bereits heute über
50% aller Haushalte über eine schnelle Breitbandverbindung in das Internet verfügen, schätzt die Telekom, dass es in Deutschland erst im Jahr
2008 so weit sein wird, während die Verbreitung derzeit (hauptsächlich in
Form von T-DSL-Anschlüssen) noch unter 20% liegt. Doch mit annähernd 20% Marktanteil ist inzwischen auf jeden Fall eine kritische
Masse erreicht.

Damit wird das Thema Breitbandmail zunehmend interessanter, weil
mit DSL lange Ladezeiten vermieden werden. Da Breitbandnutzer als
Early Adoptors erfahrungsgemäß die schnellste Hardware besitzen, lassen sich die Animationen oder Videos der Breitbandmails auch entsprechend qualitativ darstellen bzw. abspielen.

Und wer sich fragt, wozu der hohe Aufwand für die Produktion von
Breitbandmails betrieben werden sollte: Erfahrungen aus den USA zeigen, dass Breitbandmails teilweise Öffnungsquoten von weit über 100%
generieren, weil sie aufgrund der gelungenen Präsentation von den Empfängern an Freunde und Bekannte weitergeleitet werden (Stichwort „vira-
les Marketing").

2.2.4 Die Datenbank hinter der Anmeldung

Die Angaben, die über eine Anmeldeseite vom E-Mail-Empfänger abgefragt werden, bilden die Basis für den E-Mail-Verteiler. Um die Anmeldung für eventuelle spätere Streitfälle beweissicher dokumentieren zu können, sollten die Daten inklusive Datum, Uhrzeit und IP-Adresse des Anmeldenden von einem Skript oder Servlet (das sind kleine serverseitige Softwareprogramme) in einer Log-Datei protokolliert werden.

Zur weiteren Verarbeitung sollten die Anmeldedaten direkt in einer E-Mail-Marketing-Datenbank abgelegt werden. Je mehr Angaben von den E-Mail-Empfängern abgefragt werden, desto mehr Felder müssen in dieser Datenbank eingerichtet werden. Nach Möglichkeit sollte die Datenbank so entworfen sein, dass sich die Datensätze der E-Mail-Empfänger zu einem späteren Zeitpunkt problemlos ergänzen lassen, beispielsweise um Felder für gewünschte Themengebiete oder Klickdaten aus Link-Klicks.

Die Angaben in der E-Mail-Marketing-Datenbank werden bei jedem E-Mailing dazu herangezogen, um die Inhalte der einzelnen E-Mails zu definieren. Dies sind neben der E-Mail-Adresse der Empfänger beispielsweise das Format der einzelnen E-Mails (Text oder HTML), eine personalisierte Anrede („Sehr geehrter Herr Schmidt") und gegebenenfalls weitere Daten wie die Kundennummer im Kopf der E-Mails oder der Kontostand eines Bonuspunkteprogramms.

Um die Struktur für die E-Mail-Marketing-Datenbank zu definieren, also die Art und Größe der verwendeten Tabellen, die Art und Größe der Felder pro Tabelle sowie die Verknüpfung dieser Tabellen und Felder untereinander, ist es sinnvoll, dass der Anbieter zuerst seine bereits bestehenden Kundendatenbanken oder CRM-Datenbank analysiert, um das Rad nicht neu erfinden zu müssen. Es gilt zu entscheiden:

- welche Felder zwingend erforderlich sind (z.B. Kundennummer, E-Mail-Adresse, E-Mail-Format, Nachname, Titel und Vorname);
- welche Felder wünschenswert sind (beispielsweise die Postleitzahl für Geo-Targeting oder das Geschlecht, weil man bei „T." oder auch „Toni" nicht weiß, ob die Anrede weiblich oder männlich ist);
- welche Felder nicht erforderlich sind (in der Regel Altlasten).

Wenn die Struktur der E-Mail-Marketing-Datenbank steht, können die Felder, soweit möglich, mit den bereits vorhandenen Bestandsdaten der Kunden und von Interessenten mit implizitem Einverständnis gefüllt werden, um nicht bei null anfangen zu müssen. Dabei sollte unbedingt

darauf geachtet werden, dass offensichtliche Tippfehler nicht mit übernommen werden. In der Praxis beliebt sind beispielsweise E-Mail-Adressen mit den Domainnamen „aol.de" und „t-online", die es beide in dieser
Form nicht gibt (der Domainname ist der Adressteil nach dem @-Zei-
chen). Stattdessen muss es „aol.com" bzw. „t-online.de" heißen. Diese
Korrekturen lassen sich bei kleinen Fallzahlen manuell und bei großen
Adressbeständen durch ein kleines Skript lösen.

Ebenso wichtig wie die Korrektur von Tippfehlern ist die Vermeidung
von Dubletten in der Datenbank, also Mehrfacheinträge des gleichen
E-Mail-Empfängers. Wenn sich dieser mit zwei E-Mail-Adressen einträgt, beispielsweise um die E-Mails sowohl im Büro als auch privat zu erhalten, ist das akzeptabel. Wenn jedoch die gleiche E-Mail-Adresse mehr
als einmal in der Datenbank vorhanden ist, sollte dieser Fehler schleunigst
behoben werden, damit ein Empfänger nicht mehrfach die gleichen
E-Mails vom Anbieter erhält und sich dann beschwert.

In der Regel wird ein Anbieter seine E-Mail-Marketing-Datenbank,
die eventuell sogar an einen externen Dienstleister ausgelagert ist, parallel zu anderen, intern vorhandenen Datenbanken betreiben. Um die
Datenintegrität (Regelkonformität) und Datenkonsistenz (Widerspruchsfreiheit) zwischen diesen Datenbanken zu wahren, ist natürlich ein kontinuierlicher Abgleich der Datenbanken untereinander erforderlich. Verfahren zum Abgleich der Datenbanken werden im Kapitel 6, Abschnitt 4
vorgestellt.

2.2.5 Single, Confirmed und Double Opt-in

Bei der Anmeldung eines potenziellen E-Mail-Empfängers zu einem
E-Mail-Verteiler oder E-Mail-Newsletter gibt es mehrere Registrierungsverfahren. Alle starten gewöhnlich damit, dass der Interessent auf der
Website des Anbieters seine E-Mail-Adresse und gegebenenfalls weitere
Angaben wie das gewünschte Mail-Format in ein Webformular eintippt
und auf den „Senden„-Button klickt, um die Daten an den Anbieter abzuschicken.

Für das darauf folgende Registrierungsverfahren gibt es drei Varianten:
das so genannte „Single Opt-in" (das in der Praxis kaum noch verwendet
wird), das einstufige „Confirmed Opt-in" und das zweistufige „Double
Opt-in".

Beim **Single Opt-in** werden lediglich die vom Webformular über-
mittelten Daten übernommen und mit einer Bestätigungsseite quittiert,
d.h. der E-Mail-Empfänger wird direkt und ohne weiteres E-Mail-Feed-
back in die Verteilerliste eingetragen.

Beim **Confirmed Opt-in** erhält der E-Mail-Empfänger zusätzlich zur Bestätigung auf der Website eine Bestätigung (Confirmation) per E-Mail, dass er registriert wurde (siehe Bild 2.3) und mit seiner Anmeldung die richtige Entscheidung getroffen hat. Gegebenenfalls wird ihm in dieser E-Mail auch erklärt, wie er sich sofort oder zu einem späteren Zeitpunkt wieder aus dem Verteiler abmelden kann. Der Vorteil dieses Verfahrens ist, dass der Anbieter die vom Empfänger angegebene E-Mail-Adresse validieren kann, denn wenn die Bestätigungsmail nicht zustellbar ist und einen so genannten „Bounce" erzeugt, weiß der Anbieter, dass sich der Empfänger entweder bei der Angabe seiner E-Mail-Adresse vertippt oder diese bewusst falsch angegeben hat.

Auch beim **Double Opt-in** erhält der E-Mail-Empfänger (wie beim Confirmed-Opt-in-Verfahren) im ersten Schritt eine Bestätigungs-E-Mail. Diese fordert ihn allerdings als zusätzlichen Schritt dazu auf, die E-Mail zur Gegenbestätigung an den Absender zurückzusenden oder einen individuell codierten Link anzuklicken (siehe Bild 2.4). Erst wenn der potenzielle Abonnent dies getan hat, wird seine E-Mail-Adresse in den Verteiler aufgenommen. Dies ist der zweite Schritt des Double-Opt-in-Verfahrens.

Auf diese Weise wird zum einen sichergestellt, dass die angemeldete E-Mail-Adresse tatsächlich existiert, und zum anderen, dass nur solche E-Mail-Adressen in den Verteiler aufgenommen werden, deren Inhaber

```
Von:      Newsletter-Verwaltung <admin@newsflash.de>
An:       Martin Aschoff <maschoff@agnitas.de>
Betreff:  Ihre Anmeldung zum Newsflash


Sehr geehrter Herr Aschoff,

vielen Dank für Ihre Anmeldung zu unserem Newsflash. Wir werden
den Newsflash ab der nächsten Ausgabe an die von Ihnen
angegebene E-Mail-Adresse maschoff@agnitas.de versenden.

Jeder Newsflash enthält übrigens am Ende einen Link, über den
Sie sich mit einem einfachen Mausklick jederzeit wieder
abmelden können.

Mit freundlichen Grüßen,

Ihr Newsflash-Team
```

Bild 2.3: Beispiel für eine Anmeldebestätigung per E-Mail (Confirmed Opt-in)

dies ausdrücklich wünschen. Ohne die Bestätigung der E-Mail im zweiten Schritt des Double-Opt-in-Verfahrens, die nur der E-Mail-Empfänger selbst vornehmen kann, könnte ein Dritter beliebige E-Mail-Adressen zu einem Verteiler anmelden.

Die Bestätigungsmail beim Double-Opt-in-Verfahren ist in Wirklichkeit also eine Kontrollmail zur rechtlichen Absicherung. Erst wenn der potenzielle Abonnent diese Kontrollmail beantwortet hat, wird seine E-Mail-Adresse in den Verteiler aufgenommen.

So sicher das Double-Opt-in-Verfahren ist, hat es aus Marketing-Sicht doch den Nachteil, dass es eine zusätzliche Response-Hürde darstellt. Ein Teil der E-Mail-Empfänger wird die Kontroll-E-Mail aus Gründen der Bequemlichkeit, der Unkenntnis (oft sind die Texte dieser Mails wegen der verwendeten Versandsoftware in sehr technischem Englisch verfasst)

```
Von:      Newsletter-Verwaltung <admin@newsflash.de>
An:       Martin Aschoff <maschoff@agnitas.de>
Betreff:  Ihre Anmeldung zum Newsflash


Sehr geehrter Herr Aschoff,

vielen Dank für Ihre Anmeldung zu unserem Newsflash.

Bitte bestätigen Sie uns aus Sicherheitsgründen Ihre Anmeldung,
indem Sie auf den folgenden Link klicken:

http://www.newsflash.de/index_anmelden.htm?012345678

Sollten Sie Ihre Anmeldung nicht rückbestätigen, so wird die
von Ihnen angegebene E-Mail-Adresse maschoff@agnitas.de nicht
in den Verteiler aufgenommen und der Versand des Newsflashs
unterbleibt.

Falls es sich bei dieser Anmeldung um ein Versehen handelt oder
der Newsflash nicht von Ihnen bestellt wurde, müssen Sie gar
nicht reagieren.

Jeder Newsflash enthält übrigens am Ende einen Link, über den
Sie sich mit einem einfachen Mausklick jederzeit wieder
abmelden können.

Mit freundlichen Grüßen,

Ihr Newsflash-Team
```

Bild 2.4: Beispiel für eine Bestätigungsmail des Double-Opt-in-Verfahrens

oder des Unvermögens (z. B. falsche Rücksendeadresse angegeben) nicht zurücksenden bzw. den Bestätigungs-Link nicht anklicken und geht somit als Abonnent für den Anbieter verloren. Aus genau diesem Grund ist das Double-Opt-in-Verfahren noch recht wenig verbreitet, obwohl es die höchste Rechtssicherheit bietet.

> **!** Kommt das Double-Opt-in-Verfahren zum Einsatz, so sollte dessen Ablauf den potenziellen E-Mail-Empfängern genau erklärt werden, um Schwund durch fehlende Rückbestätigungen zu vermeiden. Am besten gleich dreimal: zuerst auf der Anmeldeseite, dann auf der Webseite mit der Anmeldebestätigung und zuletzt in der Bestätigungs-E-Mail. Die Bestätigungsmail sollte gleich in der Betreffzeile die Bitte um eine Rückbestätigung enthalten – anstelle einer eher irreführenden Begrüßung wie „Herzlich willkommen", die zum ungelesenen Löschen der E-Mail führen kann.

Eine alternative Lösung kann das Confirmed-Opt-in-Verfahren mit einer Bestätigungsmail sein, die dem Empfänger zum einen die Anmeldung bestätigt, zum anderen aber auch einen Link für die umgehende Abmeldung enthält (siehe Bild 2.5). Wurde der Empfänger der Bestätigungs-E-Mail von einer dritten Person eingetragen, so kann er sich über einen Klick auf den Link direkt wieder aus dem Verteiler austragen. Reagiert er dagegen innerhalb einer Zeitspanne von beispielsweise einer Woche nicht auf die Bestätigungsmail, so ist davon auszugehen, dass er die Anmeldung akzeptiert hat, und er wird auf den Verteiler gesetzt.

Bei dieser Opt-in-Variante besteht im Gegensatz zum Double Opt-in zwar die Möglichkeit, dass die angegebene E-Mail-Adresse von einem Dritten eingetragen wurde und gar nicht existiert, doch in diesem Fall wird beim Versand an diese Adresse ohnehin eine Unzustellbarkeitsmeldung (Hard Bounce) erzeugt, sodass die betroffene E-Mail-Adresse manuell oder automatisch aus dem E-Mail-Verteiler entfernt werden kann.

Die Möglichkeit, dass ein Dritter E-Mail-Adressen anderer Personen anmeldet, ist prinzipiell vorhanden, dürfte aber extrem selten sein. Wenn es trotzdem dazu kommt, dass ein E-Mail-Empfänger einen Anbieter auf Unterlassung wegen Zusendung unverlangter E-Mails verklagt, kann der Anbieter bei Verwendung des Double-Opt-in-Verfahrens das Gegenteil nachweisen. Dieser Nachweis ist empfehlenswert, denn die Rechtsprechung fordert regelmäßig, dass im Streitfall der Anbieter beweisen muss,

```
Von:       Newsletter-Verwaltung <admin@newsflash.de>
An:        Martin Aschoff <maschoff@agnitas.de>
Betreff:   Ihre Anmeldung zum Newsflash


Sehr geehrter Herr Aschoff,

vielen Dank für Ihre Anmeldung zu unserem Newsflash. Wir werden
den Newsflash ab der nächsten Ausgabe an die von Ihnen
angegebene E-Mail-Adresse maschoff@agnitas.de versenden.

Falls es sich bei dieser Anmeldung um ein Versehen handelt oder
der Newsflash nicht von Ihnen bestellt wurde, klicken Sie bitte
auf den folgenden Link zur Abmeldung:

http://www.newsflash.de/index_abmelden.htm?012345678

Jeder Newsflash enthält übrigens am Ende einen Link, über den
Sie sich mit einem einfachen Mausklick jederzeit wieder
abmelden können.

Mit freundlichen Grüßen,

Ihr Newsflash-Team
```

Bild 2.5: Beispiel für eine Bestätigungsmail, die die sofortige Abmeldung erlaubt

dass der Empfänger sein Einverständnis zu der Zusendung von E-Mails erteilt hat. Weitere Informationen zur rechtlichen Lage bezüglich der Gestaltung des Anmeldeverfahrens folgen im Kapitel 8, Abschnitt 2.5.

2.2.6 Anmeldung per Voreinstellung?

Häufig bieten Unternehmen auf ihren Websites Formulare an, über die sich die Internet-Nutzer für den Zugriff auf bestimmte Daten oder die Nutzung eines bestimmten Dienstes registrieren können. Auch Reservierungen und Bestellungen per Internet erfordern in der Regel eine Registrierung des Nutzers mit den jeweils erforderlichen Daten.

Wenn der Nutzer ohnehin ein Webformular ausfüllt, bietet es sich aus Sicht des Anbieters natürlich an, ihn auch zu fragen, ob er damit einverstanden ist, auf den E-Mail-Verteiler des Unternehmens gesetzt zu werden. Dazu muss lediglich eine zusätzliche Checkbox in das Formular aufgenommen werden, verbunden mit einem Satz in der Art:

> Ich bin damit einverstanden, per E-Mail über neue Angebote informiert zu werden.

Die Frage ist, ob es den Anforderungen an ein Einverständnis des E-Mail-Empfängers genügt, wenn die Checkbox als Voreinstellung bereits aktiviert ist und der Nutzer das Häkchen erst wegklicken muss, falls er sein Einverständnis nicht erteilen möchte (in der Praxis ist dieses Vorgehen übrigens häufig der Fall). Hat der Nutzer bei dieser Art der Umsetzung der Anmeldung seine Einwilligung zur Zusendung von E-Mails erteilt oder nicht?

Bei dieser Frage betritt jeder Anbieter juristisches Neuland, denn bislang (zumindest bis zum Zeitpunkt der Drucklegung dieses Buchs) gibt es noch keine öffentlich publizierte Rechtsprechung zu diesem Thema. Doch man kann davon ausgehen, dass ein potenzieller Kläger im Zweifelsfall immer argumentieren wird, er habe die Checkbox mit dem Häkchen übersehen und die Kopplung der Registrierung mit der E-Mail-Einwilligung sei unlauter. Besteht das Formular, zu dem diese Checkbox gehört, aus einer Vielzahl von Feldern, so wird der Kläger mit dieser Argumentation vermutlich Recht bekommen. Besteht das Formular dagegen nur aus sehr wenigen Feldern, sodass die Checkbox klar auffällt, ist seine Argumentation unglaubwürdig. Doch wie eine gerichtliche Entscheidung im Einzelfall letztendlich ausfallen wird, lässt sich nicht vorhersagen.

Auf der rechtlich sicheren Seite ist der Anbieter, wenn er das Häkchen in der Checkbox als Voreinstellung nicht setzt, denn in diesem Fall muss der Nutzer die entsprechende Checkbox explizit anklicken und erteilt damit dem Anbieter auch sein explizites Einverständnis. Dieses Verfahren führt allerdings zu weniger Einverständniserklärungen.

Fazit: Solange es keine Rechtsprechung zu diesem Thema gibt, ist eine klare Empfehlung unter rechtlichen Gesichtspunkten nicht möglich. Zu bedenken ist aber auch, welchen Eindruck beim Nutzer die Vorauswahl der Checkbox hinterlässt. Ist das Häkchen bereits gesetzt, signalisiert dies dem erfahrenen Surfer eine gewisse verkäuferische Aggressivität. Andererseits gehen bei einer Voreinstellung ohne Häkchen die Nutzer verloren, die zu bequem sind, die Checkbox anzuklicken, die unsicher sind oder die Checkbox übersehen.

3 Die Inhalte

Die Inhalte eines E-Mailings oder E-Mail-Newsletters haben entscheidenden Einfluss auf den Erfolg der jeweiligen Aktion. Wenn die Inhalte für die Zielgruppe verständlich und relevant sind und deren Geschmack treffen, wird das E-Mailing positiv aufgenommen und ein Erfolg. Sind die Inhalte dagegen unklar, für die Zielgruppe uninteressant und nicht ansprechend, so werden die E-Mails von den Empfängern gelöscht und die Aktion floppt.

Dieses Kapitel beschreibt zum einen, wie der Inhalt einer E-Mail strukturiert wird und wie er formal inhaltlich aufgebaut sein sollte. Zum anderen geht es um die Formulierung dieser Inhalte. Wie lassen sich die Inhalte so darstellen, dass sie den Leser ansprechen und zu der gewünschten Aktion motivieren? Anschließend werden Ansätze zur inhaltlichen Ausrichtung von E-Mail-Marketing sowie eine Vielzahl von konkreten Ideen und Anregungen, wie sich Themen finden und praktisch umsetzen lassen, vorgestellt.

Den Abschluss dieses Kapitels bildet das Thema Landing Pages, das das inhaltliche Gegenstück zum E-Mailing darstellt. Es wird erläutert, was eine Landing Page ist, welchen Nutzen sie bietet und wie sich eine Landing Page optimal einsetzen lässt, um die Rückläufe im E-Mail-Marketing zu erhöhen.

3.1 Struktur der Inhalte

3.1.1 Der E-Mail-Header

Als „Header" einer E-Mail bezeichnet man einen speziellen Vorspann, der nicht zum eigentlichen Inhalt („Body") der Mail gehört. Der E-Mail-Header enthält zahlreiche formale und technische Angaben, von denen die wichtigsten von jedem E-Mail-Programm angezeigt werden. Diese sind die Information über den Absender (im E-Mail-Programm das Feld mit der Bezeichnung „von") und den Empfänger (das Feld mit der Bezeichnung „an") sowie das Feld mit Versanddatum und Uhrzeit und das Betreff-Feld.

Häufig kommt im Header noch das Cc-Feld („carbon copy", deutsch: Kohlepapier) hinzu, das für die E-Mail-Adressen derjenigen Empfänger vorgesehen ist, die die jeweilige E-Mail als Kopie erhalten sollen. Seltener ist das Bcc-Feld („blind carbon copy"). E-Mail-Adressen, die in diesem

Feld angegeben werden, erhalten ebenfalls eine Kopie der E-Mail, allerdings ohne dass dies für die anderen Empfänger der E-Mail ersichtlich ist, weil das Bcc-Feld beim Versand aus dem Header gelöscht wird, sodass der Empfänger es nicht mehr sehen kann.

Die Header-Informationen, die vom E-Mail-Programm dargestellt werden, sind in etwa mit dem Umschlag eines Briefs vergleichbar, denn der E-Mail-Empfänger sieht die Informationen des Headers schon vor dem Öffnen der Mail und kann auf Basis dieses ersten Eindrucks entscheiden, ob und wann er diese E-Mail öffnet, oder ob er sie ungelesen löscht. Aus diesem Grund sind die Angaben im E-Mail-Header für den Anbieter sehr wichtig.

Das wichtigste Feld des Headers ist angesichts der wachsenden Flut von Spam-Mails der Absender. So, wie man vor dem Öffnen eines Briefs in der Regel zuerst auf den Absender schaut, interessiert den Empfänger einer E-Mail vor dem Öffnen, von wem diese stammt. Darüber hinaus haben die zahlreichen Warnungen vor Viren in E-Mails mittlerweile dazu geführt, dass die meisten E-Mail-Empfänger vorsichtig geworden sind und bei einem unbekannten Absender vor dem Öffnen der E-Mail zögern oder ganz darauf verzichten.

Eine Befragung von AOL-Nutzern in den USA Anfang 2003 hat in diesem Zusammenhang ergeben, dass 46 % der Befragten immer und 51 % manchmal E-Mails löschen, wenn sie deren Absender nicht kennen.

Aus diesen Gründen sollte der Anbieter für das Absender-Feld seiner E-Mailings eine sinnvolle, aussagekräftige und Vertrauen erweckende E-Mail-Adresse verwenden, die den Namen seines Unternehmens enthält und zum Inhalt der E-Mail passt. Am besten nicht einfach nur info@domain.de (so machen es leider viele Versender), sondern z. B. newsletter@domain.de, online-shop@domain.de oder support@domain.de („domain.de" ist in diesen Beispielen der Platzhalter für die Adresse des Anbieters). Zusätzlich sollte für den Absender auch ein (optisch attraktiverer) Real-Name wie „XYZ Newsletter-Redaktion" oder „XYZ-Online-Shop" vergeben werden, der von den meisten E-Mail-Programmen an Stelle der (technischen) E-Mail-Adresse angezeigt wird.

Es muss auf jeden Fall sichergestellt sein, dass die im Absender-Feld angegebene E-Mail-Adresse keine Phantomadresse ist, sondern für diese Adresse ein echter Mail-Account eingerichtet wurde, der voll funktionsfähig ist, denn ein Teil der E-Mail-Empfänger wird auf die eingehenden E-Mails direkt antworten. Wenn diese E-Mail-Schreiber dann vom Mailserver des Anbieters eine Fehlermeldung zurückerhalten, dass die E-Mail-Adresse nicht existiert, macht dies keinen seriösen Eindruck. Aus dem gleichen Grund muss der Mail-Account natürlich mindestens einmal pro Werktag abgerufen werden, um eventuelle Antworten oder Rückfragen auf ein E-Mailing abzufragen und zu beantworten.

> **!** Eine noch bessere Alternative zu der Angabe einer generischen Absenderadresse wie newsletter@domain.de ist die Verwendung eines echten Namens in Kombination mit dem Firmennamen als Absender, beispielsweise der Name des Newsletter-Redakteurs oder (bei größeren Unternehmen) der Leiter der Kundenbetreuung. Solch eine Adresse macht einen persönlicheren Eindruck, weil der Absender für den E-Mail-Empfänger ein Mensch aus Fleisch und Blut und nicht eine anonyme Abteilungsadresse ist.
> Wer sich als Anbieter nicht auf den Namen eines konkreten Mitarbeiters als Absender festlegen möchte, für den bietet sich eventuell die Einrichtung eines fiktionalen Charakters an, wie z.B. der berühmt-berüchtigte „Dr. Sommer" aus der *Bravo*-Redaktion oder der kompetent-seriöse „Herr Kaiser" von der Hamburg-Mannheimer-Versicherung.

Leider lassen sich die Absenderangaben einer E-Mail mit äußerst geringem Aufwand fälschen. Viele Empfänger haben sogar schon Spam-Mails mit ihrer persönlichen E-Mail-Adresse als Absender erhalten. Aus diesem Grund ziehen E-Mail-Empfänger zur Beurteilung einer E-Mail vor deren Öffnen auch das Betreff-Feld (englisch: „Subject") heran.

Von dem Betreff-Feld erwartet der E-Mail-Empfänger, dass es etwas über den Inhalt der E-Mail aussagt. Daher muss es Pflicht eines jeden Anbieters sein, sich bei der Formulierung des Textes für das Betreff-Feld ausreichend Zeit zu nehmen. Der Text im Betreff-Feld ist wie die Titelzeile einer Werbung. Wenn die Betreffzeile in Verbindung mit dem Absender-Feld nicht das Interesse des Empfängers weckt, wird die E-Mail unter Umständen ungelesen gelöscht.

Daher sollte für die Formulierung der Betreffzeile unbedingt ein emotionaler, zündender Stil verwendet werden, der den Empfänger auf den Inhalt der E-Mail neugierig macht und in die Mail „hineinzieht". Ein Anbieter von Krankenversicherungen sollte beispielsweise nicht lapidar „Versichern Sie sich richtig" schreiben, sondern kann das Thema als anregende Frage in der Art „Zahlen Sie für Ihre Krankenversicherung zu viel Geld?" formulieren. Wichtig ist aber auch, dass das Versprechen, das in der Betreffzeile kommuniziert wird, mit dem Inhalt der E-Mail eingelöst wird.

Übertriebene, reißerische oder unseriöse Aussagen müssen dagegen vermieden werden, weil sie billig wirken. Internet-Nutzer sind erfahrungsgemäß überdurchschnittlich anspruchsvoll und kritisch, sodass bei einer ungeschickten Formulierung schnell die Glaubwürdigkeit des Anbieters beschädigt ist und dessen E-Mails künftig nicht mehr gelesen werden bzw. E-Mails von dessen E-Mail-Adresse über eine Filterregel schon beim Erhalt gelöscht werden.

Denkbar ist übrigens auch die Personalisierung der Betreffzeile mit dem Namen des E-Mail-Empfängers (sofern er bekannt ist). Dies kann erfahrungsgemäß dazu führen, dass aus Neugier eine höhere Quote der Empfänger ihre E-Mails öffnet. Auf gehobene Zielgruppen wirkt der eigene Name in der Betreffzeile allerdings häufig aufdringlich und zu verkäuferisch, sodass der Einsatz dieser Technik nicht vorbehaltlos empfohlen werden kann, zumal sie in letzter Zeit auch zunehmend von Spam-Versendern verwendet wird.

Im Empfänger-Feld des Headers sollte immer die E-Mail-Adresse des Empfängers stehen. Platzhalter wie „undisclosed-recipients" oder allgemeine Bezeichnungen wie „XYZ-Kunden", wie sie von billigen E-Mail-Versandprogrammen produziert werden, würden dem Empfänger deutlich signalisieren, dass es sich bei der erhaltenen E-Mail nur um eine Massenmail handelt.

Wird dagegen die E-Mail-Adresse des Empfängers verwendet (und im E-Mail-Text eine persönliche Anrede), so fühlt sich der Empfänger direkt angesprochen und wird der E-Mail entsprechend eine höhere Aufmerksamkeit schenken. Manche E-Mail-Empfänger haben ihr E-Mail-Programm zur Abwehr von Spam-Mails sogar so konfiguriert, dass eingehende E-Mails, die im Empfänger-Feld nicht ihre E-Mail-Adresse enthalten, automatisch aussortiert und gelöscht werden.

Der Inhalt des Datum-Feldes muss vom Anbieter nicht berücksichtigt werden, denn dieses Feld wird von dem Programm, das die E-Mails versendet, in der Regel automatisch ausgefüllt. Dazu werden das Systemdatum und die Systemzeit des Servers, auf dem dieses Programm läuft, herangezogen.

3.1.2 Der E-Mail-Inhalt

Der eigentliche Inhalt einer E-Mail wird auch als E-Mail-Body bezeichnet. Anbieter, die E-Mailings versenden möchten, deren Aufbau bei den Empfängern einen professionellen Eindruck hinterlässt, sollten den Inhalt des E-Mail-Bodies organisatorisch in drei Bereiche unterteilen:

- die Kopfzeilen,
- der Textkörper,
- die Fußzeilen.

Die Kopfzeilen

In den Kopfzeilen eines E-Mailings sollte zumindest der Titel des Mailings, dessen offizielles Versanddatum als Aktualitätsbeweis sowie die Webadresse des Anbieters stehen. Darüber hinaus empfiehlt es sich, für den ungeduldigen Leser in wenigen Worten das Thema des E-Mailings zu benennen oder zumindest einige Schlagwörter aufzuführen, die ihn zum Weiterlesen animieren.

Handelt es sich bei dem E-Mailing nicht um einen Newsletter, der regelmäßig versendet wird, sollte ebenfalls gleich zu Beginn der E-Mail ein Hinweis erfolgen, aus welcher Quelle der Anbieter die E-Mail-Adresse gewonnen hat bzw. warum der E-Mail-Empfänger angeschrieben wird, beispielsweise:

> Sie haben sich auf unserer Website für Informationen zum Thema Antiviren-Software registriert.

Oder:

> Sie erhalten diese E-Mail, weil Sie als Käufer unserer Notebooks angegeben haben, dass Sie an weiteren Informationen interessiert sind.

Der Hintergrund für diesen Hinweis ist, dem E-Mail-Empfänger zu verdeutlichen, dass es sich bei der E-Mail nicht um eine Spam-Mail handelt, sondern dass er sie explizit angefordert hat (durch die Registrierung seiner E-Mail-Adresse) oder zumindest von seinem stillschweigenden Einverständnis ausgegangen werden kann (z.B. aufgrund einer bestehenden, aktiven Geschäftsbeziehung).

Insbesondere wenn die letzte E-Mail-Kommunikation mit dem Empfänger schon einige Zeit, d.h. deutlich länger als einen Monat, zurückliegt, besteht erfahrungsgemäß die Gefahr, dass der E-Mail-Empfänger die Registrierung seiner E-Mail-Adresse oder die Geschäftsbeziehung vergessen hat. Und ohne einen Hinweis darauf könnte er verärgert auf die E-Mail reagieren, weil er sie fälschlicherweise als Spam-Mail einstuft.

Abschließend sollte bereits in den Kopfzeilen des E-Mailings ein Hinweis darauf erfolgen, wie der Empfänger den Versand weiterer E-Mails ablehnen kann, beispielsweise über einen Abmelde-Link am Ende des E-Mailings oder eine spezielle E-Mail-Adresse für Abmeldungen. Häufig wird dieser Hinweis in den Fußzeilen des E-Mailings versteckt, weil es

aus Sicht des Anbieters natürlich nicht erwünscht ist, dass sich die mühsam gewonnenen E-Mail-Empfänger wieder aus dem E-Mail-Verteiler
abmelden. Eine Erschwerung des Abmeldeprozesses produziert erfahrungsgemäß jedoch manuelle Anfragen beim Anbieter, Verärgerung bei
den Abmeldewilligen und Mehrarbeit auf beiden Seiten.

Unter Umständen meldet der Empfänger die unerwünschte E-Mail
sogar als Spam-Mail bei seinem Provider oder trägt die Absenderadresse
in die Blacklist seines lokalen Spam-Filters ein, wenn er keine Abmeldemöglichkeit findet. Beide Fälle hätten für den Anbieter negative Konsequenzen, weil sie zu Ärger mit dem Provider führen können bzw. dauerhaft eine E-Mail-Kommunikation mit dem Empfänger verhindern. Daher
empfiehlt es sich, die Möglichkeit zur Abmeldung offensiv zu kommunizieren.

Der Textkörper

Für den Textkörper eines E-Mailings gibt es eine Reihe von allgemein
gültigen Regeln und Empfehlungen, die unabhängig von dessen Inhalt in
jedem Fall beachtet werden sollten.

E-Mailings sollten, wenn möglich, immer mit der persönlichen Begrü-
ßung des Empfängers beginnen, also nicht mit „Sehr geehrter XYZ-
Kunde", sondern z. B. mit „Lieber Herr Schmidt". Die Personalisierung
der E-Mails führt gemäß den Erfahrungen im Direktmarketing zu einer
höheren Aufmerksamkeit beim Empfänger und damit letztendlich auch
zu mehr Rückläufen. Für Anbieter, die ihre E-Mailings nicht personalisieren können, weil ihnen Nachnamen und Geschlecht der E-Mail-Empfänger fehlen, wird es höchste Zeit, diese Daten zu erheben.

Wenn die Länge eines E-Mailings mehrere Bildschirmseiten umfasst,
empfiehlt sich zu Beginn ein kleines Inhaltsverzeichnis. Bei HTML-Mails

Anbieter, die ihre E-Mailings ausschließlich im HTML-Format
versenden, sollten den HTML-Code der E-Mailings mit einem
Kommentar einleiten, der dem Leser erklärt, dass sein E-Mail-
Programm HTML-Mails nicht darstellen kann und wie er sich gegebenenfalls wieder aus dem E-Mail-Verteiler abmeldet. Der Text dieses
Kommentars wird bei der Darstellung der E-Mail im HTML-Format
ignoriert und vom E-Mail-Programm nicht angezeigt. Erkennt das
E-Mail-Programm eines Empfängers das HTML-Format dagegen
nicht, so erscheint der Kommentar direkt am Anfang der E-Mail und
erklärt dem Empfänger, was zu tun ist.

kann dafür links eine schmale Navigationsspalte eingerichtet werden, in der sich die Inhaltspunkte aufführen und jeweils mit einem Link auf die Sprungstelle im Text versehen lassen (siehe Bild 3.1).

Am Schluss jedes E-Mailings sollte man den Empfänger darum bitten, die E-Mail an Kollegen oder Bekannte, die ebenfalls an dem Inhalt Interesse haben könnten, weiterzuleiten. Ein Hinweis, wo und wie sich der Empfänger in den E-Mail-Verteiler eintragen kann, darf dann natürlich auch nicht fehlen.

Weil das Weiterleiten von E-Mails sehr einfach ist, kann diese Art der Weiterempfehlung extrem effektiv sein. Im Idealfall werden E-Mails mit interessanten Inhalten oder Angeboten sogar mehrfach weitergeleitet. Potenziert sich auf diese Weise der Empfängerkreis, so spricht man auch von **viralem Marketing.**

Abgeschlossen werden sollte der Textkörper eines E-Mailings mit einer Grußformel und dem Namen eines Mitarbeiters des Anbieters, also

Bild 3.1: Beispiel für einen E-Mail-Newsletter im HTML-Format mit Navigationsspalte

nicht „Ihr XYZ-Team", sondern „Ihre Michaela Müller", weil dies –
ganz so wie bei einem Post-Mailing – individueller und persönlicher
wirkt.

Übrigens: Die alte Direktmarketing-Weisheit, am Ende des Mailings
ein „PS" einzufügen, weil dieses auf jeden Fall und oft zuerst vom Empfänger gelesen würde, ist für E-Mailings nicht unbedingt gültig, weil das
PS beim Öffnen der E-Mail nicht gleich sichtbar ist und eventuell erst
nach langem Scrollen entdeckt werden kann. Daher sollte auf ein PS eher
verzichtet werden; zumindest dürfen aber keine wichtigen Aussagen darin enthalten sein.

Die Fußzeilen

In den Fußzeilen eines E-Mailings sollten die weniger wichtigen organisa-
torischen Punkte behandelt werden.

Damit die Empfänger eines E-Mailings auch über einen anderen Weg
als per E-Mail mit dem Anbieter Kontakt aufnehmen können, sollten hier
der Name, die Postadresse, Telefon- und Faxnummer sowie die Webadresse des Absenders kommuniziert werden. Das wirkt auch seriöser, als
lediglich eine E-Mail-Adresse zu nennen, und ist eine vertrauensbildende
Maßnahme. Für Unternehmen ist es aus rechtlichen Gründen (§ 6 Tele-
dienstegesetz) erforderlich, zusätzlich den Geschäftsführer, den Firmensitz, das Registergericht und die HR-Nummer sowie die Steuernummer
oder die Umsatzsteuer-ID-Nummer zu nennen oder zumindest einen
deutlich erkennbaren Impressum-Link aufzuführen, der direkt auf eine
Webseite mit den entsprechenden Angaben verweist.

Hat ein E-Mailing redaktionellen Charakter (oder soll dies zumindest
vermittelt werden), so empfiehlt sich ein kleines Impressum mit Nennung
des Verantwortlichen im Sinne des Pressegesetzes („V. i. S. d. P.") und
eines Ansprechpartners für den Verkauf von Anzeigen im E-Mailing (sofern erwünscht).

Bei einem E-Mailing mit redaktionellem Charakter sollten die Fußzeilen mit dem Copyright-Hinweis abgeschlossen werden, dass die Inhalte
des E-Mailings urheberrechtlich geschützt sind und die Weiterverwen-
dung nicht oder nur eingeschränkt gestattet bzw. eine Rückfrage beim
Anbieter erforderlich ist.

Werden E-Mailings nicht nur im Text-, sondern auch im HTML-Format verschickt, sollte den Empfängern über einen Link-Klick angeboten
werden, vom Text-Format zum HTML-Format zu wechseln, weil letzteres Format für den Anbieter erfahrungsgemäß eine deutlich höhere Response-Quote erzielt.

Und spätestens am Ende der Fußzeilen sollte dem Empfänger erklärt

werden, wie er sich gegebenenfalls wieder aus dem E-Mail-Verteiler abmelden kann, um vom Anbieter keine weiteren E-Mails zu erhalten.

> In den Fußzeilen sollte auch die E-Mail-Adresse aufgeführt wer-
> den, an die das jeweilige E-Mail versendet wurde. Dies ist für den
> Empfänger hilfreich, falls er E-Mail-Weiterleitungen eingerichtet
> hat und nicht mehr weiß, mit welcher Adresse er sich ursprünglich in
> den E-Mail-Verteiler eingetragen hat. Möchte sich der Empfänger
> irgendwann abmelden, so hilft die Nennung dieser E-Mail-Adresse,
> Rückfragen zu vermeiden, und spart auf beiden Seiten Arbeit und
> Zeit.

3.1.3 Besonderheiten beim Newsletter

In den letzten Abschnitten wurde der allgemeine Aufbau eines professionellen E-Mailings besprochen. Im Folgenden geht es um die Punkte, die
zusätzlich beim Versand eines regelmäßigen E-Mail-Newsletters zu beachten sind.

E-Mail-Header beim Newsletter

Um den Empfängern eines E-Mail-Newsletters die Orientierung zu erleichtern, sollte bereits im Betreff-Feld des E-Mail-Headers der Name des
Newsletters genannt werden. Darüber hinaus ist es sinnvoll, die Nummer
der Newsletter-Ausgabe (beispielsweise „Jan. 2005" oder „KW 03") in
der Betreffzeile aufzuführen, damit der Empfänger des Newsletters diesen zeitlich einordnen kann, ohne ihn erst öffnen zu müssen. Durch das
regelmäßige Nennen des Newsletter-Namens und der Ausgabe am Anfang der Betreffzeile ist auch ein Wiedererkennungswert gewährleistet.
Darüber hinaus wird der Empfänger durch die Nummerierung nicht nur
darauf hingewiesen, dass er den Newsletter periodisch erhält, diese Angabe vermittelt außerdem ein gewisses Gefühl von Kontinuität, was
unterschwellig wiederum Vertrauen schafft.

Kopfzeilen beim Newsletter

Zu Beginn des Newsletters sollte dessen Name, die Nummer der Ausgabe
und das Thema aus der Betreffzeile für den eiligen E-Mail-Leser wiederholt werden, der die E-Mail schon geöffnet und die Betreffzeile überlesen
hat (siehe Bild 3.2). Unter Umständen ist es sinnvoll, auch die verbreitete
Auflage des Newsletters zu nennen, um den Empfängern (und potenziel-

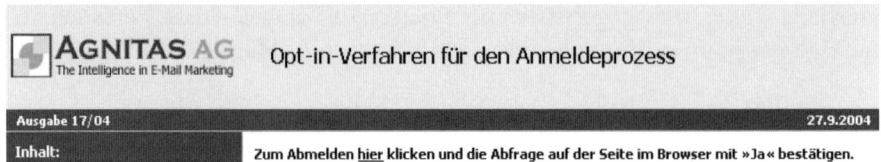

Bild 3.2: Beispiel für den Aufbau der Kopfzeilen in einem E-Mail-Newsletter

len Anzeigenkunden) vor Augen zu halten, wie groß die Leserschaft des Newsletters ist. Je nach Stellenwert dieser Information für den Anbieter kann die Auflage alternativ auch in den Fußzeilen des Newsletters aufgeführt sein.

Fußzeilen beim Newsletter

In den Fußzeilen eines E-Mail-Newsletters sollten wieder organisatorische Punkte behandelt werden (siehe Bild 3.3). Neben den Punkten, die bereits für E-Mailings genannt wurden, empfehlen sich weitere Angaben wie z. B. die Frequenz, mit der der Newsletter versendet wird. Bei einem Newsletter mit redaktionellem Charakter sollte auch die E-Mail-Adresse eines Ansprechpartners für Leseranfragen und -kommentare nicht fehlen. Oft erhält man auf diesem Weg wertvolles Feedback, das sich zur Optimierung des Newsletters nutzen lässt.

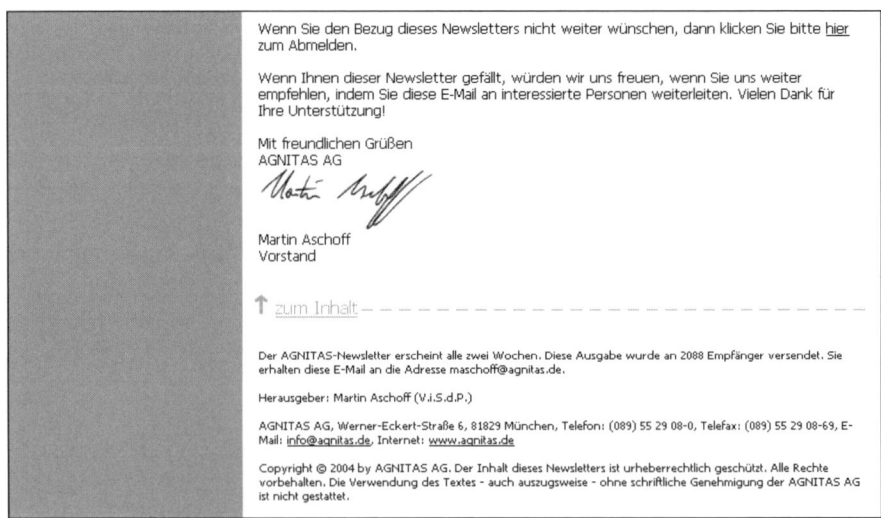

Bild 3.3: Beispiel für die Gestaltung des Abspanns und der Fußzeilen in einem E-Mail-Newsletter

3.2 Formulierung der Inhalte

3.2.1 Immer an den Leser denken

Der moderne Leser hat wenig Zeit und möchte, dass die Texte, die er liest, schnell auf den Punkt kommen. Die Frage, die er sich beim Lesen ständig (bewusst oder unbewusst) stellt, lautet: „Warum soll ich das lesen?" Daher müssen die Inhalte eines E-Mailings zielgruppengerecht verfasst sein. Das betrifft den Detailgrad der Inhalte (keine überflüssigen Erklärungen und Phrasen), die Verständlichkeit des Textes und die Tonalität der Zielgruppenansprache (von locker/flapsig bis gediegen/würdevoll).

Eben weil die Leser heutzutage keine Zeit mehr haben, sollte nicht der klassische Spannungsbogen eingesetzt werden. Besser ist eine Inhaltsübersicht oder Zusammenfassung gleich am Anfang des E-Mailings, die den Leser zum einen vorinformiert und zum anderen sein Interesse oder die Lust am Weiterlesen weckt.

Zwischenüberschriften, Leerzeilen und die Fettung wichtiger Textpassagen sind weitere Maßnahmen, um dem eiligen Leser, der den Inhalt anfangs nur überfliegt, eine schnellere Übersicht zu bieten, Texte zu strukturieren und deren inhaltliche Aufnahme zu erleichtern.

Die wichtigsten Botschaften sollten grundsätzlich zuerst folgen, denn es ist sehr zweifelhaft, ob der Empfänger ein E-Mailing oder einen E-Mail-Newsletter bis zum Ende durchliest, wenn nicht gleich zu Beginn sein Interesse geweckt wird. In diesem Zusammenhang ist auch zu berücksichtigen, dass auf dem Bildschirm des Empfängers bei längeren E-Mailings nur der erste Teil des Inhalts sichtbar ist. Gleiches gilt für E-Mail-Programme, die die E-Mails in einem Vorschaufenster anzeigen. Insbesondere, wenn die Kopfzeilen des E-Mailings sehr umfangreich sind, ist dann vom eigentlichen Text der E-Mail nur ein kleiner Teil zu sehen.

> **!** Um den ersten Teil eines E-Mailings inhaltlich so überzeugend zu formulieren, dass der Leser bereit ist, seine E-Mail zum Weiterlesen nach unten zu scrollen, empfiehlt es sich, diesen als Teaser zu verfassen. In solch einem Teaser wird beispielsweise eine Story kurz und knapp angerissen, sodass die Neugierde des Lesers geweckt wird, es werden interessante Fakten vorgestellt, über die der Leser mehr wissen möchte, oder es wird eine inhaltliche Überraschung präsentiert, mit der der Leser nicht gerechnet hat.

Ansonsten gilt für den Text eines E-Mailings, dass dieser alle potenziellen Fragen des Lesers antizipieren und kompetent beantworten sollte. Die potenziellen Fragen lassen sich am besten mit Hilfe von Fokusgruppen identifizieren, in deren Rahmen Entwürfe der E-Mailings mit Teilnehmern, die zum Kundenkreis des Anbieters zählen, diskutiert werden.

Detailinformationen wie Zahlungsarten, Garantiebedingungen, Kündigungsfristen oder weitere technische Informationen gehören nicht in den E-Mail-Text, sondern sollten auf die Bestellseiten auf der Website des Anbieters ausgelagert werden. Ausnahmen sind besonders attraktive Konditionen wie die Möglichkeit der Ratenzahlung oder eine verlängerte Gewährleistungsfrist, die bereits im E-Mailing angesprochen oder herausgestellt werden können.

3.2.2 Der allgemeine Textstil

Für den inhaltlichen Stil eines E-Mailings oder E-Mail-Newsletters gelten die gleichen Regeln wie für das klassische Direktmarketing. Zuerst sollte ein übergreifendes Key Wording, bestehend aus Produktnamen, Slogans und Fachbegriffen, entwickelt werden, sodass eine einheitliche und stringente Kommunikation der Kernaussagen gewährleistet ist. Dies trägt erheblich zur Glaubwürdigkeit der E-Mail-Inhalte bei.

Ein Newsletter ist kein Fachbuch, daher sollte der Leser direkt und persönlich mit „Sie" (oder „du" bei einer entsprechend jungen Zielgruppe) angesprochen werden. Der Schreibstil muss dem Charakter des (schnellen) Mediums angemessen sein: aktive Sätze, Indikativ statt Konjunktiv, zeitlich im Präsens (statt Futur), kurz und knackig formuliert ohne Hilfsverben und Füllwörter.

Die Headlines sollten aus kurzen Worten zusammengesetzt und der darauf folgende Inhalt klar in überschaubare Schritte gegliedert sein (Vorbild kann hier ein „gedrucktes Verkaufsgespräch" sein). Stichwortartige Aufzählungen mit Aufzählungszeichen (Bullet Points) werden optisch und inhaltlich schneller aufgenommen als Fließtext in Form von komplett ausformulierten Sätzen.

Fremdwörter sind zu vermeiden, sie werden ohnehin meist nur benutzt, um den Leser zu beeindrucken (was misslingt, wenn er dadurch den Text nicht versteht) oder um ihn mit Wissensballast zu erschlagen. Die eigene Kompetenz zu demonstrieren ist natürlich erlaubt.

Der Leser muss gleich am Anfang direkt und persönlich angesprochen werden, also nicht: „Wir haben ein neues Produkt entwickelt, das signifikant Strom sparen kann", sondern besser: „Möchten Sie Ihre Stromkosten dauerhaft um ein Viertel reduzieren?"

Begriffe wie „exklusiv", „Extra", „Geschenk", „gratis", „heute", „kostenlos", „neu", „sofort", „Sonderangebot" oder „sparen" sind Reizwörter im Direktmarketing. Daher empfiehlt sich ihr wiederholter Einsatz im Text.

Werbliche Aussagen sollten grundsätzlich mit Hilfe von positiven Begriffen formuliert sein, also „Geld-zurück-Garantie" (eine Garantie ist positiv) statt „kein Risiko", oder „100-prozentige Datensicherheit" (auch der Begriff Sicherheit ist positiv belegt) statt „Schutz vor dem Plattencrash".

Der Anbieter muss die Rechtschreibung und Grammatik der Inhalte penibel überprüfen. Nur weil E-Mail ein flüchtiges Medium ist, heißt dies nicht, dass man bei der Orthografie nachlässig sein kann. Tipp- und Rechtschreibfehler fallen den meisten Lesern auf und vermitteln zumindest unterbewusst ein negatives Bild vom Absender, dem mangelnde Sorgfalt, Unzuverlässigkeit und fehlende Kompetenz unterstellt werden.

Daher empfiehlt es sich, den Text ganz am Schluss nochmal von einer Person lesen zu lassen, die den Inhalt nie zuvor gesehen hat und etwas Distanz zu dem Thema hat (der berühmt-berüchtigte Hausfrauentest). Auf diese Weise können eventuelle Fehler, die auf Lesemüdigkeit oder auch Betriebsblindheit basieren, vielleicht noch entdeckt werden.

3.2.3 Nutzwert statt Werbung

Die Erfahrung zeigt, dass die Gewinnung und Bindung von E-Mail-Adressinhabern umso einfacher werden, je größer der Wert ist, den man den E-Mail-Empfängern als Gegenleistung bietet. Das ist eigentlich eine Selbstverständlichkeit, wird in der Praxis aber immer wieder missachtet. Um den richtigen konzeptionellen Ansatz für ein E-Mailing oder einen E-Mail-Newsletter zu finden, darf dieses Kommunikationsmittel nicht mit einer Broschüre oder einem Werbe-Flyer aus der Printwelt verglichen werden. Vielmehr sollte eine gut gemachte Kundenzeitschrift als Vorbild dienen.

Unbedingt vermieden werden muss die typische „Hype„"-Sprache der Werbeabteilungen, die den Leser eher abschreckt als überzeugt und unter Umständen zu vermehrten Abmeldungen führt. Ein übergroßer Verkaufsdruck ist ohnehin unangebracht, denn der Empfänger hat sich dadurch, dass er dem Anbieter die Einwilligung zur Zusendung von E-Mails erteilt hat, bereits als Interessent seiner Produkte bzw. Dienstleistungen zu erkennen gegeben.

Konkret bedeutet dies, dass in den E-Mails Informationen mit Nutzwert statt reiner Werbung kommuniziert werden müssen. Kein Mensch liest gern freiwillig lange Werbetexte. Die Texte der E-Mailings dürfen daher nicht werblich aus der Perspektive des Anbieters formuliert sein, sonst werden die E-Mails als platte Werbemails eingestuft und nicht mehr gelesen.

Stattdessen sollte für den Leser der Nutzen in den Vordergrund gestellt und die Marketing-Botschaft unterschwellig vermittelt werden. Als Anbieter muss man sich immer wieder vor Augen halten, dass sich der Leser genauso schnell vom E-Mail-Verteiler abmelden kann, wie er sich angemeldet hat. Daher sollte ihm so viel Nutzwert geboten werden, dass er gar nicht erst auf diese Idee kommt.

Die Schwierigkeit dabei ist, die richtige Balance zwischen dem eigentlichen Marketing-Ziel der E-Mailings und einem angemessenen Anteil von Nutz- oder Unterhaltungswert für den Leser zu finden. Im Zweifelsfall ist hier eine PR-Agentur oder ein Redaktionsbüro mit hoher Marketing- und Branchen-Affinität gefragt.

Beispiele für konkreten Nutzwert sind etwa Tipps zu Sparmöglichkeiten durch spezielle Sonderangebote, Hinweise zur optimalen Nutzung der Website des Anbieters oder Tricks, wie sich dessen Produkte noch besser einsetzen lassen. Am besten streut man zwischen den Marketing-Meldungen echte redaktionelle Meldungen ein (die sich beispielsweise per Content Syndication zukaufen lassen), um die Inhalte der E-Mailings hochwertiger zu gestalten.

Auf diese Weise lässt sich ein interessanter Mix aus redaktionellen Informationen und Marketing-Botschaften erzielen, wie er auch von erfolgreichen Kundenzeitschriften geboten wird. Weiter unten im Abschnitt 3 werden zahlreiche Themen vorgestellt, auf deren Basis Inhalte im Stil einer Kundenzeitschrift formuliert werden können.

3.2.4 Angebote verkaufen

Interessenten und Kunden, die vor einer Kaufentscheidung stehen, sind heutzutage oft misstrauisch, weil man ihnen in der Vergangenheit einfach zu viel versprochen hat, das dann nicht eingehalten wurde. Geradezu symptomatisch dafür ist die Suche des Interessenten nach dem Haken an einem vermeintlich zu günstigen Angebot. Warum ist dieses Angebot so gut: Benötigt es teure Verbrauchsmaterialien? Kommen versteckte Zusatzgebühren hinzu? Ist die Mindestvertragslaufzeit unverhältnismäßig lang? Wer schon einmal ein Handy, das an einen Mobilfunkvertrag gekoppelt war, gekauft hat, weiß, was gemeint ist.

Aus diesem Grund müssen günstige Produkt- und Dienstleistungsangebote in E-Mailings in sich stimmig sein und dem Leser plausibel gemacht werden durch Formulierungen wie z.B.:

> Wir sind so preiswert, weil wir europaweit in großen Stückzahlen einkaufen.

Oder:

> Wir geben die gesunkenen Transportkosten direkt an Sie weiter.

In diesem Zusammenhang ist die Nennung von Postadresse, Telefon- und Telefaxnummern für Rückfragen im E-Mailing wichtig, denn das schafft Vertrauen und vermeidet beim Leser den Eindruck, dass der Anbieter nur ein virtuelles Unternehmen (womöglich im Wohnzimmer des Inhabers) ist. Im Idealfall sind auf der Website des Anbieters dazu ergänzend das Firmengebäude sowie Fotos des Geschäftsführers und der direkten Ansprechpartner für den Kunden abgebildet.

Unabhängige und glaubwürdige Referenzen in Form von Kundenzitaten (Testimonials), positiven Presseberichten oder Ergebnissen von Vergleichsstudien helfen ebenfalls, das Vertrauen der potenziellen Käufer in den Anbieter zu verstärken. Übrigens: Ein beliebter Trick der Profiverkäufer ist es, eine unbedeutende Schwäche ihres Angebotes einzugestehen, um dadurch die eigene Glaubwürdigkeit nochmals zu erhöhen.

> Enthält ein E-Mailing Produkt- oder Dienstleistungsangebote, so ist es erfahrungsgemäß besser, am Anfang ein großes Alleinstellungsmerkmal deutlich herauszustellen, statt viele kleine Vorteile aufzulisten, die vom Leser in der Eile dann doch nicht richtig wahrgenommen oder behalten werden.

Anbieter, die selbst ein Callcenter betreiben oder als Dienstleistung nutzen, können in ihren E-Mailings einen so genannten Callback-Button integrieren. Wird dieser Button vom E-Mail-Empfänger gedrückt, so öffnet sich ein Fenster mit einem kleinen Webformular, in dem der Nutzer angeben kann, unter welcher Nummer und in welchem Zeitraum er zurückgerufen werden möchte, um Fragen zu einem Produkt oder einer Dienstleistung zu klären. Solch ein Callback-Button erhöht nebenbei auch die Kundenzufriedenheit, weil ein Rückruf natürlich bequemer ist, als selbst anrufen und unter Umständen minutenlang in einer Warteschleife hängen zu müssen.

Am Schluss jedes Angebots muss wie bei jeder klassischen Direktmarketing-Aktion an den E-Mail-Empfänger die klare Aufforderung zum Handeln erfolgen, d. h. er soll das Bestellformular in der E-Mail ausfüllen, auf einen Bestell-Link klicken, eine E-Mail schreiben o. Ä.

Einige besonders findige Anbieter verwenden neben dem Bestell-Button einen zusätzlichen Nicht-Bestellen-Button. Wenn der Leser diesen Button drückt, öffnet sich ein Pop-up-Fenster, in dem der E-Mail-Empfänger seine E-Mail-Adresse eingeben kann, um künftig Informationen zu dem Produkt zu erhalten, das er nun doch nicht gekauft hat. Hintergrund dieses Verfahrens ist, dass die Gründe für eine Nichtbestellung nicht unbedingt mit dem Produkt zu tun haben müssen, sondern beispielsweise auch eine externe Störung im Kaufprozess vorliegen kann (der Postbote klingelt an der Tür, das Baby wacht auf, der Chef kommt ins Büro etc.).

! Um Kaufinteressenten zu einer möglichst schnellen Reaktion zu motivieren (ähnlich wie bei einem spontanen Impulskauf an der Supermarktkasse), empfiehlt es sich, einen gewissen Zeitdruck aufzubauen. Dieser lässt sich beispielsweise umsetzen, indem eine Frist gesetzt wird, bis zu der ein bestimmtes Sonderangebot gilt, durch den Hinweis auf die limitierte Stückzahl eines Artikels und dessen Abverkauf nach Bestelleingang oder durch die Vorankündigung einer Preiserhöhung zu einem Termin in naher Zukunft.

3.2.5 Dialoge zur Leserbindung

Anbieter, die die Kommunikation mit ihren Interessenten und Kunden per E-Mail nicht als Einbahnstraße betrachten, sondern einen echten Dialog anstreben, können dadurch den Wert eines regelmäßigen E-Mail-Newsletters für die Leser beträchtlich steigern und auf diese Weise die Leserbindung erhöhen.

Zunächst ist es wichtig, von den Lesern ausreichend Feedback zu erhalten, um thematisch nicht an deren Interessen und dem Geschmack vorbeizuschreiben. Aus diesem Grund sollte in jedem Newsletter die E-Mail-Adresse eines Ansprechpartners für Leseranfragen und -kommentare genannt und sollten die Leser zur aktiven Teilnahme aufgefordert werden. Bei einer engagierten Leserschaft geschieht dies automatisch durch Kommentare, Fragen und Kritik, die die Leser unaufgefordert per E-Mail einsenden.

Wenn es zum Inhalt eines E-Mail-Newsletters passt, lassen sich die Leser auch auffordern, konkrete Inhalte beizutragen, beispielsweise Leserbriefe, die in einer eigenen Newsletter-Rubrik veröffentlicht werden, Nutzwertiges wie Veranstaltungstipps und Buchempfehlungen oder Unterhaltsames wie Zitate und Anekdoten.

Doch wenn ein E-Mail-Newsletter eher Marketing-Botschaften als redaktionelle Inhalte transportiert, ist die Leserschaft erfahrungsgemäß passiv und selten aus eigenem Antrieb zu Feedback bereit. In diesem Fall kann der Anbieter nachhelfen, indem er eine Leserbefragung startet und unter den Teilnehmern ein paar Sach- oder Geldpreise verlost.

Die Ergebnisse dieser Befragung oder zumindest der Teil, der nicht vertraulich behandelt werden muss, sollten in der nächsten Newsletter-Ausgabe veröffentlicht werden, denn wer an einer Befragung teilnimmt, möchte in der Regel auch wissen, was dabei herausgekommen ist. Die Veröffentlichung der Ergebnisse sorgt damit für Zufriedenheit bei den Befragten und steigert die Bereitschaft, bei der nächsten Befragung wieder teilzunehmen.

Eine weitere Möglichkeit zur Etablierung eines Dialogs mit den Lesern ist der gezielte Aufbau einer „Community of Interest", d.h. einer Club-artigen Interessengemeinschaft rund um ein spezielles Thema (das natürlich im Kompetenzbereich des Anbieters liegen muss).

Um unter der Leserschaft eines E-Mail-Newsletters eine Community mit einem Club-Gemeinschaftsgefühl aufzubauen, muss der Anbieter die Interaktion der Mitglieder untereinander fördern. Dies kann beispielsweise über die bereits erwähnte Leserbrief-Rubrik, über eine interaktive Rubrik für Leserfragen und -antworten oder über ein Diskussionsforum auf der Website des Anbieters erreicht werden.

Die Betreuung der Community sollte durch eine reale Person (bzw. ein Team, das dahinter steht) erfolgen, die mit den Community-Mitgliedern auf Augenhöhe kommuniziert – d.h. nicht als allmächtiger Moderator von oben herab, sondern als persönlicher Ansprechpartner, der stets namentlich in Erscheinung tritt. Dies ist speziell bei Diskussionsforen wichtig, um durch sensible Beiträge zu vermeiden, dass Diskussionen oder Emotionen in die falsche Richtung führen.

Eine Community rund um den E-Mail-Newsletter hat zum einen den Vorteil, dass die Leser hilfreiches Feedback zum Inhalt des Newsletters beisteuern und teilweise selbst Stoff für zukünftige Inhalte in Form von Fragen und Kommentaren liefern. Der größere Vorteil einer Community ist jedoch, dass sie ein Zugehörigkeitsgefühl erzeugt, das in einer hohen Leserbindung resultiert. Dadurch sinkt die Wahrscheinlichkeit, dass ein Leser den Newsletter abbestellt, deutlich.

Der Aufbau einer Community erfordert allerdings die konsequente Umsetzung der Community-Elemente, viel Betreuungsaufwand und eine langfristige Orientierung. Erfahrungsgemäß muss man mit einer Zeitspanne von sechs bis zwölf Monaten rechnen, um eine Community in Gang zu setzen.

Übrigens: Wer ein Callcenter oder eine E-Mail-Hotline für Kundenanfragen und -reklamationen betreibt, sollte das dort generierte Feedback ebenfalls auswerten, denn es ist in der Regel eine hervorragende Quelle für weitere Newsletter-Inhalte und neue Themen.

3.2.6 Alle Macht dem Leser

Wenn sich ein Leser zu einem E-Mail-Verteiler angemeldet hat, darf er den E-Mails, die ihn daraufhin erreichen, nicht hilflos ausgesetzt sein. Vielmehr sollte ihm vom Anbieter das gute Gefühl vermittelt werden, dass er jederzeit die volle Kontrolle über den E-Mail-Empfang besitzt. Dies bedeutet in der Praxis, dass jede E-Mail, die an ihn versendet wird, folgende Hinweise enthalten sollte:

- wie sich das E-Mail-Format wechseln lässt (HTML statt Text oder umgekehrt);
- wie sich die E-Mail-Adresse, an die die E-Mails versendet werden, ändern lässt;
- wie sich der Nachname des Empfängers ändern lässt (wegen Heirat oder Scheidung);
- wie sich der Bezug der E-Mails wieder abbestellen lässt.

Die für Leser und Anbieter bequemste Lösung ist, dem Leser in allen E-Mails einen so genannten Profil-Link anzubieten, über den er eine Webseite mit seinem persönlichen Newsletter-Profil aufrufen und dieses selbst ändern kann. Dadurch hat der Leser den direkten Zugriff auf und die Kontrolle über seine Angaben, und zum anderen muss der Anbieter nicht eventuelle Änderungswünsche der Leser manuell in die Profile einpflegen. Ein weiterer Vorteil ist, dass sich der Empfänger beim Wechsel seiner E-Mail-Adresse nicht umständlich mit der alten Adresse ab- und mit der neuen Adresse wieder anmelden muss.

Voraussetzung für das Profil-Link-Verfahren ist allerdings, dass das für den E-Mail-Versand verwendete E-Mail-Marketing-System personenbezogenes Link-Tracking unterstützt (siehe auch Kapitel 5, Abschnitt 4).

3.2.7 Was tun, wenn der Leser kündigt?

Trotz aller Bemühungen um interessante Newsletter-Inhalte, eine starke Leserbindung und eine vorbildliche Profilverwaltung, wird es E-Mail-Empfänger geben, die den Bezug eines E-Mail-Newsletters irgendwann einmal abbestellen möchten. Die Abmeldequote sollte vom Anbieter stets genau beobachtet werden, denn wenn sie ansteigt, ist dies ein Indiz dafür, dass mit dem Inhalt der versendeten Newsletter etwas nicht stimmt.

Wenn ein Leser sich abmelden möchte, gehört es zum guten Ton und ist es fair, wenn ihm die Abmeldung vom E-Mail-Verteiler nicht künstlich erschwert wird, sondern die Abbestellung unverzüglich durchgeführt und dem Leser durch einen Hinweis auf der Website des Anbieters oder per E-Mail bestätigt wird.

Oft möchte ein Leser, der sich vom Bezug eines E-Mail-Newsletters abmeldet, diesen auch gar nicht kündigen, sondern nur den Versand auf eine neue E-Mail-Adresse ändern. Weil viele E-Mail-Marketing-Systeme es aber nicht zulassen, dass der Leser über einen Profil-Link die Angabe seiner E-Mail-Adresse selbst ändern kann, muss der Leser in diesem Fall zuerst die alte E-Mail-Adresse abmelden und dann im zweiten Schritt seine neue E-Mail-Adresse anmelden.

Dieses Verfahren ist für den Leser umständlich und führt auf Anbieterseite dazu, dass eventuell vorhandene Profilinformationen verloren gehen, weil man nicht wissen kann, ob es sich bei einer E-Mail-Adresse, die abgemeldet wird, und einer unmittelbar darauf folgenden Neuanmeldung um die gleiche Person handelt.

Hier kann man sich behelfen, indem die Abmeldeseite für solche Ummeldefälle neben dem Feld für die abzumeldende E-Mail-Adresse ein zweites Feld für die neu anzumeldende Adresse aufführt. Da die beiden Adressen beim Klick auf den Absende-Button gemeinsam an den Anbieter übertragen werden, ist es ihm damit möglich, die Profilinformationen weiterhin korrekt zuzuordnen.

Trotzdem kommt es natürlich vor, dass ein E-Mail-Empfänger den Bezug eines Newsletters wirklich abbestellen möchte. In diesem Fall sollte die Abmeldung nicht frei zugänglich über die Website des Anbieters laufen, weil sonst Dritte ganz einfach beliebige E-Mail-Adressen abmelden könnten. Vielmehr empfiehlt es sich, den Abmelde-Link nur in den E-Mails selbst zu kommunizieren und damit auf eine Abmeldeseite zu verweisen, auf der die abzumeldende E-Mail-Adresse eingetragen wird. Wenn das verwendete E-Mail-Marketing-System mit personenbezogenem Link-Tracking arbeitet, lässt sich die abzumeldende E-Mail-Adresse sogar direkt auf der Abmeldeseite anzeigen, weil durch die Link-Codierung der Leser (und dessen E-Mail-Adresse) bereits bekannt ist.

Auf der Abmeldeseite sollte eine Sicherheitsabfrage erfolgen, ob sich der Leser wirklich vom E-Mail-Verteiler abmelden möchte, die dieser durch Drücken des Ja-Buttons bestätigen kann. Darauf empfiehlt sich aus Marketing-Gründen die Anzeige einer Bestätigungsseite, die dem Leser zum einen für sein bisheriges Interesse dankt und ihn zum anderen darum bittet, dem Anbieter kurz die Gründe für die Abbestellung mitzuteilen.

Die Angabe der Gründe sollte dem Abbesteller so einfach wie möglich gemacht werden, weil er in der Regel nur wenig Lust dazu haben wird. Am besten ist ein kurzes Webformular, das im Multiple-Choice-Verfahren die gängigsten Kündigungsgründe aufführt, wie z. B.:

- Ich habe kein Interesse mehr an Ihren Produkten/Dienstleistungen.
- Die Inhalte sind für mich uninteressant.
- Ich finde keine Zeit mehr zum Lesen.
- Die E-Mails werden zu häufig versendet.
- Die E-Mails sind zu umfangreich (Textlänge).
- Die Übertragung der E-Mails dauert zu lang (Bildelemente).

Jeder Kündigungsgrund muss mit einer Checkbox zum Anklicken versehen sein, damit auch Mehrfachnennungen möglich sind. Am Schluss sollten ein „Sonstiges„-Feld für die Eingabe eines freien Textes sowie der obligatorische Absende-Button folgen.

Für Anbieter, die mehr als nur einen monothematischen E-Mail-Newsletter anbieten und die verhindern möchten, dass ein Abonnent sich komplett aus ihrem E-Mail-Verteiler abmeldet, empfiehlt sich das so genannte **selektive Opt-out**. In diesem Fall werden dem Empfänger, der sich abmelden möchte, im besten Sinne des Permission Marketing verschiedene Optionen angeboten. Er kann sich natürlich nach wie vor komplett abmelden, hat aber auch die Wahl, nur einzelne Themen abzubestellen oder die Frequenz, mit der E-Mails an ihn versendet werden, zu reduzieren. Auf diese Weise gilt nicht mehr das Prinzip „alles oder nichts", und der Anbieter hat eine höhere Wahrscheinlichkeit, mit dem teuer gewonnenen Leser weiterhin in Verbindung bleiben zu dürfen. Erfahrungsgemäß ist dieses Verfahren auch keine Schikane für den Empfänger, sondern gibt ihm mehr Handlungsspielraum.

Nicht jeder Abbesteller wird dieses kleine Formular ausfüllen, doch diejenigen, die es tun, liefern dem Anbieter damit wertvolles Feedback, das es ihm erlaubt, die E-Mail-Kommunikation mit seinen Interessenten und Kunden weiter zu verbessern.

3.3 Ausrichtung und Themen

Wer sich dazu entschieden hat, seine Interessenten und Kunden per E-Mailing oder E-Mail-Newsletter anzuschreiben und auch über deren E-Mail-Adressen verfügt, muss im nächsten Schritt die Art und Ausrichtung der zu kommunizierenden Inhalte festlegen, denn die Inhalte entscheiden letztendlich über den Erfolg der jeweiligen E-Mail-Marketing-Aktion.

Um zu definieren, welche Art von Inhalten geeignet ist, sind zunächst die strategischen und taktischen Ziele, die mit den E-Mail-Marketing-Aktionen verfolgt werden, sowie die anzusprechenden Zielgruppen zu analysieren. Wenn Ziele und Zielgruppen eindeutig definiert sind, stehen damit grundsätzlich auch die Themen für die E-Mailings oder den E-Mail-Newsletter fest. Jetzt muss nur noch entschieden werden, mit welcher Ausrichtung diese Themen den Lesern präsentiert werden sollen.

3.3.1 Ausrichtung eines Newsletters

Für die inhaltliche Ausrichtung eines E-Mailings oder E-Mail-Newsletters existieren im Wesentlichen drei verschiedene Ansätze: redaktionell, verkäuferisch und serviceorientiert.

Ein **redaktioneller** Newsletter ist inhaltlich mit einer Zeitung oder einer Zeitschrift vergleichbar und bietet dem Leser aktuelle Nachrichten und Trends, Branchen-News und -Gerüchte, nutzwertige Tipps, Fallbeispiele (Case Studies), Checklisten und so weiter. Der Text kann von Text- oder Banner-Anzeigen unterbrochen sein, die als solche gekennzeichnet sind. Diese Art von Newslettern wird hauptsächlich von Verlagen versendet, die die Newsletter-Inhalte von ihren Redaktionen produzieren und die Anzeigen (oft als Ergänzung oder in Kombination mit Anzeigen in ihren gedruckten Objekten) von ihrem Anzeigenvertrieb verkaufen lassen.

Ein **verkäuferisch orientierter** E-Mail-Newsletter hat das Ziel, dem Leser Produkte oder Dienstleistungen zu verkaufen. Er enthält beispielsweise Sonderangebote, attraktive Bundles, zeitlich befristete Schnäppchen und Restposten oder individuell auf den E-Mail-Empfänger zugeschnit-

tene Angebote. Anzeigen sind in einem verkäuferisch orientierten Newsletter in der Regel nicht enthalten, weil sie von der Marketing-Botschaft
des Anbieters ablenken und somit dessen Response negativ beeinflussen
würden.

Ein **serviceorientierter** E-Mail-Newsletter bietet dem Leser nach dem
Kauf eines Produktes Service und Support, um die Kundenzufriedenheit
sicherzustellen bzw. zu steigern. Beispiele für den Inhalt eines Service-
Newsletters sind Tipps & Tricks zur optimalen Produktnutzung, Hinweise zur Wartung und Pflege, Software-Updates, FAQ-Listen („Frequently Asked Questions", d.h. die Antworten zu den am häufigsten
gestellten Fragen) etc. Das Ziel eines serviceorientierten Newsletters besteht darin, den Kunden zu binden und als Wiederholungskäufer zu gewinnen. Während der verkäuferische Newsletter also den kurzfristigen
Verkauf zum Ziel hat, verfolgt der Service-Newsletter einen langfristigen
Ansatz.

Neben diesen drei „reinen" Ausrichtungen ist natürlich auch eine bunte Mischung denkbar, also z.B. ein E-Mail-Newsletter, der eine News-
Rubrik, eine Rubrik für Sonderangebote und eine Service-Rubrik enthält.
Dabei muss nur darauf geachtet werden, dass der Newsletter insgesamt
nicht zu lang wird.

Wenn die Ausrichtung für den Newsletter festliegt, ist der nächste
Schritt die Angebotsform der Inhalte: So lassen sich Themen beispielsweise in Form von aktuellen News, als Erfahrungsberichte, in Interview-
form, als Link-Tipps, die auf weiterführende Informationen verweisen,
oder gar als Besprechung eines Buchs, das das betreffende Thema vertieft,
darstellen.

Die Ausformulierung der Themen in die oben beschriebenen Formen
sollte, dem Medium E-Mail adäquat, kurz und knackig sein. Im Zweifelsfall empfiehlt es sich, diese Arbeit einer PR-Agentur oder einem Redaktionsbüro, das sein Handwerk beherrscht und sich mit dem Texten solcher Meldungen auskennt, zu überlassen.

3.3.2 Themen passend zum Anbieter

Wer das erste Mal den Text für ein E-Mailing oder einen E-Mail-Newsletter verfassen möchte, sitzt oft vor dem leeren Bildschirm und sucht ver-
zweifelt nach einem interessanten Thema, über das sich zu berichten
lohnt. Am naheliegendsten sind natürlich die Themen, die sich direkt aus
dem Geschäft des Anbieters ergeben. Hier einige Anregungen:

Produktinformationen

- Vorstellung/Einführung eines neuen Produktes (z.B. in Form einer Pressemitteilung);
- Vorstellung/Einführung einer neuen Dienstleistung (ebenfalls in Form einer Pressemitteilung);
- Update-/Upgrade-Versionen für Software zum Downloaden;
- neue Preise (Preissenkungen und -erhöhungen);
- neue Konditionen (beispielsweise Ratenzahlungsoption oder verlängerte Garantiezeit);
- zeitlich befristete Aktionen (z.B. Restposten, Schnäppchen, Gutscheine oder spezielle Angebote für Stammkunden);
- neue Broschüren, Datenblätter, Whitepaper etc., die angefordert werden können.

Fachliche Informationen

- Glossar mit Erklärungen von Fachbegriffen;
- neue FAQ-Listen auf der Website;
- Überblick zu den Support-Kontakten (Telefon- und Faxnummern, Webadressen, E-Mail-Adressen, zeitliche Erreichbarkeiten etc.);
- Checklisten für Tests, Prozesse oder Kaufentscheidungen;
- Ergebnisse von Marktforschungsumfragen;
- Tipps & Tricks zum optimalen Einsatz der Produkte/Dienstleistungen;
- Anwendungsberichte und Fallbeispiele (Case Studies) von erfolgreichen Kundenprojekten;
- Besprechung passender Fachbücher;
- Testimonials zufriedener Kunden;
- Gastkommentare von Partnern/Kunden;
- Interviews mit unabhängigen Fachleuten/Lieferanten/Kunden.

Unternehmensinformationen

- positive Berichterstattung über den Anbieter in der Presse;
- Verleihung von Preisen und Auszeichnungen;
- neu gewonnene Kunden/Projekte;
- Teilnahme als Aussteller auf einem Kongress oder einer Messe;
- Neueröffnung von Landesgesellschaften, lokalen Niederlassungen, Filialen etc.;
- Rednerauftritt auf einem Kongress oder Seminar;
- Veränderungen in der Unternehmensstruktur;
- Vorstellung neuer Mitarbeiter;

- neue Adresse und/oder neue Telefonnummern;
- Jahresgeschäftsberichte und Quartalsberichte.

Promotions/Aktionen

- Leserbefragungen;
- Online-Gutscheine;
- Preisausschreiben, Gewinnspiele, Verlosungen;
- Members-get-Members-Aktionen (Weiterempfehlung);
- Tag der offenen Tür;
- Firmenjubiläum.

Eventuell sind im Unternehmen bereits ausformulierte Inhalte vorhanden, z.B. als Pressemeldungen, als Artikel in der Kundenzeitschrift, in Form von Info-Broschüren oder Geschäftsberichten.

Wichtig für den Anbieter ist, bei der Auswahl der Inhalte immer aus der Perspektive des Lesers und nie aus der eigenen Sicht zu entscheiden. Welche Informationen interessieren die Leser des Newsletters wirklich? Welche Themen sind für sie relevant?

3.3.3 Themen passend zur Jahreszeit

Im Verlauf eines Kalenderjahres gibt es wiederkehrende, feste Termine, die einen Anlass geben können, Interessenten oder Kunden mit einem E-Mailing anzuschreiben bzw. diesen Termin im E-Mail-Newsletter thematisch aufzugreifen. Im Folgenden, soweit möglich chronologisch geordnet, eine Auswahl solcher Termine:

- Winterschlussverkauf,
- Valentinstag,
- Fasching/Fastnacht/Karneval,
- Aschermittwoch,
- Aussaat im Garten,
- Frühlingsanfang,
- Frühjahrsputz,
- Umstellung auf Sommerzeit,
- Aprilscherz,
- Ostern,
- Kommunion/Konfirmation,
- 1. Mai,
- Muttertag,
- Pfingsten/Pfingstferien,
- Sommeranfang,

- Schulzeugnisse,
- Beginn und Ende der Sommerferien,
- Sommerschlussverkauf,
- Schulanfang,
- Weinlese/neuer Wein,
- Umstellung auf Winterzeit,
- Erntedankfest,
- Start der Faschingszeit,
- Weihnachtsplätzchen backen,
- 1. bis 4. Advent,
- Nikolaustag,
- Weihnachten,
- Winterferien/Skiferien,
- Silvester/Neujahr.

Diese Termine sollen zu eigenen Ideen für Inhalte inspirieren. Zum Beispiel lässt sich den Lesern eines E-Mail-Newsletters ein Vorschlag für ein Valentinsgeschenk unterbreiten, eine Checkliste zum Schulstart anbieten oder ein Online-Adventskalender, der jeden Tag eine kleine Überraschung bietet, präsentieren.

3.3.4 Eventabhängige Themen

Es gibt immer wieder große Veranstaltungen wie Messen und Sportturniere oder sonstige Medienereignisse, die tagelang Gesprächsthema sind und einen willkommenen Anlass bieten können, diese für den eigenen Newsletter aufzugreifen und thematisch einzuarbeiten. Hier ein paar Beispiele für solche Events:

- Messen (Cebit, IFA, IAA, Buchmesse, Systems etc.),
- Winter- und Sommer-Olympiade, Leichtathletik-WM und -EM,
- Fußball-Weltmeisterschaft und -Europameisterschaft,
- Love Parade, Christopher's Street Day etc.,
- Start populärer Kinofilme (Harry Potter, Herr der Ringe, Star Wars etc.),
- Wahlkampf (Bundestag oder Landtag),
- weitreichende Gesetzesänderungen (wie Riester-Rente, Reform der Krankenversicherung oder Hartz IV),
- Urteile des Bundesverfassungsgerichtes mit Präzedenzwirkung (Steuerfreibetrag, Kindergeld etc.),
- extreme Wetterlagen (Schneechaos, tropischer Sommer, Herbststurm und sonstige Klimakatastrophen),

- Börsenhausse/-baisse,
- Computervirus-Epidemien.

Diese Events lassen sich aufgreifen, indem beispielsweise ein redaktionelles Special zu einer Messe oder einem Sportereignis angeboten wird, anlässlich einer Wahl zu einer Online-Abstimmung aufgerufen oder ein Börsentipp-Gewinnspiel gestartet wird, bei dem der DAX- oder NASDAQ-Punktestand zu einem bestimmten Zeitpunkt in der Zukunft vorhergesagt werden muss.

Wichtig ist, beim Aufgreifen solcher Events immer einen Bezug zu dem Hauptanliegen des Newsletters zu finden, damit die Beiträge auf den Leser nicht künstlich und isoliert als platte Trittbrettfahrerei wirken, sondern wie eine natürliche Ergänzung der sonstigen Inhalte.

3.3.5 Kurztext oder Volltext?

Eine grundsätzliche (und fast schon philosophische) Frage zu den Inhalten eines E-Mailings oder E-Mail-Newsletters lautet, ob man jeweils den kompletten Text (Volltext) pro Meldung in seine E-Mailings aufnehmen oder die Meldung nur mit wenigen Zeilen anreißen (Kurztext) und zum Weiterlesen per Link auf den Volltext auf der Website verweisen sollte.

Beide Varianten haben ihre Vor- und Nachteile: Werden Volltext-Meldungen in den E-Mailings verwendet, so können die Leser den Inhalt in aller Ruhe offline lesen und müssen nicht online sein, um die Website aufzurufen, auf der sich jeweils der Rest der Meldungen lesen lässt.

Bei gewerblichen E-Mail-Empfängern, die ihre E-Mails in der Firma empfangen und über eine Standleitung permanent mit dem Internet verbunden sind, spielt das Argument für den Volltext keine Rolle, doch bei privaten Empfängern, die nicht ständig online sind, verursacht der ständige Zwang, zum Weiterlesen die Website des Anbieters aufrufen zu müssen, zusätzliche Kosten (und entsprechenden Unmut). Auch das Hin- und Herspringen zwischen E-Mail und Website kann den Leser auf Dauer nerven.

Volltext-Meldungen in E-Mailings führen allerdings dazu, dass diese sehr lang und unübersichtlich werden können. Wenn der Volltext der Meldungen dagegen lediglich auf der Website steht, hat dies neben relativ kurzen E-Mails den Vorteil, dass sich die Visits und Page Impressions auf der Website erhöhen, weil viele (aber nicht alle) Leser auf die Links in den Kurztexten ihrer E-Mails klicken, um den gesamten Text lesen zu können.

Wenn ein Anbieter sein Geschäft auch über Werbung auf der Website finanziert, ist die durch Kurztext-Mailings erhöhte Anzahl von Visits und

Page Impressions auf den ersten Blick ein Argument dafür, den Volltext nur auf der Website zu verwenden, um deren Aufrufe zu steigern. Allerdings schwenkt das Interesse bei den Online-Werbern derzeit von Werbung auf Websites in Richtung E-Mail-Werbung um, sodass ein E-Mail-Newsletter mit Volltext-Meldungen bei den Werbetreibenden zunehmend ein beliebteres Medium als eine Website ist.

3.4 Landing Pages

3.4.1 Konzept der Landing Pages

Ein klassisches Post-Mailing ist in der Regel in sich komplett, denn es enthält alle Bestandteile der jeweiligen Kampagne. Diese sind gewöhnlich

- das personalisierte Anschreiben an den Empfänger des Mailings,
- ein Faltblatt, Prospekt oder Katalog, in dem das Angebot des Mailings vorgestellt wird,
- sowie ein Response-Element wie z.B. eine Antwortpostkarte oder ein Faxbestellformular, damit der Empfänger einfach und schnell reagieren kann.

Im Gegensatz dazu besteht eine E-Mail-Marketing-Kampagne inhaltlich in der Regel nicht nur aus dem E-Mailing bzw. einem E-Mail-Newsletter (siehe Bild 3.4), sondern auch aus den Webseiten mit weiterführenden Inhalten, auf die die Links in den E-Mailings oder Newsletter verweisen.

Der Grund für dieses „Zerlegen" der Kampagne in zwei Komponenten ist folgender: Würde das E-Mailing bereits alle Inhalte enthalten, wie es bei einem Post-Mailing der Fall ist, würde es dadurch extrem umfangreich und die jeweilige E-Mail-Datei entsprechend groß.

Umfangreiche E-Mails werden von den Empfängern nur ungern ganz zu Ende gelesen, weil das Lesen am Bildschirm die Augen viel stärker ermüdet als das Lesen auf Papier. Und große E-Mail-Dateien können diejenigen Empfänger verärgern, die ihre E-Mails per Modem- oder ISDN-Verbindung abrufen und nicht über einen schnellen Internet-Zugang verfügen, weil der Internet-Zugang während der Mail-Übertragung minutenlang blockiert sein kann und die Empfänger die Kosten für die Datenübertragung zahlen müssen.

Aus diesem Grund teilt man den Inhalt einer E-Mail-Marketing-Kampagne auf, indem nur die wichtigsten Informationen oder Teaser in der E-Mail stehen und auf alles Weitere per Link verwiesen wird. Die Links in den E-Mails führen gewöhnlich auf die Website des Anbieters und setzen

*Bild 3.4: Der erste Teil eines E-Mail-Newsletters vom Baur Versand mit einem
           Sony-Notebook oben rechts*

die in dem E-Mailing angeschnittenen Themen fort, vertiefen die Informationen und/oder erlauben die Bestellung der im E-Mailing vorgestellten Angebote.

Der Einfachheit halber können die in den E-Mailings verwendeten Links auf bereits existierende Seiten der Website des Anbieters verweisen, die zum Inhalt des E-Mailings passen. Erfahrungen in den USA haben jedoch gezeigt, dass sich die Ergebnisse (und Umsätze) aus E-Mail-Marketing-Kampagnen signifikant (um den Faktor 2 bis 4) verbessern lassen, wenn man für jeden Link eine spezielle Zielseite entwickelt, statt eine bereits vorhandene Webseite zu verwenden.

Dieses Verfahren ist zwar nicht so bequem wie die Verwendung einer bestehenden Webseite aus dem eigenen Internet-Angebot, doch der Einsatz einer eigens entwickelten Zielseite hat folgende Vorteile: Die Seite lässt sich inhaltlich und gestalterisch exakt auf die Situation des klickenden Lesers zuschneiden, und sie kann direkt auf dessen Wünsche eingehen und ihn „abholen", damit er sich möglichst schnell zu einer Bestellung oder zu einem Kauf entschließt (siehe Bild 3.5).

Diese speziellen Zielseiten bezeichnet man auch als „Landing Pages", also als „Landeseiten" für den E-Mail-Leser.

3.4.2 Aufbau einer Landing Page

Wie eine Landing Page aufgebaut sein sollte, hängt natürlich vom inhaltlichen und gestalterischen Kontext ab, in dem sich der Link befindet, der auf die Landing Page verweist.

Wichtig ist, sich jeweils in die Situation des Lesers hineinzuversetzen, um nachvollziehen zu können, was der Leser durch den Klick auf den Link erreichen will: Wird das Thema in der E-Mail nur angeschnitten (Teaser-Mail) und möchte der Leser wissen, worum es genau geht? Enthält die E-Mail erste Informationen, aber sind zum Verkaufsabschluss weiterführende Informationen erforderlich? Oder konnte der Leser aufgrund der E-Mail bereits eine Kaufentscheidung treffen und muss nur noch eine Bestellseite präsentiert bekommen?

Unabhängig von diesen Überlegungen gibt es einige allgemein gültige Empfehlungen:

Landing Pages dürfen nicht mit Informationen und Texten überladen sein, sondern nur die wirklich relevanten Inhalte enthalten. Grundlegende Erläuterungen, die nur für Erstkäufer wichtig sind, sollten über einen Hilfe-Button auf eine eigene Webseite ausgelagert werden, damit Wiederholungskäufer und Stammkunden von diesen Informationen nicht abgelenkt werden.

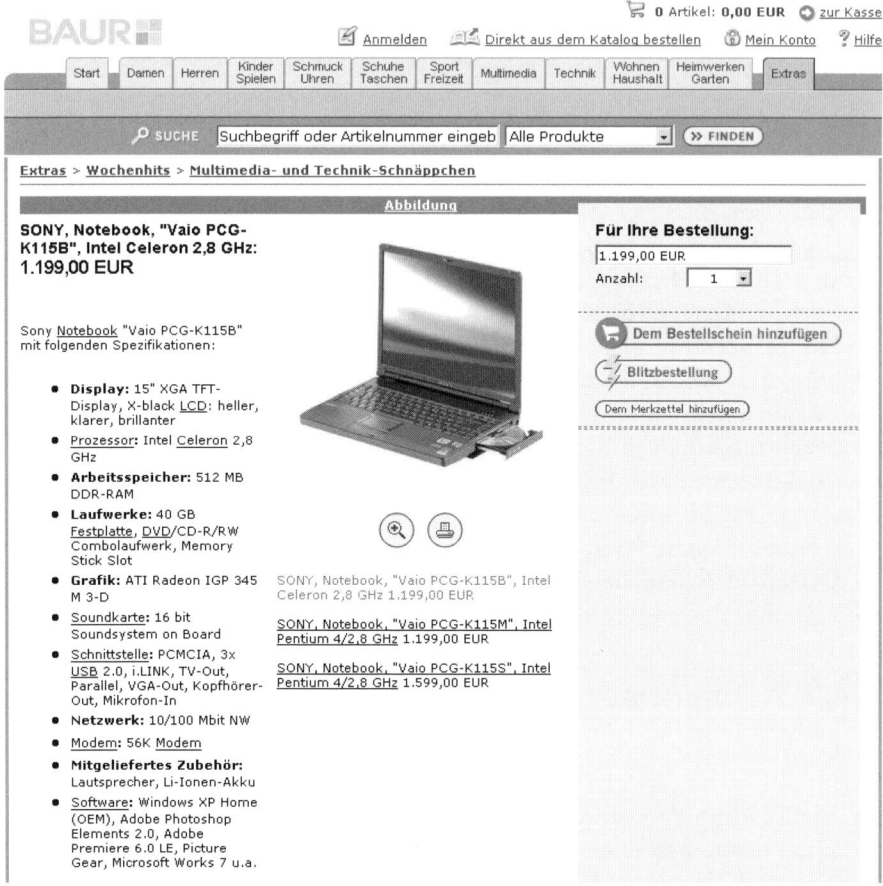

Bild 3.5: Die Landing Page, die sich per Mausklick auf das Sony-Notebook im
E-Mail-Newsletter aus Bild 3.4 aufrufen lässt, bietet weitere Informationen zu dem Angebot und erlaubt die direkte Bestellung

Um die Landing Pages eindringlicher zu formulieren, sollte ein gewisser Entscheidungsdruck aufgebaut werden, indem das Angebot beispielsweise zeitlich limitiert oder mit Formulierungen wie „nur solange der
Vorrat reicht" eine Knappheit signalisiert wird.

Wichtig ist auch, dass Impuls-Shopper, die sich schon zum Kauf entschieden haben, direkt abgeholt werden. Diese sollten sich nicht erst
mühselig durch mehrere Ebenen der Website klicken müssen, um den Bestellvorgang abzuschließen – denn dann sind diese potenziellen Käufer in
der Regel verloren und ein verwaister Warenkorb bleibt zurück.

Der Internet-Versender Amazon erzielt mit seinem patentierten „One-Click-Ordering" hervorragende Ergebnisse, weil die Kunden hier den kompletten Bestellvorgang ohne zwischengeschalteten Warenkorb mit einem einzigen Klick durchführen können.

Aus diesem Grund sollten selbst Landing Pages, bei denen der Anbieter davon ausgeht, dass der Leser noch zusätzliche Informationen abrufen möchte, ein Bestellformular anbieten. Dieses Formular sollte schon so weit wie möglich ausgefüllt sein, damit der Impulskäufer oder der vorinformierte Kunde im Idealfall nur noch die Bestellmenge eintragen und auf den Bestell-Button klicken muss.

Das Grundprinzip ist simpel: Es muss dem Kunden so einfach wie möglich gemacht werden, beim Anbieter zu kaufen. Diese Empfehlung mag vielleicht wie eine Binsenweisheit klingen, doch die Praxis zeigt leider immer wieder, dass eine Technikabteilung oder -agentur, die nicht durch Marketing-Denken, sondern von der eigenen Bequemlichkeit gesteuert wird, derart komplexe Internet-Bestellvorgänge entwickeln kann, dass selbst erfahrene Online-Shopper entnervt aufgeben.

Bei der optischen Gestaltung der Landing Pages muss darauf geachtet werden, dass diese bezüglich Schlüsselfarben und -formen, Schriftart und -größe sowie Logos und Tonalität zu dem jeweiligen E-Mailing, aus der auf die Landing Pages verwiesen wird, passen, sodass alles wie aus einem Guss wirkt und der Leser nicht durch ein abweichendes Design irritiert wird.

> Landing Pages sollten nicht mit der Standardnavigation, wie sie auf den anderen Webseiten verwendet wird, versehen sein, denn die in der Regel zahlreichen Optionen der Navigation lenken den Leser nur ab und verleiten ihn eventuell dazu, den Bestellprozess abzubrechen. Dies kann aber nicht im Sinne des Anbieters sein.

3.4.3 Erfolgskontrollen

Jeder Link, der auf eine Landing Page führt, sollte messbar sein, damit sich feststellen lässt, wie viele E-Mail-Empfänger wie oft auf einen bestimmten Link geklickt haben. Die Anzahl der Link-Klicks kann über eine Protokolldatei („Log File") auf dem Webserver des Anbieters gezählt werden, indem jeder Landing Page ein ganz bestimmter Dateiname zugewiesen und hinterher in der Protokolldatei nachgeprüft wird, wie oft diese Datei aufgerufen wurde.

Noch besser ist es, wenn das E-Mail-Marketing-System, mit dem die E-Mailings oder E-Mail-Newsletter versendet werden, in der Lage ist, die Links in den E-Mails personenbezogen zu codieren, weil sich auf diese Weise nicht nur feststellen lässt, wie oft auf einen bestimmten Link geklickt wurde, sondern auch, wie viele verschiedene E-Mail-Empfänger geklickt haben, und gegebenenfalls, welche Empfänger geklickt haben. Mehr zu diesem Thema folgt im Kapitel 5, Abschnitt 4.

Die Analyse der Klickdaten kann wertvolle Hinweise liefern, mit deren Hilfe sich die Landing Pages verbessern lassen. Wenn man beispielsweise die Klickrate pro Link mit den tatsächlichen Bestellungen oder Umsätzen, die über die jeweilige Landing Page erzielt werden, vergleicht, lässt sich die Konvertierungsquote für die Link-Klicks (d.h. wie viel Prozent der Link-Klicks in Bestellungen konvertiert werden können) oder der Wert für „Umsatz pro Klick" berechnen.

Weichen die Konvertierungsquoten bei verschiedenen Links stark voneinander ab, so kann dies ein Indiz dafür sein, dass die Landing Page bei einer hohen Quote gut funktioniert, bei einer niedrigen Quote dagegen verbessert werden muss. Allerdings können die unterschiedlichen Konvertierungsquoten auch auf die Attraktivität der verschiedenen Angebote zurückzuführen sein. Von daher muss bei der Bewertung der Quoten erst geprüft werden, ob die jeweiligen Angebote in etwa miteinander vergleichbar sind.

Der „Umsatz-pro-Klick„-Wert zeigt an, wie wertvoll ein durchschnittlicher Link-Klick für den Anbieter ist und inwieweit sich dieser Wert durch den Einsatz oder die Optimierung der Landing Pages noch erhöhen lässt. Auf diese Weise lässt sich auch leicht ausrechnen, welcher Aufwand bei der Gestaltung der Landing Pages noch lohnt und ab wann der Grenznutzen erreicht ist.

3.4.4 Weitere Optimierungen

Wer sich nicht sicher ist, ob eine Landing Page eher vertiefende Informationen bieten oder den Leser per Bestell-Button direkt zum Abschluss bewegen sollte, kann es einfach ausprobieren. Einer der großen Vorteile von E-Mail-Marketing besteht in der Tatsache, dass sich Tests schnell, einfach und preiswert umsetzen lassen.

Für einen Test müssen zwei unterschiedliche Landing Pages gestaltet werden. Daraufhin wird die Mailing-Liste gesplittet und an die eine Hälfte der Empfänger ein E-Mailing mit einem Link auf die erste Landing Page und an die andere Hälfte der Empfänger entsprechend ein E-Mailing mit einem Link auf die zweite Landing Page gesendet. Wenn die Link-

Klicks und die erzielten Umsätze ausgewertet werden, weiß man, ob der Softselling- oder der Hardselling-Ansatz der bessere war und kann für die Zukunft entsprechend disponieren.

Unter Umständen kann es auch sinnvoll sein, die E-Mail-Empfänger in Zielgruppen zu unterteilen und abhängig von den Zielgruppen unterschiedliche Landing Pages zu verwenden. Dazu muss allerdings das E-Mail-Marketing-System, das zum E-Mail-Versand verwendet wird, die Links in den E-Mails abhängig von der jeweiligen Zielgruppe individualisieren können.

Durch zielgruppenspezifische Landing Pages können beispielsweise jüngere Leser mit einem lebhaften Layout und kurzen, knappen Texten bedient werden, während ältere Leser ein ruhiges Layout mit ausführlicheren Erklärungen in einer größeren Schrift erhalten. Auf die gleiche Weise lässt sich z. B. auch zwischen männlichen und weiblichen Zielgruppen oder Bewohnern von Nord- und Süddeutschland differenzieren.

3.4.5 Dynamisch generierte Landing Pages

Noch bessere Ergebnisse lassen sich mit Landing Pages erzielen, wenn der Inhalt der angezeigten Webseiten nicht statisch, also fest definiert ist, sondern wenn diese Seiten komplett dynamisch auf Basis des Profils des jeweiligen E-Mail-Empfängers, der auf den Link geklickt hat, zusammengesetzt werden.

Dazu muss der Webserver (blitzschnell) den E-Mail-Empfänger anhand einer Kennung im aufgerufenen Link identifizieren, aus der E-Mail-Marketing-Datenbank die erforderlichen Profilinformationen auslesen, auf Basis dieser Informationen die entsprechenden Angebote aus der Produktdatenbank abrufen und mit diesen die generische Layoutschablone der Landing Page befüllen, damit der E-Mail-Empfänger eine individuell auf ihn zugeschnittene Webseite zu sehen bekommt. Das hört sich zwar aufwendig an, ist aber technisch möglich und bei höherwertigen Angeboten den Aufwand wert.

Auf diese Weise lässt sich z. B. für weibliche Interessenten eine andere Nutzenargumentation als für männliche anzeigen, Kunden mit Postleitzahlen in Süddeutschland erhalten andere (regionale) Angebote als Kunden aus Norddeutschland oder älteren Nutzern wird ein anderes Layout mit größerer Schrift präsentiert als jüngeren.

3.4.6 Einstufige E-Mailings als Alternative

Übrigens: Eine Alternative zu Landing Pages sind HTML-Mails, die einstufig arbeiten, d.h. ohne eine zweite Komponente in Form der Landing Page funktionieren. Diese einstufigen E-Mails enthalten bereits als Response-Medium ein in die E-Mail integriertes Bestellformular. Im Idealfall ist dieses Formular bereits auf Basis des jeweiligen Empfängerprofils vorausgefüllt (z.B. mit der Postadresse, einem Bestell-Incentive, der Zahlungsart etc.).

Der Vorteil der einstufig funktionierenden HTML-Mails ist, dass die Empfänger direkt aus der E-Mail heraus bestellen können, ohne erst umständlich die Website des Anbieters mit der Landing Page aufrufen zu müssen, um dort ihre Bestellung aufzugeben. Weil der Kaufprozess in diesem Fall nur aus einer einzigen statt mindestens zwei Stufen besteht, ist die Response-Hürde folglich geringer. Es gibt allerdings auch einen Nachteil dieses Verfahrens: Nicht jedes E-Mail-Programm kann HTML-Mails mit integrierten Formularen fehlerfrei darstellen.

Weil E-Mail-Daten generell unverschlüsselt übertragen werden, sollten einstufige Mailings nicht für die Übertragung von sensiblen Kundendaten wie Kreditkarteninformationen verwendet werden. Daher empfehlen sich die einstufigen E-Mailings nur an Bestandskunden, die bereits beim Anbieter mit ihren Zahlungsdaten registriert sind.

3.4.7 Click to Call und Click to Chat

In den USA hat sich auf den Landing Pages ein so genannter Callback-Button für unentschlossene Kunden bewährt. Wer diesen Button anklickt, erhält über ein kleines Pop-up-Fenster ein Mini-Webformular angezeigt, in dem der Nutzer seinen Namen, seine Telefonnummer und ein Zeitfenster für den Rückruf eines Beraters eintragen kann. Wird das Webformular abgeschickt, so werden die Informationen an ein Callcenter weitergeleitet, damit ein Mitarbeiter den Interessenten zur gewünschten Uhrzeit zurückruft.

Eine Untersuchung des US-Marktforschers Jupiter Research aus 2002 hat gezeigt, dass Callback-Buttons die Abschlussquoten und damit den Umsatz im E-Mail-Marketing signifikant um bis zu 45 % erhöhen können. Konkret war in der Untersuchung die Umsatzsteigerung umso deutlicher, je höher der Wert der bestellten Waren war. Die Gründe dafür sind, dass teurere Produkte und Dienstleistungen in der Regel beratungsintensiver sind und sich Fragen dazu per Telefon (d.h. interaktiv) schneller und bequemer klären lassen als per E-Mail. Darüber hinaus eröffnen sich dem erfahrenen Telemarketer im Gespräch mit dem Kunden häufig Potenziale für Cross- und Upselling-Aktionen.

Allerdings ist es möglich, dass bezüglich der Callback-Funktion in E-Mails ein kultureller Unterschied zwischen Deutschland und den USA existiert: Während es in den USA üblich (wenn auch ungeliebt) ist, von Telemarketern zu Hause angerufen zu werden, ist dieses Vorgehen für Deutschland sehr ungewöhnlich und in den meisten Fällen auch unzulässig. Daher könnten bei Privatkunden Vorbehalte bestehen, die eigene Telefonnummer an Dritte weiterzugeben. Eine EMNID-Umfrage im Herbst 2001 im Auftrag des Deutschen Direktmarketing Verbandes (DDV) hat allerdings ergeben, dass knapp jeder zweite Internet-Kunde die Möglichkeit begrüßen würde, vom Anbieter zurückgerufen zu werden.

Neben den Callback-Buttons verwenden Online-Shops in den USA zunehmend auch so genannte Click-to-Chat-Buttons. Wenn der Besucher einer Website solch einen Button anklickt, öffnet sich ein kleines Pop-up-Fenster, in dem er direkt mit einem Verkäufer per Tastatur „chatten" kann. Chats sind bislang eher aus unterhaltungsorientierten Webangeboten bekannt, doch haben die Erfahrungen in den USA gezeigt, dass vor allem junge Leute auch bei Online-Shops gerne diese Option nutzen, um Rückfragen zu den angebotenen Produkten und Dienstleistungen stellen zu können.

Der Vorteil des Click-to-Chat-Buttons gegenüber einem Callback-Button ist, dass kein störender Medienbruch stattfindet und die Kommunikation bzw. das Verkaufsgespräch etwas distanzierter als bei einem Telefongespräch stattfindet, was der deutschen Mentalität eher entgegenkommen dürfte.

Vor allem Online-Shop-Anbieter mit höherwertigen Waren berichten in den USA von Erfolgen mit Click-to-Chat-Buttons. Die Gründe dafür sind, dass teurere Produkte und Dienstleistungen in der Regel beratungsintensiver sind und sich Fragen dazu per Chat (d. h. interaktiv) schneller und bequemer klären lassen, als E-Mails hin und her zu schicken.

Gerade für junge Zielgruppen bietet es sich daher auch in Deutschland an, im eigenen Online-Shop einen Click-to-Chat-Button aufzunehmen, um die Akzeptanz dieser Funktion zu testen und eigene Erfahrungswerte zu sammeln. Wird der Chat von den Shop-Besuchern akzeptiert, so bietet sich hier für den Anbieter eine kostengünstige Möglichkeit, den Umsatz zu erhöhen. Sollte der Button dagegen nicht angenommen werden, so sind dem Anbieter zumindest kaum zusätzliche Kosten entstanden. Einen Versuch ist es allemal wert!

4 Design und Layout

Dem Inhalt eines E-Mailings oder E-Mail-Newsletters sollte grundsätzlich eine höhere Priorität als dessen Gestaltung beigemessen werden. Das Design muss sich folglich dem Inhalt unterordnen, so schmerzlich das für manchen kreativen Designer sein mag. Das Phänomen der an Flash-Animationen reichen, aber inhaltlich armen Websites ist inzwischen hinreichend bekannt und sollte für E-Mail-Marketing als abschreckendes Beispiel dienen, weil es mit Sicherheit dessen Erfolg verhindert.

Auch ein Vergleich mit klassischen Direkt- und Dialogmarketing-Aktionen wie Werbebriefen und Direct-Response-Anzeigen zeigt, dass diese – abgesehen von einem eventuell vorhandenen Eye-Catcher – oft relativ schlicht gestaltet sind und den Inhalt (Text) in den Vordergrund stellen. Das soll jedoch nicht bedeuten, dass das Design einer E-Mail unwichtig ist. Vielmehr kann es, wenn es richtig eingesetzt wird, die Wirkung des Inhalts entscheidend verstärken. Umgekehrt ist es aber auch möglich, dass ein schlechtes Layout den Erfolg einer E-Mail-Marketing-Aktion behindert.

Die Möglichkeiten, die für das Design und Layout eines E-Mailings oder E-Mail-Newsletters zur Verfügung stehen, werden maßgeblich von dem technischen Format, das für die E-Mails verwendet wird, bestimmt.

4.1 Überblick E-Mail-Formate

Nach wie vor wird ein Teil der E-Mails, die im Rahmen von E-Mail-Marketing-Aktionen versendet werden, noch im **Text-Format** verschickt, weil dies das technisch unaufwendigste Format ist und sich garantiert bei allen E-Mail-Empfängern darstellen lässt. Bei E-Mails im Textformat besteht der Inhalt der Mails naturgemäß ausschließlich aus Textzeichen. Formatierungen sind daher nur in sehr begrenztem Rahmen möglich.

Aufgrund dieser Beschränkung hat sich das **HTML-Format** inzwischen zum neuen Standard im E-Mail-Marketing entwickelt: E-Mails im HTML-Format bieten gegenüber den simplen Text-Mails zahlreiche gestalterische Vorteile, denn sie lassen sich mit Hilfe des gleichen Standards formatieren und gestalten wie die Webseiten im Internet.

Wegen dieser Gestaltungsvorteile ist der Siegeszug der HTML-Mail nicht mehr aufzuhalten. Führende E-Mail-Newsletter, die im Text- und HTML-Format angeboten werden, haben bereits heute einen Anteil von 70 bis 80 % an HTML-Empfängern, während der Marktanteil der

E-Mail-Programme, die HTML-Mails darstellen können, mittlerweile bei über 95 % liegt. Ein Wert von 100 % wird allerdings nie erreichbar sein, weil es immer einen harten Kern von fundamentalen HTML-Verweigerern geben wird. Zahlreiche Versender von E-Mailings und E-Mail-Newslettern sind mittlerweile sogar dazu übergegangen, ausschließlich E-Mails im HTML-Format anzubieten, weil sie an der Zielgruppe, die nur per Textformat erreichbar ist, nicht länger interessiert sind.

/ In ausgesuchten Fällen kann das Textformat gegenüber dem HTML-Format die bessere Wahl sein. Weil allen Empfängern klar ist, dass sich eine E-Mail im simplen Textformat viel schneller als eine aufwendige HTML-Mail aufsetzen lässt, ist es möglich, über Textmails, verbunden mit einem inhaltlichen Telegrammstil, eine gewisse Eilbedürftigkeit zu signalisieren und dadurch beim Empfänger eine erhöhte Aufmerksamkeit zu erzielen. Das bietet sich beispielsweise an für spontane Testaktionen oder zeitlich befristete Angebote kurz vor deren Ablauf.

Neben dem HTML-Format gibt es noch ein weiteres, innovatives E-Mail-Format, das auf HTML basiert: das **Flash-Format.** Fast alle Webbrowser sind mittlerweile standardmäßig mit einem so genannten Flash-Player ausgestattet, der die Darstellung von animierten Inhalten im Flash-Format erlaubt. Mit dem Flash-Format lassen sich beispielsweise komplexe Animationen und interaktive Angebote darstellen, die bei Bedarf zusätzlich mit Tönen oder Musik hinterlegt werden können.

Eine weitere interessante Alternative zum Text-, HTML- und Flash-Format stellt das **PDF-Format** des Softwareentwicklers Adobe dar. PDF (Portable Document Format) ist ein proprietäres, d.h. herstellerspezifisches Format und wird für die computerplattformunabhängige und medienneutrale Darstellung von Dokumenten verwendet. Der Vorteil von PDF ist, dass Dokumente in diesem Format auf jeder Plattform (Windows, Macintosh, Linux etc.) identisch dargestellt werden. Zur Produktion von Dokumenten im PDF-Format bietet Adobe eine Software namens Acrobat an, die dieses Format auf Knopfdruck beispielsweise aus Word-, Excel- oder PowerPoint-Dateien erzeugt.

4.2   Das Text-Format

4.2.1 Layout für Textmails

Die Gestaltungsmöglichkeiten für ein E-Mailing im Textformat sind naturgemäß sehr limitiert und beschränken sich auf das Layout des Textes. Doch selbst mit diesen einfachen Mitteln lassen sich ansprechende Resultate erzielen.

Das Wichtigste zuerst: Die Länge der Textzeilen sollte 65 bis maximal 72 Zeichen nicht überschreiten, und jede Zeile sollte mit einem so genannten „harten" Umbruch abgeschlossen sein. Ein harter Zeilenumbruch ist nicht der Umbruch, der automatisch bei der Eingabe eines Textes in einem Textverarbeitungsprogramm erzeugt wird, sondern ein bewusst gewollter Umbruch durch Betätigen der Eingabe-Taste.

Der richtige Zeilenumbruch ist deshalb so wichtig, weil einige E-Mail-Programme den Text einer E-Mail nicht automatisch umbrechen und daher jeden Absatz des Textes in einer einzigen langen Zeile darstellen, wenn dieser nicht durch harte Umbrüche formatiert ist. In diesem Fall wäre der Leser gezwungen, die Zeilen ständig mit dem horizontalen Rollbalken hin- und herzuschieben, um den jeweiligen Absatz von Anfang bis Ende lesen zu können.

Für die Formatierung des vertikalen Textflusses bieten sich Leerzeilen und horizontale Funktionslinien an. Da das Lesen von Text auf einem Bildschirm wesentlich mehr ermüdet als das Lesen auf Papier, sollte man mit dem Einsatz von Leerzeilen nicht sparen, um ein optisch großzügiges Layout zu erreichen. Es empfiehlt sich, jeden Absatz mit einer Leerzeile abzuschließen und jeden Abschnitt oder jede Rubrik mit zwei Leerzeilen zu beenden.

Horizontale Funktionslinien sind ein weiteres Gestaltungsmittel und trennen optisch stärker als Leerzeilen. Eine Möglichkeit ist, diese Linien zwischen Abschnitten und Rubriken einzusetzen. Zusätzlich können Funktionslinien auch als Schmuckelemente verwendet werden, beispielsweise, um eine Dachzeile vom Text abzutrennen oder eine Überschrift bzw. Zwischenüberschrift einzurahmen.

Um Funktionslinien zu bilden, reiht man einfach das gleiche Textzeichen mehrfach aneinander. Als Textzeichen empfehlen sich der Binde- bzw. Trennstrich, der Unterstrich und das Gleichheitszeichen. Wer zwischen zwei Klassen von Funktionslinien differenzieren möchte, kann beispielsweise das Gleichheitszeichen für die wichtigen Trennlinien erster Ordnung und den Trennstrich für weniger wichtige Linien zweiter Ordnung einsetzen.

Funktionslinien haben jedoch auch einen Nachteil: Abhängig von der voreingestellten Schrift im E-Mail-Programm des Empfängers kann die Länge der Linien variieren. Verwendet der Empfänger eine nichtproportionale („mono spaced") Schrift wie Courier, so werden die Linien optisch länger dargestellt als bei einer proportionalen Schrift wie Arial oder Times New Roman.

Aus diesem Grund sollten die Funktionslinien aus der Anzahl von Zeichen zusammengesetzt werden, die der maximalen Zeilenlänge der E-Mail entspricht. Dadurch sind die Linien bei nichtproportionalen Schriften genauso breit wie der Satzspiegel und bei der proportionalen Schrift etwas kürzer. Das wirkt zwar nicht ganz so edel, ist aber immer noch optisch prägnanter als eine Leerzeile.

Für das Hervorheben von Überschriften in E-Mailings im Textformat gibt es mehrere Möglichkeiten:

- die Überschrift durch Funktionslinien einrahmen oder unterstreichen (mit dem Nachteil, dass die Linien bei proportionalen Schriften verkürzt dargestellt werden);
- die Überschrift durchgehend in Großbuchstaben schreiben (was allerdings bei langen Überschriften deren Lesbarkeit erschwert);
- die Überschriften in Sonderzeichen einschließen – beispielsweise drei Pluszeichen jeweils am Anfang und Ende der Überschrift (Telegrammstil).

Bei E-Mails im Textformat sollten Links auf eine Webseite immer mit der Angabe des Übertragungsprotokolls aufgeführt werden (also z. B. „http://www.domain.de" statt nur „www.domain.de"), damit die Links von allen E-Mail-Programmen als solche erkannt und entsprechend klickbar dargestellt werden. Für E-Mail-Links gilt entsprechend, diese als „mailto:adresse@domain.de" statt „adresse@domain.de" zu notieren.

Anbieter, die ihren Lesern den Inhalt der eigenen E-Mails zusätzlich im HTML-Format präsentieren möchten, aber aus technischen Gründen nur das Textformat verschicken können oder wollen, sollten gleich am Anfang ihrer E-Mails einen Link auf eine Webseite anbieten, die den Inhalt der E-Mail im HTML-Format darstellt. Ein E-Mail-Empfänger muss auf diese Weise nur auf den ersten Link der E-Mail klicken, um in den Genuss des HTML-Formats zu kommen. Eine aktive Internet-Verbindung ist hierfür natürlich Voraussetzung.

4.2.2 Anpassungen für AOL

Der US-Online-Dienst AOL hat in Deutschland aufgrund der Übermacht von T-Online lange nicht den Stellenwert, den er in den USA genießt. „Zum Glück", kann man da als E-Mail-Versender nur sagen, denn AOL hat sich beim Thema E-Mail in der Vergangenheit leider nicht an etablierte Standards gehalten, sodass für E-Mails an AOL-Nutzer unter Umständen Anpassungen notwendig waren.

Die Kunden von AOL konnten nicht, wie T-Online-Kunden oder alle anderen Internet-Nutzer, ein E-Mail-Programm ihrer Wahl einsetzen, sondern sie wurden von AOL gezwungen, das in die AOL-Software integrierte E-Mail-Programm zu verwenden. Der Einsatz eines E-Mail-Programms wie Microsoft Outlook, Outlook Express oder Netscape Messenger war AOL-Nutzern nicht möglich, weil das E-Mail-System von AOL inkompatibel zu den Internet-Standards war und daher mit diesen Programmen nicht zusammenarbeiten konnte.

Die Inkompatibilität des E-Mail-Systems von AOL hatte leider auch zur Folge, dass E-Mails bei AOL-Empfängern nicht immer so dargestellt wurden, wie es bei anderen E-Mail-Programmen der Fall ist. Mit der AOL-Software ab der Version 6.0 hat sich dies aber geändert, denn AOL 6.0 stellt E-Mails im Text- und HTML-Format erfreulicherweise einwandfrei dar.

Da die Version 6.0 der AOL-Software in Deutschland seit Februar 2001 verfügbar ist, benutzen inzwischen fast alle AOL-Kunden mindestens Version 6.0 oder höher. Damit sind für Anbieter, die E-Mailings an AOL-Empfänger versenden, auch keine speziellen Anpassungen mehr erforderlich.

4.3 Das HTML-Format

4.3.1 Vorteile von HTML-Mails

Normale E-Mails im Textformat setzen sich nur aus Textzeichen zusammen. Die einzigen Formatierungsmöglichkeiten bei solchen E-Mails sind Zeilenumbrüche, Leerzeilen und Linien, die aus Bindestrichen oder vergleichbaren Zeichen zusammengesetzt werden. Schrift in fetter, kursiver und unterstrichener Auszeichnung oder gar in verschiedenen Größen ist nicht möglich (siehe Bild 4.1).

HTML-Mails sind dagegen E-Mails, die nicht bloß aus Text bestehen, sondern mit Hilfe von HTML-Anweisungen formatiert sind. Mit Hilfe von HTML ist es möglich, den Text einer E-Mail wie in einem Textverarbeitungsprogramm zu formatieren (verschiedene Schriften, Schriftschnitte und -größen, Blocksatz etc.), durch Hervorhebungen wie Fettungen, Unterstreichungen und Bullet Points zu strukturieren, Tabellen darzustellen, Hintergrundfarben zu definieren und grafische Elemente

---

Tendi Infomailing:

Hinweise zum (Ab-)Bestellen dieses
Newsletters finden Sie am Ende dieser e-mail

===

Sehr geehrter Herr Gutsche,
am Mittwoch, den 27. Oktober 2004, veranstaltet CANCOM in
Zusammenarbeit mit Lexmark einen Expertentag. Neben den Experten vom
CANCOM-Team steht Ihnen auch Susan Tatsch von Lexmark für Ihre Fragen
zu Druckerlösungen im Unternehmensumfeld zur Verfügung. Unter der
Rufnummer 0 83 63 / 91 07 38 oder per e-mail beantworten die Profis
Ihre Fragen und stehen mit Rat und Tat zur Seite.

Wir wünschen viel Freude beim Lesen
Ihr CANCOM-Team Newsletter

Einführungsaktion >Aus Alt mach Neu
Der Lexmark X7170 ist ideal für alle Büroaufgaben: Drucken, Scannen,
Kopieren und Faxen! Das professionelle Multifunktionsgerät Lexmark
X7170 ist die vielseitige Lösung, mit der Sie Bürodokumente, Grafiken
und Fotos drucken, verwalten und organisieren. Kaufen Sie jetzt zum
Aktionspreis von nur 189,- EUR** statt 239,- EUR!Features:

Fax- und Kopierfunktion ohne PC nutzen!
Druckauflösung: 4.800 dpi
Druckgeschwindigkeit: 22 S./Min. in s/w; 15 S./Min. in Farbe
Scan-Auflösung: bis zu 2.400 dpi
Kopiergeschwindigkeit: 13 Kopien/Min. in s/w; 9 Kopien/Min. in Farbe
**Noch bis zum 30.11.2004 erhalten Sie im Rahmen der Einführungsaktion
50 EUR Rückvergütung - diese ist bereits im o.g. Netto-Verkaufspreis
berücksichtigt. Teilnahmebedingungen zu der Aktion >Aus Alt mach
Neuhttp://rdir.de/r?000029d95cf160365cf160535cf0bea19fdba02bg
Weitere Informationen unter
http://rdir.de/r?000029d95cf160365cf160535cf0bebc7fdce791g

---

*Bild 4.1: Die Möglichkeiten für die Formatierung von E-Mails im Textformat sind
sehr eingeschränkt*

wie Rahmen, Icons oder Logos zu integrieren. Selbst die Darstellung von Grafiken und Fotos ist möglich, was allerdings die Größe der E-Mails aufbläht (siehe Bild 4.2).

E-Mails im HTML-Format sind keine Spielerei. Der Vorteil dieser E-Mails gegenüber den klassischen Textmails ist, dass sie sich wesentlich lesefreundlicher und optisch auffälliger gestalten lassen. Dadurch erzielt der Anbieter automatisch und unabhängig vom Inhalt der E-Mail eine höhere Aufmerksamkeit beim Empfänger. Diese erhöhte Aufmerksamkeit führt wiederum zu höheren Rücklaufquoten. Erfahrungsgemäß liegen die Klickraten bei HTML-Mails um 100 bis 300 % über den Rückläufen von inhaltlich gleich lautenden Textmails.

Darüber hinaus bieten HTML-Mails auch immaterielle Vorteile: So lassen sich E-Mailings in den Hausfarben des jeweiligen Unternehmens

LEXMARK

Sehr geehrter Herr Gutsche,

am **Mittwoch, den 27. Oktober 2004**, veranstaltet CANCOM in Zusammenarbeit mit Lexmark einen Expertentag. Neben den Experten vom CANCOM-Team steht Ihnen auch Susan Tatsch von Lexmark für Ihre Fragen zu Druckerlösungen im Unternehmensumfeld zur Verfügung. Unter der Rufnummer **0 83 63 / 91 07 38** oder per e-mail beantworten die Profis Ihre Fragen und stehen mit Rat und Tat zur Seite.

Wir wünschen viel Freude beim Lesen
Ihr CANCOM Newsletter-Team

Einführungsaktion >Aus Alt mach Neu< mit 50,- EUR Preisvorteil

Der Lexmark X7170 ist ideal für alle Büroaufgaben: Drucken, Scannen, Kopieren und Faxen! Das professionelle Multifunktionsgerät Lexmark X7170 ist die vielseitige Lösung, mit der Sie Bürodokumente, Grafiken und Fotos drucken, verwalten und organisieren. **Kaufen Sie jetzt zum Aktionspreis von nur 189,- EUR** statt 239,- EUR!**

Features:

- Fax- und Kopierfunktion ohne PC nutzen!
- Druckauflösung: 4.800 dpi
- Druckgeschwindigkeit: 22 S./Min. in s/w; 15 S./Min. in Farbe
- Scan-Auflösung: bis zu 2.400 dpi
- Kopiergeschwindigkeit: 13 Kopien/Min. in s/w; 9 Kopien/Min. in Farbe

Noch bis zum **30.11.2004 erhalten Sie im Rahmen der Einführungsaktion **50 EUR Rückvergütung - diese ist bereits im o.g. Netto-Verkaufspreis berücksichtigt**. Teilnahmebedingungen zu der Aktion >Aus Alt mach Neu< finden Sie unter http://www.business.cancom.de

» mehr

Bild 4.2: Die gleiche E-Mail im HTML-Format wirkt gegenüber der Textversion im Bild 4.1 wesentlich übersichtlicher und attraktiver

gestalten, mit dem Firmenlogo und einer gescannten Unterschrift versehen und hinsichtlich der optischen Gestaltung an das sonstige Marketing-
Material des Unternehmens anlehnen, sodass die Kundenkommunikation
wie aus einem Guss wirkt.

Befragungen zeigen, dass nur noch weniger als 5 % der E-Mail-Empfänger Programme verwenden, die keine HTML-Mails darstellen können. Und dieser verbliebene Prozentsatz lässt sich erreichen, indem die
HTML-Mails im so genannten „MIME-Multipart-Format" aufgebaut
werden (siehe Kapitel 5, Abschnitt 1.4). Das MIME-Multipart-Format
stellt sicher, dass die Programme, die nicht HTML-fähig sind, alternativ
eine Textversion der E-Mail darstellen, sodass der Empfänger eines nicht-
HTML-fähigen E-Mail-Programms keinen Nachteil erleidet – abgesehen
davon, dass er auf die bessere visuelle Darstellung verzichten muss.

Allerdings funktioniert die Erkennung des MIME-Multipart-Formats
in etwa einem Drittel der Fälle (auf Basis der oben genannten 5 %) nicht.
Grund dafür sind zum Teil veraltete Programmversionen (z.B. Outlook
97), proprietäre Systeme, die vom Standard abweichen (AOL-Mail vor
der Version 6.0), oder falsch konfigurierte Software (beispielsweise Lotus
Notes, das auf „Lotus Rich Text" statt HTML eingestellt ist).

Trotz dieser kleinen Widrigkeiten sollte sich jeder Anbieter, der bislang seine E-Mails ausschließlich im Textformat versendet, intensiv mit
dem Thema HTML-Mail befassen, denn das HTML-Format hat sich
mittlerweile als Standardformat durchgesetzt. Die Zahl der E-Mail-Empfänger, deren Software HTML-Mails nicht darstellen kann, schrumpft
stetig, und der Anteil der HTML-Mails an der Gesamtmenge aller versendeten E-Mails wächst immer weiter aufgrund der Überlegenheit beim
Erzielen von Aufmerksamkeit und hohen Rücklaufquoten.

4.3.2 Verbreitung von HTML-Mails

Ein beliebtes Vorurteil bei Einsteigern ins E-Mail-Marketing lautet, dass
viele E-Mail-Empfänger gar keine HTML-Mails lesen können. Diese
Aussage ist ganz klar falsch. Daher folgen einige Erfahrungswerte aus der
Praxis, die beweisen, dass im Rahmen von E-Mailings und E-Mail-Newslettern bereits die große Mehrheit der E-Mails im HTML-Format verschickt wird und noch mehr Empfänger dieses Format lesen können.

Bei privaten E-Mail-Empfängern lässt sich durch die Technik des
„Client Sniffing" (siehe Kapitel 5, Abschnitt 1.5) herausfinden, dass mittlerweile über 95 % der Nutzer ein E-Mail-Programm verwenden, das
Mails im HTML-Format korrekt darstellen kann. Allerdings ist auch an-
zumerken, dass ein Teil der Empfänger, die HTML-Mails lesen können,

sich bewusst für das Textformat entscheiden, wenn sie die Wahl zwischen
Text und HTML haben. Man muss also unterscheiden zwischen Empfängern, die E-Mails im HTML-Format lesen können, und solchen, die das
auch wollen.

Für die HTML-Verweigerung gibt es mehrere Gründe: Da sind zum
einen die Internet-Fundamentalisten, die das „bunte" HTML für überflüssigen Firlefanz halten und die mit ihrem Computer am liebsten im
schwarzweißen Textmodus auf Kommandozeilenebene ganz ohne grafische Benutzeroberfläche arbeiten. Zum anderen gibt es die E-Mail-Empfänger mit einer langsamen Internet-Verbindung per Modem, die HTML-
Mails aufgrund der deutlich größeren Dateien gegenüber E-Mails im
Textformat scheuen. Und zuletzt sind es die sicherheitsbewussten Nutzer,
die befürchten, dass sich in dem Code der HTML-Mails bösartige Viren
verstecken, um Sicherheitslücken ihrer Microsoft-Software auszunutzen
(was zwar sehr unwahrscheinlich, aber leider nicht völlig abwegig ist).

Der Anteil der privaten E-Mail-Empfänger, die sich bei der Auswahl
zwischen Text und HTML bewusst für das HTML-Format entscheiden,
liegt erfahrungsgemäß zwischen 70 und 90 %, wobei der Prozentsatz von
der Art der E-Mail-Inhalte abhängig ist. Bei einem schlichten Newsletter
mit Nachrichten-Charakter, der grundsätzlich keine Bilder enthält, liegt
der Prozentsatz eher am unteren Rand bei 70 %, während bei einem
E-Mail-Newsletter für Computerspiele mit Preview-Screenshots der neuesten Games der Anteil sogar bei über 90 % liegen kann. Die Praxis zeigt,
dass der HTML-Anteil parallel mit dem Mehrwert steigt, den Inhalte im
HTML-Format gegenüber dem Textformat bieten.

Im gewerblichen Bereich liegt der Prozentsatz der Nutzer, die E-Mails
im HTML-Format empfangen können, mit 70 bis 80 % deutlich niedriger
als im privaten Bereich. Der Grund dafür sind weniger veraltete oder exotische E-Mail-Programme, als falsch konfigurierte Microsoft-Exchange-
oder Lotus-Notes-Server und Firewalls mit Virenscanner, die HTML-
Mails modifizieren oder beschneiden, weil sie darin Viren vermuten.

Interessanterweise ist der Anteil der gewerblichen Empfänger, die
E-Mails im HTML-Format empfangen möchten, teilweise höher als der
Anteil derer, die E-Mails in diesem Format lesen können. Die Folge ist,
dass gelegentlich E-Mail-Newsletter im HTML-Format abonniert werden, weil das vom Empfänger verwendete E-Mail-Programm HTML-
Mails prinzipiell darstellen kann, und hinterher die Enttäuschung groß ist,
weil irgendwo auf dem Weg durch die diversen Intranet-Server des Unternehmens die HTML-Mails derart beschädigt werden, dass sie sich doch
nicht einwandfrei darstellen lassen.

4.3.3 Wechsel zum HTML-Format

HTML-Mails erzielen gegenüber Textmails eine wesentlich höhere Auf-
merksamkeit, sie sind übersichtlicher und lesefreundlicher als Mails im
Textformat und generieren daraus resultierend die doppelte bis vierfache
Menge an Rückläufen. Daher muss es im Interesse des Anbieters liegen,
einem möglichst hohen Prozentsatz seines E-Mail-Verteilers Mails im
HTML-Format zuzusenden.

Doch woher weiß man als Anbieter, ob das E-Mail-Programm des
jeweiligen Empfängers E-Mails im HTML-Format darstellen kann? Bei
älteren oder exotischen E-Mail-Programmen kann es nämlich zu Darstellungsfehlern oder sogar zur Anzeige des HTML-Quellcodes kommen, was die HTML-Mails im schlimmsten Fall für den Empfänger völlig
unlesbar macht.

Um E-Mail-Empfänger zum Wechsel vom Text- zum HTML-Format
zu bewegen, gibt es verschiedene Verfahren.

Auswahl durch den E-Mail-Empfänger

Die einfachste Lösung besteht darin, die E-Mail-Empfänger bereits bei der
Anmeldung zu fragen, ob sie die E-Mails im Text- oder HTML-Format er-
halten möchten. Dazu werden im Anmeldeformular je ein Radio-Button
für „Text" und „HTML" aufgenommen, von denen der potenzielle
E-Mail-Empfänger einen durch Anklicken auswählen kann. In diesem
Fall wird allerdings ein Viertel bis ein Drittel derjenigen Nutzer, die
HTML-Mails empfangen könnten, das Textformat wählen,

- weil sie nicht wissen, was das HTML-Format ist;
- weil sie nicht wissen, ob ihr E-Mail-Programm Mails im HTML-Format darstellen kann;
- weil sie an E-Mails im HTML-Format kein Interesse haben;
- weil sie sich vor virenverseuchten E-Mails fürchten.

HTML-Testmail

Eine clevere Alternative zur Formatauswahl durch die E-Mail-Empfänger
besteht darin, ihnen nach der Anmeldung als Anmeldebestätigung eine
kurze Testmail im HTML-Format zu senden, anhand deren optischer
Darstellung sie selbst überprüfen können, ob ihr E-Mail-Programm das
HTML-Format unterstützt.

Zu diesem Zweck sollte die Testmail nur ein einziges HTML-Element
enthalten – beispielsweise einen farbigen Balken in den Kopfzeilen (technisch gelöst als Tabelle mit Hintergrundfarbe). Im Text der Testmail wird

dem Empfänger die Anmeldung zum E-Mail-Verteiler bestätigt und darauf hingewiesen, dass es sich bei dieser Bestätigungsmail zusätzlich um einen kleinen HTML-Test handelt.

Um den Test zu erläutern, muss dem E-Mail-Empfänger mitgeteilt werden, dass sein E-Mail-Programm HTML-fähig ist, wenn er den farbigen Balken am oberen Rand der Testmail sehen kann. In diesem Fall ist von seiner Seite keine weitere Aktion notwendig. Kann der Empfänger statt des Balkens dagegen nur unverständliche Zeichenfolgen in spitzen Klammern sehen, stellt sein E-Mail-Programm HTML-Mails nicht dar und er muss diesen Umstand dem Versender in einer geeigneten Form zurückmelden.

Wenn das E-Mail-Marketing-System, mit dem die Testmails verschickt werden, personenbezogenes Link-Tracking unterstützt, muss dazu lediglich ein Link in die Testmail aufgenommen werden, auf den der E-Mail-Empfänger klicken muss, um dem System mitzuteilen, dass sein Programm E-Mails im HTML-Format nicht darstellen kann. Durch den Link-Klick wird das Profil des Empfängers dann automatisch vom HTML- auf das Textformat umgestellt.

Wenn die Möglichkeit zum Link-Tracking nicht vorhanden ist, sollte der Link eine E-Mail mit vordefiniertem An- und Betreff-Feld sowie Textkörper produzieren (technisch gelöst als Mailto-Link mit den entsprechenden Parametern). Diese E-Mail muss vom Testmail-Empfänger nur noch durch einen Klick auf den „Senden„-Button abgeschickt werden und informiert den Anbieter darüber, dass das E-Mail-Programm des Empfängers das HTML-Format nicht unterstützt.

Das beschriebene Verfahren mit den HTML-Testmails produziert erfahrungsgemäß einen deutlich höheren Anteil an HTML-Mails in einem E-Mail-Verteiler als die Abfrage nach dem Text- oder HTML-Format bei der Anmeldung.

HTML-Format als Voreinstellung

Die dritte Alternative ist noch etwas aggressiver als das zuvor beschriebene Testmail-Verfahren. Bei dieser Variante erhalten alle Empfänger grundsätzlich die E-Mails im HTML-Format. Der Quelltext dieser HTML-Mails wird jeweils mit einem HTML-Kommentar eingeleitet wie z. B.:

<!--

Lieber Herr Schmidt,

hiermit erhalten Sie unseren E-Mail-Newsletter im HTML-Format. Wenn dieser Text angezeigt wird, kann Ihr E-Mail-Programm das HTML-Format leider nicht korrekt darstellen. In diesem Fall klicken Sie bitte auf den folgenden Link, damit wir Sie für künftige Aussendungen vom HTML- auf das Textformat umstellen können: www.domain.de/switch/text.html

//-->

(Die erste und letzte Zeile des Absatzes oben enthalten die HTML-Anweisungen für Kommentarbeginn und -ende.)

Dieser Kommentar wird bei der Darstellung der E-Mail im HTML-Format ignoriert und vom E-Mail-Programm nicht angezeigt. Erkennt das E-Mail-Programm das HTML-Format dagegen nicht, so erscheint der Kommentar am Anfang der E-Mail und erklärt dem Empfänger, was er tun muss, um künftig die E-Mails im Text- statt HTML-Format zu erhalten.

Das Verfahren, E-Mails standardmäßig im HTML-Format zu versenden, produziert den höchsten Anteil an HTML-Mails im E-Mail-Verteiler, allerdings auch gelegentliche Rückfragen und Beschwerden von Empfängern, die den Kommentar überlesen oder damit nicht klarkommen. Aus diesem Grund sollten hinter dem Kommentar noch zwei Dutzend Leerzeilen eingefügt werden, um den Kommentar vom eigentlichen HTML-Code klar abzutrennen. Diese Leerzeilen werden bei der Darstellung als HTML-Mail ignoriert, sorgen bei der Darstellung als Textmail aber dafür, dass der restliche HTML-Code im Fenster des E-Mail-Programms nach unten weggeschoben wird und den Leser nicht irritiert oder vom Inhalt des Kommentars ablenkt.

4.3.4 Gestaltung von HTML-Mails

Zwar sind die Gestaltungsfreiheiten bei HTML-Mails im Vergleich zu E-Mails im Textformat deutlich größer, doch ist es nicht empfehlenswert, diese Freiheiten beim Design auch komplett auszunutzen.

Grundsätzlich sollte sich das Layout von HTML-Mails an der Gestaltung der Website des Anbieters orientieren, um ein einheitliches Corporate Design zu gewährleisten. Konkret bedeutet dies, dass für E-Mails im HTML-Format die gleichen Schriften, Schriftschnitte und -größen, die gleichen Schlüsselfarben und -formen sowie der gleiche Hintergrund wie für die Webseiten des Anbieters verwendet werden sollten. Eine durchgängige Nutzung dieser Gestaltungselemente garantiert die schnelle Wiedererkennung und schafft Vertrauen.

Wer als Hintergrund für seine HTML-Mails eine andere Farbe als Weiß verwenden oder eine Grafik einsetzen möchte, sollte darauf achten, dass die Farben blass sind, damit der Kontrast zwischen dem Hintergrund und der Textfarbe die Lesbarkeit nicht beeinträchtigt. Für die Textfarbe sollte nur in Ausnahmefällen (Überschriften etc.) eine andere Farbe als Schwarz verwendet werden.

Da sich in HTML-Mails Links auf die Website des Anbieters beliebig bezeichnen und formatieren lassen, besteht die Gefahr, dass die Links vom Designer so „schön" gestaltet werden, dass der Leser sie nicht mehr als solche identifizieren kann. Daher sollten Links grundsätzlich farbig und unterstrichen sein. Das entspricht den Sehgewohnheiten des Internet-Nutzers, und davon sollte auch aus ästhetischen Gründen nicht abgewichen werden, denn was hilft der schönste Link, wenn ihn keiner findet.

Zusätzlich zu den Links im Fließtext und dem obligatorischen „Mehr" sollten auch die Überschriften und eventuell vorhandenen Bilder der jeweiligen Beiträge mit der Website des Anbieters verlinkt werden, um dem Leser mehrere Ankerpunkte anzubieten und die Wahrscheinlichkeit von Klicks zu erhöhen.

Bei der farblichen Gestaltung einer HTML-Mail besteht die Gefahr, dass die Designer über das Ziel hinausschießen. Die Tatsache, dass technisch viele verschiedene Farben darstellbar sind, bedeutet nicht, dass die E-Mail im wahrsten Sinne des Wortes bunt gestaltet werden sollte. Hier gilt vielmehr „weniger ist mehr". Ein schlichtes Design in den Hausfarben des Anbieters wirkt optisch edel und hochwertiger als ein buntes Layout mit Boulevardblatt-Charakter. Letzteres ist vielleicht ein Hingucker, aber die Glaubwürdigkeit der Inhalte kann darunter leiden.

> Eine optische Rubrizierung der Inhalte eines E-Mailings oder E-Mail-Newsletters lässt sich durch den Einsatz einer dezenten Farbcodierung erzielen. In diesem Fall wird jeder Rubrik oder jedem Abschnitt des Textes eine eindeutige Schlüsselfarbe zugewiesen, die als Farbbalken, Rahmen oder aufgehellt als Hintergrundfarbe für definierte Bereiche eingesetzt wird, nicht aber vollflächig eingesetzt werden sollte.

4.3.5 Tipps zu Formatierung und Layout

Der Inhalt der HTML-Mails sollte durch Einstiegspunkte für den Leser strukturiert und priorisiert sein, z. B. eine große Titelzeile für den Start, ein Bild als zweiter Blickfang, ein Vorspann zum Weiterlesen und ein Initial,

das deutlich anzeigt, wo der Fließtext startet. Mit Leerzeilen, Aufzählungszeichen, Absätzen und Zwischenüberschriften sollte nicht gespart werden,
um ein lockeres, lesefreundliches Layout zu gewährleisten.

Um eine einwandfreie Lesbarkeit des Textes sicherzustellen, muss der
Mengentext in einer Schriftgröße von mindestens 10, besser 11 Punkt dargestellt werden. Kernaussagen und -argumente lassen sich im Fließtext
durch Hervorhebungen wie **Fettungen,** <u>Unterstreichungen</u> oder leuchtstiftartige hellfarbige Hinterlegungen kennzeichnen.

VERSALIEN (Großbuchstaben) sind dagegen für Hervorhebungen
nicht empfehlenswert, weil sie die Lesbarkeit des Textes erheblich beeinträchtigen. Das Gleiche gilt für inverse Schrift (d.h. Weiß auf Schwarz).
Weniger wichtiger Text kann in einen Textkasten ausgelagert und in kleinerer Schriftgröße dargestellt werden. 9 Punkt sollten allerdings nicht
unterschritten werden.

Bei Überschriften, Dachzeilen und Zwischenüberschriften kann man
im Gegensatz zu der Schrift für den Fließtext auch ausgefallenere Schriften wählen, weil deren Lesbarkeit durch die größeren Buchstaben erleichtert wird. Als Mindestgröße empfehlen sich 12 Punkt und ein halbfetter
oder fetter Schriftschnitt.

❗ E-Mail-Programme wie Outlook und Outlook Express laden in
ihren neuesten Versionen die Bilder von HTML-Mails nicht mehr
automatisch nach, wenn der E-Mail-Absender nicht bereits in
deren Adressbuch verzeichnet ist. Daher sollten alle Bilder im
HTML-Quelltext mit beschreibenden statt generischen Alt-Tags benannt werden, damit der E-Mail-Empfänger zumindest weiß, was er
hätte sehen sollen.

Da sich HTML-Mails mit Hilfe von unsichtbaren Tabellen auch mehrspaltig gestalten lassen, bietet es sich an, eine schmale linke Spalte für die
Inhaltsübersicht und eine breite rechte Spalte für den eigentlichen Text zu
definieren. Damit entspricht die linke Spalte einer Navigationsleiste, wie
es die Leser auch von den meisten Websites gewohnt sind. Nicht zu empfehlen ist dagegen, den Fließtext des Newsletters mehrspaltig zu setzen,
weil die Leser dadurch gezwungen würden, ständig auf- und abwärts zu
blättern.

Wenn die Art der zu versendenden HTML-Mails einem persönlichen
Schreiben an den Empfänger entspricht, sollte der Text mit einer gescannten Unterschrift, die als Bilddatei in die HTML-Mail eingebunden wird,

unterschrieben werden. Dadurch wirkt die E-Mail auf den Leser vertrauenerweckender sowie privater und verliert etwas ihren unpersönlichen elektronischen Charakter.

Zusätzlich zu den üblichen Produktfotos empfiehlt es sich, gerade am Anfang der E-Mail auch so genannte Lebensstilbilder zu zeigen, mit Menschen in den zum E-Mail-Thema passenden Situationen. Solche Fotos verleihen der E-Mail einen gewissen „Human Touch" – besonders dann, wenn dafür nicht perfekt gestylte Models, sondern glaubwürdige Charaktere gewählt werden.

4.3.6 Schriften für HTML-Mails

In den USA sind E-Mailings und E-Mail-Newsletter im HTML-Format schon seit langem die Regel. Daher hat man sich dort auch schon intensiv Gedanken darüber gemacht, welche Schriften in einer HTML-Mail zum Einsatz kommen sollten.

Eine Erkenntnis, die vielen Lesern bereits aus der Welt der Zeitungen und Zeitschriften bekannt sein dürfte, lautet, dass die Verwendung von zu vielen verschiedenen Schriften, Schriftschnitten und -größen in einem Dokument den Text unübersichtlich macht, den Lesefluss hemmt und insgesamt eher unseriös wirkt.

Darüber hinaus besteht das Problem, dass eine ungebräuchliche Schrift oft auf dem Computer des E-Mail-Empfängers nicht installiert ist und vom E-Mail-Programm durch eine Standardschrift ersetzt wird, sodass der vom HTML-Designer sorgsam geplante optische Eindruck nicht erreicht wird und manche Textformatierungen eventuell verrutschen oder zerreißen.

Vor einiger Zeit wurde in den USA unter den Lesern eines großen Marketing-Newsletters (http://www.wilsonweb.com) eine Umfrage gestartet, welche Schriften und Schriftgrößen am besten für die Lesbarkeit von HTML-Mails geeignet sind.

Während in der Printwelt Schriften mit Serifen (z.B. Times Roman, Garamond oder Palatino) als besser lesbar gegenüber serifenlosen Schriften (Arial, Futura, Helvetica etc.) gelten, fiel das Ergebnis der Befragung für die Schrift von HTML-Mails genau gegenteilig aus.

Das ist allerdings nicht weiter verwunderlich, denn die grafische Auflösung eines Bildschirms ist gegenüber dem Druck auf Papier beschränkt, und serifenlose Schriften verzichten gegenüber Serifen-Schriften auf variable Strichstärken und die Serifen („Schnörkel") am Anfang und Ende eines Strichs. Dadurch lassen sich serifenlose Schriften auch bei geringeren Auflösungen optisch sauberer darstellen.

Gewonnen hat in der US-Umfrage übrigens die Windows-Standardschrift Arial in der Schriftgröße 12 Punkt. Selbst die Schrift Georgia, die besonders breit läuft und von Microsoft speziell für die Darstellung von Texten auf HTML-Seiten entwickelt wurde, konnte sich gegenüber Arial nicht durchsetzen, lag aber bei den Schriftgrößen 11 und 10 Punkt dicht hinter Arial. Allerdings hat Georgia den Nachteil, dass sie als neue Schrift noch nicht auf allen Computern installiert ist, was ihren Einsatz ohnehin nicht empfehlenswert macht.

Schriftgrößen unter 10 Punkt wurden in der Umfrage übrigens generell und unabhängig von der verwendeten Schrift als zu klein und damit schwer lesbar bewertet.

4.3.7 Highend-HTML vermeiden

Anbieter, die sich dazu entschlossen haben, ihre E-Mailings oder ihren E-Mail-Newsletter auch im HTML-Format anzubieten, müssen im nächsten Schritt entscheiden, wie komplex das Layout ihrer HTML-Mails sein soll, denn E-Mail-Programme, die E-Mails im HTML-Format darstellen können, beherrschen nicht notwendigerweise alle aktuellen HTML-Anweisungen. HTML ist nämlich eine lebende Seitenbeschreibungssprache, die weiterentwickelt wird, sodass sich der Befehlsumfang im Laufe der Zeit erweitern kann.

Die erste HTML-Stufe mit dem geringsten Schwierigkeitsgrad ist die Verwendung von Textformatierungen, also verschiedene Schriften, Schriftschnitte, -größen und -farben. Werden ausschließlich diese HTML-Anweisungen genutzt, so handelt es sich um ein E-Mailing, das aus reinem Text besteht, der über HTML-Anweisungen formatiert und gestaltet wird. Solche HTML-Mails kann jedes E-Mail-Programm darstellen, das das HTML-Format beherrscht.

Im nächsten Schritt lassen sich Bildelemente verwenden, um beispielsweise ein Firmenlogo darzustellen, eine Hintergrundgrafik einzufügen oder das E-Mailing mit einer gescannten Unterschrift zu unterzeichnen. In diesem Fall muss der Anbieter entscheiden, ob er für seine HTML-Mails die Formatvariante Online- oder Offline-HTML wählt. Die Erfahrung zeigt, dass Online-HTML mit allen E-Mail-Programmen funktioniert, die HTML-Mails darstellen können, Offline-HTML dagegen in Firmen wegen Firewalls und bei älteren E-Mail-Programmen zu Darstellungsfehlern führen kann.

Noch einen Schritt weiter geht der Einsatz von Tabellenanweisungen. Auf diese Weise lässt sich beispielsweise die schon zuvor beschriebene linke Navigationsspalte für ein E-Mail-Inhaltsverzeichnis einfügen. Die Darstellung von Tabellen funktioniert bei diversen älteren HTML-fähigen E-Mail-Programmen nicht, wird aber von allen aktuellen Programmen unterstützt.

Noch weiter gehende Möglichkeiten, die sich zur Gestaltung von HTML-Mails anbieten, sind der Einsatz der so genannten Cascading Stylesheets (CSS) und von Javascript-Code. Mit Stylesheets kann die Formatierung von HTML-Dokumenten erheblich vereinfacht werden, und mit Hilfe von Javascript-Code lässt sich beispielsweise der Inhalt von Mail-Formularen auf Plausibilität überprüfen oder ein visueller Effekt in E-Mailings integrieren, ohne auf das Flash-Format zurückgreifen zu müssen.

Derzeit ist es allerdings noch nicht empfehlenswert, Stylesheets in HTML-Mails einzusetzen, weil nicht alle E-Mail-Programme, die HTML-Mails darstellen können, die Verarbeitung von Stylesheets beherrschen. Das ist jedoch nicht weiter tragisch, weil sich die Funktionalität eines Stylesheets durch den Einsatz von Font-Tags (also der klassische Weg) einfach nachbilden lässt.

Wer jedoch unbedingt Stylesheets verwenden möchte, sollte zumindest nur die Funktionen des CSS1-Standards für Schriften, Schriftgrößen und -farben nutzen, weil der neuere CSS2-Standard, mit dem sich beispielsweise HTML-Elemente präzise auf einer Webseite positionieren lassen, bislang noch wenig verbreitet ist. Selbst moderne Webbrowser haben mit CSS2 teilweise noch Schwierigkeiten.

Vor dem Einsatz von Javascript-Code sollte man sich als Anbieter reiflich überlegen, ob dieser wirklich notwendig ist, denn auch Javascript-Code wird nicht von allen E-Mail-Programmen, die HTML-Mails darstellen können, erkannt. Manche Nutzer haben diese Eigenschaft auch bewusst abgeschaltet, weil sie sich auf diese Weise vor Eingriffen in ihr System oder Viren schützen möchten. Für diese Fälle ist es besser, die Plausibilität von Formularinhalten serverseitig zu prüfen und auf visuelle Javascript-Effekte zu verzichten.

4.3.8 Videomail als Variante der HTML-Mail

Ein weiterer Vorteil des HTML-Formats ist, dass sich Objekte in anderen Formaten in HTML-Mails einbetten lassen (z.B. Animationen im Flash-Format). Eine interessante Variante in diesem Zusammenhang ist die Videomail, d.h. eine HTML-Mail mit integriertem Video, das beim Öffnen der E-Mail als Anhang gestartet wird.

Allerdings können die Dateigrößen von Videos selbst bei maximaler Kompression bis zu mehrere MByte betragen. Aus diesem Grund waren E-Mails mit integrierten Videoclips bislang keine Alternative im E-Mail-Marketing, denn es war den Empfängern nicht zuzumuten, minutenlang auf den Start eines heftig ruckelnden Videos zu warten, speziell dann, wenn es sich nicht um den Kino-Trailer zum neuesten Blockbuster, sondern um einen Werbespot im Rahmen eines werblichen Newsletters handelte.

Doch 2005 wird sich die Videomail von der akademischen Machbarkeitsstudie in eine ernsthafte und einsatzbereite Marketing-Option wandeln, denn die Ausstattung der Privathaushalte mit schnellen Breitband-Internet-Zugängen steigt zurzeit rasant an und die Provider werben für diese Anschlüsse massiv mit der Möglichkeit, Videos ohne Wartezeit in Echtzeit anschauen zu können – warum nicht auch im Rahmen von E-Mail-Marketing!

Während in den USA laut Marktuntersuchungen bereits 2004 über 50 % aller Haushalte über eine schnelle Breitbandverbindung in das Internet verfügten, schätzt die Telekom, dass es in Deutschland im Jahr 2008 so weit sein wird, während die Verbreitung 2004 (hauptsächlich in Form von T-DSL-Anschlüssen) noch unter 20 % lag. Das Forschungsinstitut Prognos ist etwas konservativer und erwartet für das Jahr 2007 zehn Millionen Breitband-Internet-Zugänge in deutschen Haushalten, was etwa 27 % aller Haushalte entsprechen würde.

Doch ab 20 % Marktanteil ist auf jeden Fall eine kritische Masse erreicht, die es jedem E-Mail-Marketing-Nutzer gebietet, sich ernsthaft mit dem Thema Videomail zu beschäftigen und den Einsatz dieser E-Mail-Variante zu testen. Auch die Hardwareausstattung der Haushalte mit Breitbandzugang dürfte mittlerweile so leistungsfähig sein, dass sich Videos entsprechend qualitativ darstellen bzw. abspielen lassen.

Wer das Medium Videomail testen möchte, sollte jedoch peinlich genau darauf achten, dass nur diejenigen E-Mail-Empfänger eine Videomail erhalten, die tatsächlich mit einem schnellen Internet-Zugang und der entsprechenden Hardware (zum schnellen Dekomprimieren der Videos) ausgestattet sind, um keinen Unmut zu erzeugen.

Auf der sicheren Seite ist, wer den Videoclip nicht automatisch beim Öffnen der E-Mail startet, sondern für dessen Start einen Button „Modem/ISDN" und einen Button „DSL/Standleitung" anbietet, damit der Empfänger selbst wählen kann, ob und in welcher Bandbreite er das Video sehen möchte. Ein weiterer Vorteil: Die Klick-Auswahl des Empfängers lässt sich für zukünftige Aktionen gleich in dessen Profil speichern.

Manchmal wird auch empfohlen, die Bandbreite auf Empfängerseite festzustellen, indem in einem Newsletter eine Referenz auf eine größere Datei (z.B. ein Bild mit 300 KByte Größe) eingebaut und dann gemessen wird, wie schnell diese Datei von den einzelnen Empfängern abgerufen wird. Dieses Verfahren hat jedoch mehrere Nachteile:

Zum einen muss die gemessene Bandbreite nicht unbedingt die Bandbreite sein, mit der die E-Mails grundsätzlich abgerufen werden. So gibt es beispielsweise Empfänger, die im Büro mit einer schnellen Standleitung arbeiten, sich zu Hause über ISDN ins Internet einwählen und unterwegs per Handy ihre E-Mails abrufen. Wenn der Anbieter dann versucht, eine Videomail auf das Handy zu spielen, weil er die Zugangsgeschwindigkeit beim E-Mail-Empfang im Büro gemessen hat, wird die Verärgerung beim Empfänger entsprechend groß sein.

Ein weiteres Problem: Arbeitet der Internet-Service-Provider eines Empfängers mit einem Proxy-Server (der auch transparent, also ohne Wissen des Empfängers arbeiten kann), so werden die Daten zu diesem Proxy mit maximaler Geschwindigkeit übertragen, von dort aber mit wesentlich geringerer Geschwindigkeit an den Empfänger weitergeleitet. Auf Versenderseite lässt sich allerdings nur die hohe Geschwindigkeit zum Proxy messen, sodass von einem Highspeedzugang ausgegangen werden muss, was aber nicht immer der Fall sein wird.

4.4 Das Flash-Format

4.4.1 Was ist Flash?

Das Flash-Format ist gegenüber dem HTML-Format eine gestalterische Weiterentwicklung, ähnlich, wie das HTML-Format gegenüber dem Textformat eine Weiterentwicklung ist. Im Gegensatz zu den bei HTML üblichen Bildern im GIF- oder JPEG-Format arbeitet das Flash-Format wahlweise auch mit Vektor- statt Pixelgrafik. Das bedeutet, dass sich Grafiken aus Linien statt aus Bildpunkten zusammensetzen lassen, und hat den Vorteil, dass dadurch unter Umständen deutlich weniger Speicherplatz benötigt wird, sodass E-Mails mit hohem Grafikanteil schneller übertragen werden. Auch sind Vergrößerungen von Bildausschnitten möglich, ohne dass deren Qualität durch immer größer werdende Pixel leidet.

Mit dem Flash-Format lassen sich komplexe Animationen und interaktive Angebote darstellen, die bei Bedarf zusätzlich mit Tönen oder Musik hinterlegt werden können. Damit sind dem Inhalt der E-Mails hinsichtlich Layout und Design praktisch keine Grenzen gesetzt. So lässt sich mit Flash beispielsweise auf dem PC des Empfängers eine kleine Website (auch Microsite genannt) abbilden, und die Navigation erfolgt, wie im Internet üblich, per Mausklick.

Die Gestaltung von E-Mails im Flash-Format ist allerdings wesentlich anspruchsvoller als das Design von HTML-Mails. So lassen sich Flash-Animationen nicht mit herkömmlichen HTML-Editoren erstellen. Vielmehr wird dazu ein entsprechendes Entwicklungswerkzeug (Flash-Tool) benötigt.

Auch reicht es nicht, wenn der potenzielle Entwickler einer Flash-Animation über gute HTML-Kenntnisse verfügt, denn Flash ist ein völlig anderes, komplexeres Format. Darüber hinaus kommt bei Flash gegenüber HTML neben der x- und y-Achse für die zweidimensionale Darstellung auf dem Bildschirm zusätzlich die z-Achse (Zeitachse) für den zeitlichen Ablauf der Animation mit ins Spiel.

Flash ist übrigens ein proprietäres Format des US-Unternehmens Macromedia, das auch das Shockwave-Format entwickelt hat. Im Gegensatz zu Shockwave ist Flash jedoch sehr weit verbreitet und in Europa mittlerweile auf fast allen PCs installiert. Selbst für Linux gibt es inzwischen verschiedene Lösungen, um das Flash-Format abspielen zu können, sodass auch dieser schnell wachsende Markt abgedeckt wird.

4.4.2 E-Mails im Flash-Format

E-Mails im Flash-Format sind aufgrund der hervorragenden Gestaltungsmöglichkeiten ein heißes Thema. Trotzdem sollten Anbieter von E-Mailings und E-Mail-Newslettern zu Flash-Mails ein differenziertes Verhältnis haben. Auf der einen Seite begeistert der kreative Spielraum, den das Flash-Format für E-Mails bietet, auf der anderen Seite kann die Flash-Technik aber auch erhebliche Probleme bereiten.

Zwar ist die Verbreitung des Flash-Standards mittlerweile sehr hoch und praktisch jeder Windows-PC kann das Flash-Format abspielen. Wer jedoch seine E-Mails in einem Unternehmen mit einer restriktiv eingestellten Firewall empfängt, wird trotzdem kein Flash sehen können. Und wer als Nutzer von Microsoft-Software aus Furcht vor Viren die Ausführung von ActiveX-Komponenten auf seinem PC abgeschaltet hat, kommt ebenfalls nicht in den Genuss von Flash. In beiden Fällen erzeugt die Flash-Mail statt des gewünschten Effektes lediglich eine Fehlermeldung, weil deren Darstellung nicht möglich ist.

Überdies steht bei Flash-Mails oft der Nutzwert des Inhaltes zur Größe der E-Mail in einem eklatanten Missverhältnis. Es ist zwar prinzipiell möglich, Flash-Mails mit netten Animationen zu produzieren, die eine Dateigröße von unter 100 KByte aufweisen, doch wenn man die Gestaltungsmöglichkeiten des Flash-Standards ausreizen und auf interaktive Elemente und qualitativ hochwertigen Sound nicht verzichten möchte, liegt die Größe einer E-Mail schnell bei 300 bis 600 KByte.

Unter diesen Umständen wartet der Empfänger mit seinem Modem mehrere Minuten, bis eine Flash-Mail übertragen ist, um dann ein selbstablaufendes Flash-Intro bewundern zu können, das zwar optisch und akustisch spektakulär ist, aber keinerlei Informationsgehalt bietet. Für Nutzer mit DSL-Anschluss oder viel Zeit und Interesse an Unterhaltung mag dies noch akzeptabel sein, doch für den eiligen E-Mail-Leser sind Flash-Mails eine Geduldsprobe und ein Ärgernis.

Aus diesem Grund sollten E-Mails im Flash-Format nur in bestimmten Situationen eingesetzt werden:

- Die Zielgruppe ist in der Regel mit schnellen Internet-Verbindungen ausgestattet (DSL-Nutzer oder Unternehmen).
- Die Empfänger der E-Mails haben dem Anbieter explizit die Erlaubnis zum Versand von HTML- oder Flash-Mails erteilt.
- Die Empfänger wissen die Gestaltungsvorteile von Flash-Mails zu schätzen und nehmen die damit verbundene längere Download-Zeit in Kauf (Zielgruppen wie die Nutzer von bravo.de).
- Die Empfänger sind nicht damit überfordert, dass die Flash-Mail eventuell eine (harmlose) Fehlermeldung im E-Mail-Programm produziert.

4.5 E-Mails im Rich-Media-Format

Aufgrund der wachsenden Anzahl von Breitbandzugängen ins Internet werden E-Mails im so genannten Rich-Media-Format zunehmend eine Alternative zu den „klassischen" HTML-Mails. Allerdings gibt es das Rich-Media-Format eigentlich gar nicht; es wird vielmehr als Sammelbezeichnung für verschiedene technische Varianten verwendet, die E-Mails mit multimedialen Inhalten erlauben. Im Wesentlichen unterscheidet man zwischen folgenden drei Arten:

4.5.1 E-Mails mit Grafik im Vektor-Format

Das Vektor-Format bietet gegenüber den in HTML-Mails verwendeten Bildpunkt-Formaten wie JPEG, GIF oder PNG den Vorzug, dass sich Grafiken aus Linien statt aus Bildpunkten zusammensetzen lassen und

hat den Vorteil, dass dadurch unter Umständen deutlich weniger Speicherplatz benötigt wird, sodass E-Mails mit hohem Grafikanteil schneller
übertragen werden. Auch sind Vergrößerungen von Bildausschnitten
möglich, ohne dass deren Qualität durch immer größer werdende Pixel
leidet. Prominentester Vertreter für E-Mails mit Grafik im Vektor-Format
sind die bereits im vorigen Abschnitt beschriebenen Flash-Mails.

4.5.2 E-Mails mit Streaming Content

Streaming Content sind Inhalte, die nicht direkt in der E-Mail enthalten
sind, sondern in diese nachträglich „hineinströmen". Dazu wird nach dem
Öffnen solch einer E-Mail von dieser eine Abspielsoftware gestartet, die
von einem Internet- oder Intranet-Server Ton- und/oder Bildinhalte kontinuierlich nachlädt und im Rahmen der E-Mail abspielt.

Bei Streaming Content handelt es sich in der Regel um Jingles, Musik-
stücke, Videoclips oder sogar komplette Filme. Typische Vertreter der
Abspielsoftware sind der Media-Player von Microsoft, der standardmäßig
in Windows enthalten ist, der Real-Player von Real Networks sowie
Quicktime von Apple Computer.

4.5.3 E-Mails mit DHTML- oder Java-Code

Ein weiterer Vertreter multimedialer E-Mails sind E-Mails, die nicht im
HTML-, sondern im DHTML-Format gestaltet oder zusätzlich mit Java-
Code versehen sind.

DHTML-Mails (das zusätzliche „D" steht für **dynamic**) enthalten
gegenüber regulären HTML-Mails zusätzlichen (Javascript-)Code, der es
erlaubt, Elemente im HTML-Layout dynamisch zu ändern und dadurch
beispielsweise Animationen und interaktive Elemente in der E-Mail darzustellen.

Mit Java-Code in einer E-Mail sind die Möglichkeiten eigentlich unbe-
grenzt, denn Java ist eine Programmiersprache, deren Leistungsumfang
weit über Javascript hinausgeht und mit der die Funktionalität der E-Mail
nahezu beliebig erweitert werden kann. So lassen sich mit Java-Code Animationen und interaktive Elemente in eine E-Mail einfügen oder lässt sich
eine eigene, proprietäre Abspielsoftware für Streaming Content implementieren.

DHTML und Java haben beide den Vorteil, dass im Gegensatz zu den
anderen Varianten für Rich-Media-Formate kein zusätzliches Plug-in
benötigt wird (wie z.B. beim Flash-Format) bzw. keine zusätzliche Abspielsoftware (für Streaming Content) installiert sein muss.

4.6 Das PDF-Format als Alternative

Eine weitere Alternative zu dem für E-Mails üblichen Text- und HTML-Format stellt das PDF-Format des Softwareentwicklers Adobe dar. Adobe ist unter anderem Erfinder des endgeräteunabhängigen Darstellungsstandards Postscript und damit spezialisiert auf elektronische Dateiformate für Dokumente.

PDF (Portable Document Format) ist ein proprietäres, d.h. herstellerspezifisches Format, das auf Postscript basiert, und mittlerweile sehr häufig für die computerplattformunabhängige und medienneutrale Darstellung von Dokumenten eingesetzt wird. Zur Darstellung von Dokumenten im PDF-Format bietet Adobe auf seiner Website einen kostenfreien Viewer namens Acrobat Reader an.

Der Vorteil von PDF ist, dass sich Dokumente mit Texten und Bildern in diesem Format auf fast allen gängigen Computerplattformen in einheitlicher Formatierung darstellen lassen, weil der Acrobat Reader nicht nur für die Windows-Betriebssystemfamilie, sondern auch für Macintosh, Linux, Solaris, Unix, OS/2 etc. erhältlich ist. Sofern eine für ein Dokument erforderliche Schrift unter dem jeweiligen Betriebssystem nicht vorhanden ist, wird sie vom Acrobat Reader automatisch durch eine vorhandene Schrift simuliert, die der fehlenden Schrift möglichst nahe kommt und entsprechend skaliert wird.

Ebenso wie mittlerweile ein Flash-Player auf fast allen PCs installiert ist, hat auch der Acrobat Reader eine sehr weite Verbreitung erreicht. Der Acrobat Reader kann von jedermann kostenlos und ohne Registrierung von der Website des Entwicklers unter http://www.adobe.de/products/acrobat/readstep2.html heruntergeladen werden. Der Download ist mit – abhängig vom Betriebssystem – 10 bis über 20 MByte Umfang allerdings ein größerer Brocken und sollte daher nur über einen schnellen Zugang wie eine DSL- oder Standleitung durchgeführt werden.

Zur Erstellung von Dokumenten im PDF-Format bietet Adobe eine Software namens Acrobat (d.h. ohne den Zusatz „Reader") an. Dieses Tool zum Produzieren von PDF-Dateien ist im Gegensatz zum Reader leider nicht kostenlos, sondern wird von Adobe bei Drucklegung in der Version 6.0 ab etwa 340 Euro im Handel angeboten. Adobe Acrobat 6.0 ist jedoch seinen Preis wert, denn es erzeugt beispielsweise aus Word-, Excel-, PowerPoint- oder HTML-Dateien auf Knopfdruck qualitativ hochwertige und kompakte Dokumente im PDF-Format, wahlweise auch verschlüsselt oder nicht ausdruckbar. Selbst Bilddateien und gescannte Dokumente lassen sich mit Acrobat in das PDF-Format konvertieren.

Sollen E-Mails direkt im PDF-Format verschickt werden, so lässt sich dies technisch lösen, indem sie als HTML-Mails im MIME-Multi-part-Format mit integriertem PDF-Code umgesetzt werden. Das E-Mail-Programm des Empfängers erkennt das HTML-Format mit dem PDF-Code und startet das PDF-Browser-Plug-in des Acrobat Reader, um das PDF-Dokument direkt im Fenster des E-Mail-Programms darzustellen.

In diesem Fall macht PDF allerdings wenig Sinn, denn wenn die E-Mails ohnehin als HTML-Mails versendet werden, kann der Inhalt der E-Mails auch gleich im HTML-Format formatiert sein.

Überlegenswert ist der Einsatz des PDF-Formats dann, wenn größere, übersichtlich formatierte Textmengen, gegebenenfalls mit integrierten Fotos und Grafiken, versendet werden sollen oder die Empfänger nur E-Mails im Textformat verarbeiten können. In diesem Fall lassen sich die E-Mails als Textmails mit dem jeweiligen PDF-Dokument im Anhang versenden, oder die E-Mails enthalten einen Link auf das PDF-Dokument auf einem Webserver. Der Empfänger muss lediglich auf den Anhang bzw. den Link klicken und kann den Text dann unabhängig von den Fähigkeiten seines E-Mail-Programms mit dem Acrobat Reader lesen.

Befindet sich ein PDF-Dokument direkt im Anhang der E-Mail, so vergrößert dies deren Umfang und verlängert die Ladezeit, dafür ist das Dokument jedoch sofort verfügbar. Wird auf das PDF-Dokument per Link verwiesen, kann jeder E-Mail-Empfänger selbst entscheiden, ob er das Dokument laden möchte, muss dazu aber jeweils online sein.

Zum Lesen des PDF-Dokuments muss der Acrobat Reader selbstverständlich auf dem Rechner des E-Mail-Empfängers installiert sein. Etwas störend in der Praxis ist, dass der Reader teilweise eine halbe Minute und mehr zum Starten braucht, sodass für den ungeduldigen Leser eine etwas ärgerliche Verzögerung entsteht.

Eine Personalisierung der Dokumente oder gar eine inhaltliche Individualisierung ist beim PDF-Format im Gegensatz zum Text-, HTML- und Flash-Format nur mit Anbietern professioneller E-Mail-Marketing-Systeme möglich. Aus diesem Grund ist das PDF-Format ohne solch eine Software nur für den E-Mail-Versand von inhaltlich identischen Dokumenten geeignet und wird in diesem Fall eine Nischenanwendung bleiben.

Personalisierten und inhaltlich individualisierten PDF-Dokumenten steht dagegen eine große E-Mail-Karriere bevor, denn auf diese Weise ist es erstmals möglich, normale Rechnungen kostengünstig per E-Mail zu versenden. Wird die E-Mail im Textformat mit dem PDF-Dokument als Anhang versendet, besteht keine Gefahr, dass sich die E-Mail beim Empfänger nicht darstellen lässt (gegebenenfalls muss nur der kostenlose Reader nachinstalliert werden). Darüber hinaus lassen Firewalls und

Spam-Filter die Kombination aus Textmail und PDF-Anhang (im Gegensatz zu HTML-Mails) unbehelligt passieren, weil hiervon keine Gefahren zu erwarten sind.

4.7 Formate für Handys und PDAs

Obwohl das W3C (World Wide Web Consortium), das Technologien für das World Wide Web entwickelt und spezifiziert, 2001 mit XHTML Basic einen neuen Darstellungsstandard verabschiedet hat, der speziell für mobile, drahtlose Endgeräte wie Handys und PDAs entworfen wurde, hat sich dieser – wie der glücklose WAP-Standard – nicht durchgesetzt.

Moderne Handys und PDAs unterstützen entweder schon direkt das „erwachsene" XHTML (das nichts anderes als eine zu den XML-Regeln konforme Version des aktuellen HTML-Standards 4.0 ist) oder sie bieten zumindest den Empfang und Versand von MMS-Mails an.

MMS basiert wiederum auf dem SMIL-Standard (Synchronized Multimedia Integration Language), der ebenfalls vom W3C entwickelt und 1998 ursprünglich als Sprache für audiovisuelle und interaktive Präsentationen vorgestellt wurde. SMIL (das wie das englische „smile" ausgesprochen wird) zielt inhaltlich in die gleiche Richtung wie das Flash-Format, bietet aber bislang noch weniger Funktionalität. SMIL basiert im Gegensatz zu Flash auf offenen Standards und ist, weil es auf XML basiert, unmittelbar mit dem HTML-Standard verwandt. Während HTML eher seitenorientiert ist (x- und y-Achse), arbeitet SMIL eher ablauforientiert (Zeitachse) und ist damit speziell für multimediale und interaktive Animationen geeignet.

Damit besteht prinzipiell die Möglichkeit, dass sich MMS/SMIL und HTML in unterschiedliche Richtungen entwickeln werden. Dank der gemeinsamen XML-Basis und der „normativen Kraft des Faktischen" (die riesige installierte Basis an XHTML-fähiger Software) ist aber eher davon auszugehen, dass die Standards in Richtung XML/XHTML konvergieren bzw. SMIL künftig auch XHTML unterstützt, sodass in einigen Jahren alle Handys und PDAs über HTML-Mails erreichbar sein werden.

Die Herausforderung an die Designer wird dabei sein, auch auf kleinen Displays Inhalte vernünftig darstellen zu können. Das Format der Zukunft ist damit jedoch das Format von heute: HTML bzw. XHTML.

5 Versand und Auswertung

Im E-Mail-Marketing sind die Bereiche Versand und Auswertung unmittelbar miteinander verbunden, denn bei der Generierung eines E-Mailings vor dem Versand und während des Versands werden die Voraussetzungen geschaffen, die nach dem Versand die detaillierte Auswertung und Analyse der jeweiligen Aktion erlauben.

Effektives E-Mail-Marketing verfolgt dabei den Ansatz des Closed-Loop-Marketings, d.h. es wird ein Dialogmarketing-Prozess aufgebaut, der aus einem sich selbst steuernden und optimierenden Regelkreis besteht. In diesem Regelkreis fließen die Ergebnisse einer E-Mail-Marketing-Aktion direkt in den Entwurf der nächsten Aktion ein, um diese noch wirkungsvoller zu gestalten.

E-Mail-Marketing in seiner höchsten Stufe bedeutet, Interessenten und Kunden mit Hilfe von datenbankgestützten E-Mails anzusprechen, die für jeden Empfänger personalisiert und auf Basis seines Profils inhaltlich individualisiert werden. Ziel ist der Aufbau individueller Dialoge und, daraus resultierend, maximale Rücklaufquoten. Diese Response wird wiederum dazu genutzt, um die Datenbankprofile auszubauen und die Individualisierung der Kommunikation im nächsten Schritt noch weiter zu verfeinern. Nach dem Versand ist vor dem Versand!

In diesem Kapitel werden die grundlegenden Voraussetzungen, die für den Aufbau eines E-Mail-Marketing-Regelkreises notwendig sind, behandelt, angefangen bei diversen Versandvorbereitungen über die Frequenz der Kommunikation, die Personalisierung und Individualisierung der Inhalte bis hin zur Erfassung der Response und deren Auswertung.

5.1 Vor dem Versand

5.1.1 Gültigkeit der E-Mail-Adressen prüfen

Wer als E-Mail-Marketing-Dienstleister von neuen Kunden deren E-Mail-Adressen für den ersten Versand erhält, muss leider häufig feststellen, dass nicht alle E-Mail-Adressen ein gültiges Format aufweisen, sodass sich die Zahl der Empfänger, die per E-Mail angeschrieben werden kann, entsprechend reduziert. Der Anteil der ungültigen Adressen lag in einigen dem Autor bekannten Fällen bei bis zu 25 %, was natürlich zu erheblicher Frustration bei den betroffenen Kunden geführt hat.

Wie lässt es sich vermeiden, dass Interessenten bei der Anmeldung ihrer E-Mail-Adressen zu einem E-Mail-Verteiler ungültige Formate angeben? Zu 100 % lässt sich die Eingabe solcher E-Mail-Adressen natürlich nicht verhindern, aber der Anteil der ungültigen Adressen lässt sich drastisch reduzieren, indem die eingegebenen E-Mail-Adressen auf bestimmte Muster überprüft werden:

- Ist die E-Mail-Adresse mindestens acht Zeichen lang?
  (Mindestlänge: „nn@xy.de".)
- Enthält die E-Mail-Adresse nur zulässige Zeichen?
  (Umlaute vor dem @ und die meisten Sonderzeichen sind nicht zulässig.)
- Enthält die E-Mail-Adresse genau ein @-Zeichen?
- Folgen nach dem @-Zeichen mindestens fünf Zeichen?
  (Ein Domainname wie z. B. „xy.de".)
- Enthält die E-Mail-Adresse mindestens einen Punkt nach dem @-Zeichen?
  (Zur Abtrennung der Toplevel-Domains wie „de" oder „com" vom Domainnamen.)
- Folgen nach dem letzten Punkt maximal vier Zeichen?
  (Der alte Wert von drei Zeichen muss seit der Einführung neuer Toplevel-Domains wie „info" entsprechend hochgesetzt werden.)

Die Einhaltung dieser Regeln kann nach der Eingabe der E-Mail-Adresse beispielsweise über eine Javascript-Routine, die in der Anmeldeseite eingebettet ist, oder durch ein Server-Script, das von dem Anmeldeformular aufgerufen wird, überprüft werden.

Wird eine der oben ausgeführten Regeln verletzt, sollte auf der Webseite, auf der der Interessent seine E-Mail-Adresse angemeldet hat, eine Fehlermeldung ausgegeben und der Interessent zur Neueingabe seiner E-Mail-Adresse aufgefordert werden. Auf diese Weise lässt sich der Anteil der ungültigen E-Mail-Adressen deutlich verringern.

Tippfehler oder bewusste Falscheingaben wie donald.duck@entenhausen.de werden mit dieser Methode jedoch nicht gefunden. Allerdings ist es möglich, mit einem Skript, das mit Tippfehlern aus der Praxis und den zugehörigen korrekten Schreibweisen gefüttert wird, zumindest die offensichtlichen Tippfehler zu finden und zu korrigieren. So lassen sich beispielsweise E-Mail-Adressen mit den Domainnamen „aol.de" und „t-online", die es beide in dieser Form nicht gibt, automatisch in die korrekten Adressen mit den Domains „aol.com" bzw. „t-online.de" ändern.

5.1.2 Ab- und Ummeldeverfahren

Viele E-Mail-Marketing-Systeme verwenden zum Abmelden der Empfänger von einem E-Mail-Verteiler ein E-Mail-basiertes Verfahren, das
dem Leser das Abmelden gelegentlich sehr erschweren kann.

Wer sich schon einmal zu einem E-Mail-Newsletter angemeldet hat
und diesen später wieder abbestellen wollte, kennt vielleicht das Problem:
Oft muss man für die Abmeldung eine E-Mail an eine ganz bestimmte
Adresse mit einem ganz bestimmten Text in der Betreffzeile oder dem
Mail-Body (meist das Wort „abmelden" oder „unsubscribe") senden.

Dieser Schritt des Verfahrens ist bereits etwas umständlich, aber es
kann noch komplizierter werden. Wenn der Newsletter nämlich unter
einer anderen E-Mail-Adresse bestellt wurde als der, die das E-Mail-Programm des Abmeldewilligen als Standardeinstellung verwendet, dann
wird die Abmeldung vom System nicht akzeptiert. Die Abmeldemail
muss folglich noch einmal mit der richtigen Absenderadresse verschickt
werden. Und wenn im E-Mail-Programm kein Mail-Konto für diese Absenderadresse eingerichtet ist, muss dieses erst angelegt werden. Und bei
E-Mail-Programmen, die nur das Anlegen eines einzigen Mail-Kontos erlauben, muss die aktuelle Einstellung in der Konfiguration überschrieben
werden. Und, und, und...

Noch aufwendiger wird es beim E-Mail-basierten Verfahren, wenn
man sich ummelden möchte, beispielsweise um vom Text- zum HTML-
Format zu wechseln, oder um die E-Mail-Adresse, über die der Newsletter empfangen wird, zu ändern. In diesem Fall muss sich der Empfänger
erst von dem E-Mail-Newsletter komplett abmelden und anschließend
wieder mit den gewünschten neuen Einstellungen anmelden.

Es ist sicher leicht vorstellbar, dass das E-Mail-basierte Ab- und
Ummeldeverfahren dazu führen kann, dass der ein oder andere E-Mail-
Empfänger aufgrund der Umständlichkeit im Umgang damit verärgert
wird.

Aus diesem Grund sollte, wann immer es möglich ist, ein Link-basier-
tes Verfahren für die Ab- und Ummeldungen der Empfänger vorgezogen
werden.

Beim Link-basierten Verfahren gibt es zwei Varianten. Bei der einfachen Variante enthält jede E-Mail, die versendet wird, einen personalisierten Abmelde-Link. Dieser Abmelde-Link ist so aufgebaut, dass er beim
Anklicken eine E-Mail mit einer vordefinierten Empfängeradresse und
Betreffzeile generiert. Die Betreffzeile enthält die abzumeldende E-Mail-
Adresse sowie ein Kennwort, das der Empfängeradresse signalisiert, dass
sich der Sender der E-Mail aus dem Verteiler abmelden möchte.

Der Abmeldeprozess bei solch einem Abmelde-Link besteht darin, den Link anzuklicken und die E-Mail, die dadurch geöffnet wird, durch Anklicken des „Senden„-Buttons abzuschicken – fertig!

Auf die gleiche Weise lassen sich auch Profil-Links einrichten, die in der Betreffzeile statt des Kennwortes für eine Abmeldung ein anderes Kennwort, beispielsweise für den Wechsel vom Text- auf das HTML-Format enthalten. Nachteilig ist, dass bei dieser Link-basierten Variante für jede Art der Profiländerung ein eigener Link in der E-Mail aufgeführt sein muss.

Noch bequemer wird das Abmeldeverfahren, wenn sich der Abmelde-Link personenbezogen codieren und per Link-Tracking auswerten lässt. In diesem Fall kann der Link durch Anklicken direkt eine personalisierte Webseite aufrufen, die zur Kontrolle den Namen des Abzumeldenden oder dessen E-Mail-Adresse anzeigt (diese ist aufgrund der personenbezogenen Codierung des Links bekannt) und eine Sicherheitsabfrage stellt nach dem Motto: „Möchten Sie sich wirklich aus dem E-Mail-Verteiler abmelden?“ (siehe Bild 5.1). Jetzt muss der Abmeldewillige nur noch durch einen Klick auf das „Ja“ bestätigen und er ist abgemeldet. Das heißt konkret, die Abmeldung ist bei diesem Verfahren mit nur zwei Mausklicks und ohne einen einzigen Tastendruck möglich!

Das personenbezogene Link-Tracking erlaubt auch das einfache Ummelden über einen persönlichen Profil-Link. Zu diesem Zweck muss die jeweilige E-Mail neben dem Abmelde-Link auch einen Profil-Link enthalten, der beim Anklicken eine Webseite mit dem persönlichen Newslet-

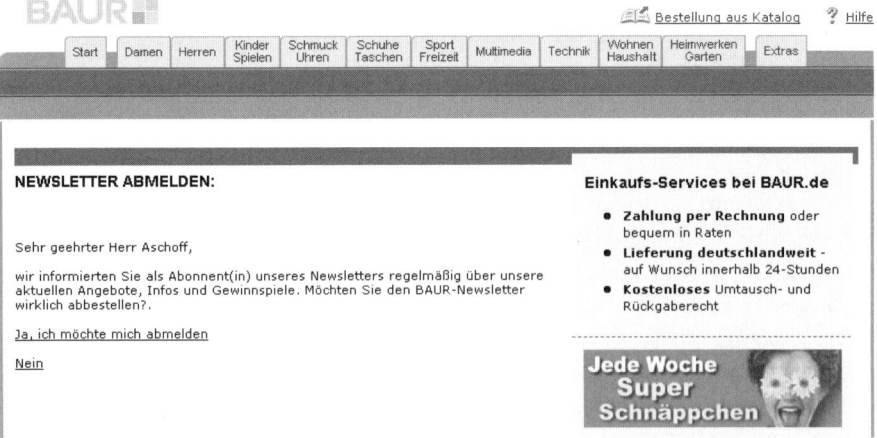

Bild 5.1: Beispiel für eine personalisierte Abmeldeseite, die über einen personenbezogen codierten Abmelde-Link aufgerufen wurde

ter-Profil des E-Mail-Empfängers aufruft (siehe Bild 5.2). Dieser kann im Sinne des Self-Services Angaben wie das gewünschte Mail-Format, seine E-Mail-Adresse oder, wie in dem Bild gezeigt, auch seine Postadresse modifizieren und die vorgenommenen Änderungen abschließend durch einen Klick auf den „Speichern„-Button bestätigen.

Wer sich für ein E-Mail-Marketing-System entscheidet, sollte also darauf achten, dass dieses das Link-basierte Verfahren zur Um- und Abmeldung unterstützt, und zwar nach Möglichkeit die für den E-Mail-Empfänger bequemere Variante mit personenbezogenem Link-Tracking.

5.1.3 CMS-Funktionalität und -Schnittstellen

Anbieter, die ein E-Mailing versenden möchten, das abhängig vom Profil der Empfänger im Text- oder HTML-Format verschickt wird, müssen dazu oft zwei völlig getrennte E-Mailings anlegen mit der Folge, dass jede nachträgliche Änderung am Text jeweils doppelt durchgeführt werden muss, einmal in der Text- und einmal in der HTML-Version.

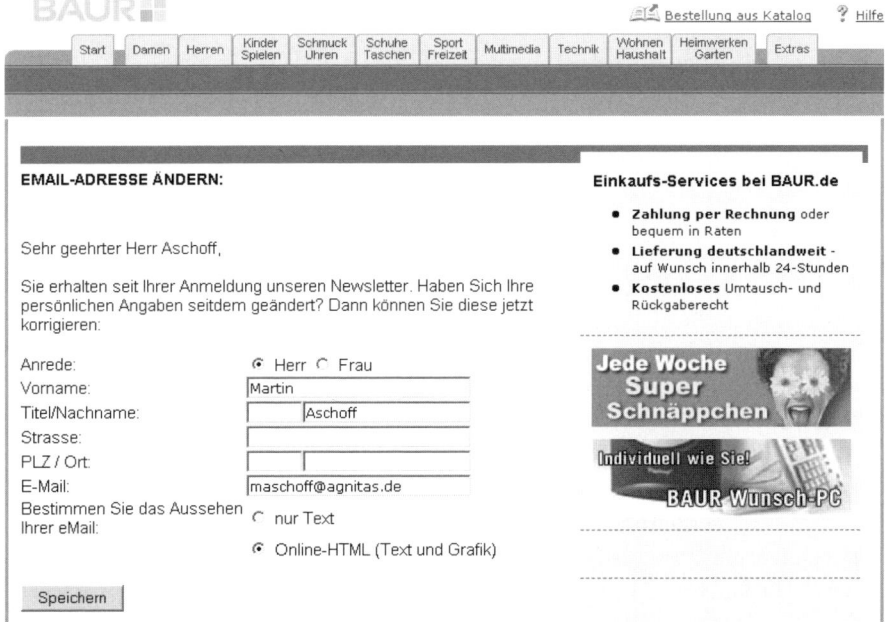

Bild 5.2: Beispiel für eine Webseite mit einem persönlichen Profil, das der Inhaber über den personenbezogen codierten Profil-Link in seiner E-Mail aufruft

Moderne E-Mail-Marketing-Systeme arbeiten dagegen mit Schablonen oder Templates, so, wie es auch bei den Content-Management-Systemen (CMS) der Fall ist, die zum Aufbau von Websites verwendet werden.

Die Schablonen oder Templates definieren jeweils das Layout eines E-Mailings im Text- und HTML-Format mit den fixen Text- und Bildelementen, beispielsweise dem E-Mail-Kopf mit Firmenlogo und -slogan sowie den Fußzeilen mit Impressum und Copyright-Vermerk. Die variablen Texte und Bildelemente werden durch Platzhalter repräsentiert. Dadurch weiß das System bei der Produktion der einzelnen E-Mails für den Versand genau, an welchen Stellen im Layout jeweils die Texte mit den zugehörigen Bildern eingesetzt werden müssen.

Der Einsatz von Schablonen erleichtert dem Anbieter die Arbeit erheblich, weil beide Mail-Formate aus einer gemeinsamen Inhaltsquelle gespeist werden und Standardtexte und Standardbildelemente nur einmalig für die Schablonen produziert werden müssen.

5.1.4 Das MIME-Multipart-Format

Professionelle E-Mail-Marketing-Systeme verwenden für E-Mails im HTML-Format eine spezielle Variante, nämlich das so genannte Multipart-Format des MIME-Standards. Das MIME-Multipart-Format hat den Vorteil, dass es aus mehreren Teilen („Multipart") besteht, unter anderem aus dem HTML-Teil der E-Mail und einer zusätzlichen Alternative im Textformat.

Wenn das E-Mail-Programm des Empfängers – beispielsweise das E-Mail-Programm von T-Online vor der Version 4.0 – Mails im HTML-Format nicht darstellen kann, zeigt es stattdessen automatisch die Textalternative der MIME-Multipart-Mails an, ohne dass der Empfänger merkt, dass er nur die einfache Mail-Variante sieht. Dieses Verfahren funktioniert lediglich bei solchen (veralteten oder falsch konfigurierten) E-Mail-Programmen nicht, die nicht konform zum MIME-Standard arbeiten.

Einen zusätzlichen Vorteil bieten E-Mail-Marketing-Systeme, die im Rahmen des MIME-Multipart-Formats die Sonderzeichen, wie z.B. Umlaute und das scharfe S, im so genannten Quoted-Printable-Format codieren. Dadurch ist sichergestellt, dass sich diese Sonderzeichen in allen HTML-fähigen E-Mail-Programmen, unabhängig von deren Sprachversion, korrekt darstellen lassen.

5.1.5   Client Sniffing zwecklos

Ob HTML-Mails bei einem Empfänger korrekt dargestellt werden, hängt vom E-Mail-Programm ab, das dieser verwendet. Wenn man wissen würde, mit welchen E-Mail-Programmen die Empfänger arbeiten, könnte man dann nicht für jeden Empfänger selbst entscheiden, ob an diesen eine E-Mail im Text- oder HTML-Format versendet werden soll?

Ein Lösungsansatz wäre, bei der Anmeldung eines Interessenten zum E-Mail-Verteiler diesen nach dem Hersteller, dem Namen und der Version des E-Mail-Programms, das er nutzt, zu fragen. Leider weist dieses Verfahren jedoch drei Schwächen auf:

- Bei der Befragung des Empfängers nach dessen E-Mail-Programm ist diesem oft nicht klar, mit welchem Programm (geschweige denn mit welcher Version) er arbeitet.
- Oft verwendet der Empfänger im Büro und zu Hause unterschiedliche E-Mail-Programme und gibt bei der Anmeldung unter Umständen das falsche an.
- Der Empfänger kann das verwendete E-Mail-Programm zu einem späteren Zeitpunkt durch ein Update oder den Austausch des Computers wechseln, sodass seine Angabe ungültig wird.

Ein weiterer Lösungsansatz ist das so genannte „Client Sniffing„: Hat der Empfänger dem Anbieter eine E-Mail zur Anmeldung geschickt, so lässt sich über das Client Sniffing automatisiert ermitteln, welches E-Mail-Programm der Absender verwendet, indem im verdeckten Teil des E-Mail-Headers der Anmelde-E-Mail die Zeile, die mit „User-Agent" oder „X-Mailer" beginnt, analysiert wird. Eine dieser beiden Zeilen ist in fast allen E-Mail-Headern vorhanden und gibt – teilweise etwas verklausuliert – den Typ und die Version des Programms an, mit dem die E-Mail versendet wurde.

Doch auch für das Client Sniffing gelten zumindest die letzten beiden der oben genannten Schwächen. Hinzu kommt, dass nicht alle E-Mail-Programme eine User-Agent- oder X-Mailer-Zeile für den E-Mail-Header erzeugen.

Und selbst wenn das Programm, mit dem der Empfänger seine E-Mails liest, eindeutig identifiziert werden kann, ist nicht gesagt, dass sich HTML-Mails auch tatsächlich korrekt darstellen lassen. Wenn der Empfänger nämlich in einem Unternehmen arbeitet, das einen speziell konfigurierten Groupware-Server (z.B. Microsoft Exchange oder Lotus Notes) oder eine entsprechend eingerichtete Firewall verwendet, kann es sein, dass HTML-Mails von dem Server oder der Firewall derart modifi-

ziert oder beschnitten werden, dass das E-Mail-Programm mit der „über-
arbeiteten" HTML-Mail nichts mehr anfangen kann.

Damit lässt sich die eingangs gestellte Frage klar mit einem „Nein" beantworten.

Eine bessere Alternative zur manuellen E-Mail-Programm-Abfrage
und zum automatisierten Client Sniffing ist das zuvor beschriebene
MIME-Multipart-Format. Zwar funktioniert auch diese Technik nicht in
100 % aller Fälle, aber erfahrungsgemäß weitaus häufiger als die E-Mail-
Programm-Abfrage oder das Client Sniffing.

5.1.6   Online- oder Offline-HTML?

Wer HTML-Mails mit Bildern (Grafiken, Fotos etc.) gestalten möchte,
kann diese Bildelemente entweder fest in die einzelnen E-Mails einbetten
oder nur Referenzen in die Mails einfügen, die auf die zugehörigen Bilddateien auf dem Webserver des Anbieters verweisen.

Die HTML-Variante mit den Referenzen auf einen Webserver ist das
Standardformat für HTML-Mails und wird im Folgenden als **Online-
HTML** bezeichnet. Die Variante mit den eingebetteten Bildelementen ist
eine Variante, die zahlreiche E-Mail-Marketing-Systeme beim E-Mail-
Versand nicht beherrschen, und wird im Folgenden als **Offline-HTML**
bezeichnet. Beide Formate haben Vor- und Nachteile.

Offline-HTML hat den Vorteil, dass der Empfänger auch dann alle
Bildelemente sieht, wenn er beim Lesen der E-Mail offline ist. So entstehen keine hässlichen Löcher im Layout (siehe Bild 5.3 im Vergleich zu
Bild 5.4), und der PC des Empfängers versucht nicht, eine Verbindung
zum Internet aufzubauen, um die fehlenden Bilder nachzuladen. Der
Nachteil von Offline-HTML ist, dass die Dateigröße der E-Mails durch
die zusätzlichen Bilddaten deutlich zunimmt und manche Exchange-Ser-
ver, Lotus-Notes-Installationen und Firewalls diese HTML-Variante
beim Weiterleiten zum Empfänger blockieren.

Online-HTML hat demgegenüber den Vorteil, dass die Dateigröße der
E-Mails erheblich kleiner ist, weil in den E-Mails an Stelle der Bilddaten
nur Referenzen auf die Bildelemente auf einem Webserver im Internet
enthalten sind. Dadurch sind für den Anbieter auch die Kosten bei der
Datenübertragung geringer. Sobald die Bilder allerdings vom E-Mail-Programm des Empfängers aus dem Internet nachgeladen werden, gleicht
sich diese Einsparung wieder aus.

Der Nachteil von Online-HTML ist, dass die Bildelemente beim Offline-Lesen der E-Mails nicht sichtbar sind. Daher empfiehlt es sich, das
erste Bildelement in jeder E-Mail mit einem Alt-Tag zu versehen, dessen

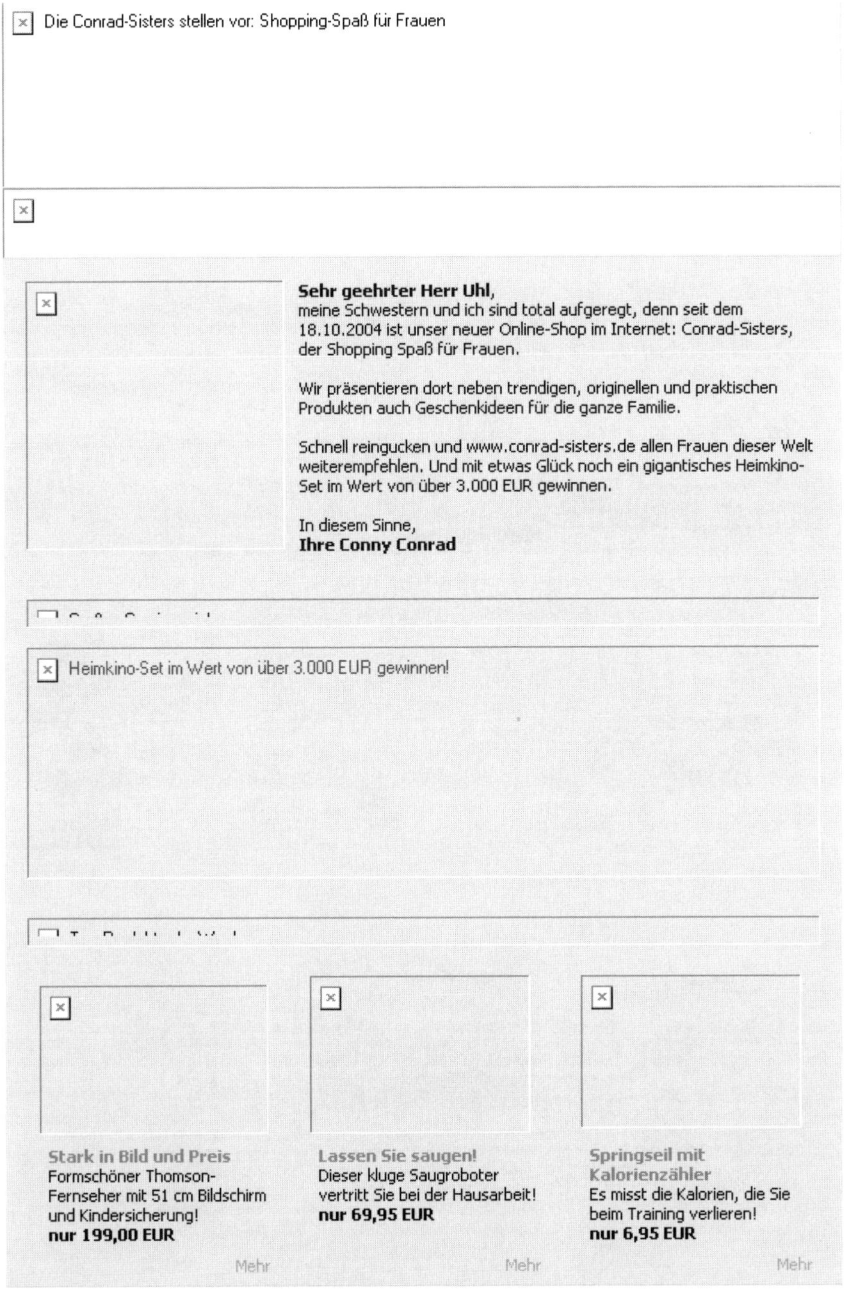

× Die Conrad-Sisters stellen vor: Shopping-Spaß für Frauen

×

× **Sehr geehrter Herr Uhl,**
meine Schwestern und ich sind total aufgeregt, denn seit dem
18.10.2004 ist unser neuer Online-Shop im Internet: Conrad-Sisters,
der Shopping Spaß für Frauen.

Wir präsentieren dort neben trendigen, originellen und praktischen
Produkten auch Geschenkideen für die ganze Familie.

Schnell reingucken und www.conrad-sisters.de allen Frauen dieser Welt
weiterempfehlen. Und mit etwas Glück noch ein gigantisches Heimkino-
Set im Wert von über 3.000 EUR gewinnen.

In diesem Sinne,
Ihre Conny Conrad

× Heimkino-Set im Wert von über 3.000 EUR gewinnen!

×   ×   ×

Stark in Bild und Preis   **Lassen Sie saugen!**   **Springseil mit**
Formschöner Thomson-   Dieser kluge Saugroboter   **Kalorienzähler**
Fernseher mit 51 cm Bildschirm vertritt Sie bei der Hausarbeit! Es misst die Kalorien, die Sie
und Kindersicherung!   **nur 69,95 EUR**   beim Training verlieren!
nur 199,00 EUR   **nur 6,95 EUR**
          Mehr   Mehr   Mehr

Bild 5.3: Werden HTML-Mails in der Online-HTML-Variante ohne aktive Internet-
Verbindung betrachtet, können im Layout hässliche Löcher entstehen

Bild 5.4: *HTML-Mails in der Offline-HTML-Variante stellen sicher, dass sämtliche Bildelemente der E-Mail auch ohne aktive Internet-Verbindung sichtbar sind*

Text den Empfänger auffordert, online zu gehen, um die Bilder sehen zu können. Das Alt-Tag eines Bildes bewirkt, dass dem Empfänger der zugehörige Text als Alternative angezeigt wird, sofern sich das Bild nicht laden lässt.

Je nach Einstellung des Internet-Cache-Speichers werden bei Online-HTML die Bildelemente nach dem erstmaligen Laden beim Online-Lesen im Cache gespeichert, sodass sie zukünftig auch beim Offline-Lesen sichtbar sind. Unter Umständen versucht das E-Mail-Programm jedoch bei jedem Öffnen der E-Mail erneut, eine Verbindung zum Internet aufzubauen, was für den Empfänger äußerst lästig sein kann.

Die Empfehlung aus der Praxis: Für E-Mailings an Empfänger, die in der Regel ein Modem oder eine ISDN-Leitung nutzen, sollte die Offline-HTML-Variante gewählt werden, solange die Dateigröße der E-Mails unter 80 bis maximal 100 KByte bleibt. In diesem Fall dauert die Übertragung mit ISDN ca. zwölf bis 15 Sekunden und bei einem 56-kbps-Modem 15 bis 20 Sekunden. Diese Wartezeiten sind für den Empfänger gerade noch zumutbar.

Wenn die HTML-Mails größer sind, sollte der HTML-Designer des Anbieters im Interesse der E-Mail-Empfänger in den sauren Apfel beißen und das Layout entsprechend reduzieren. Beispielsweise können Fotos stärker komprimiert oder weggelassen und Grafiken minimiert werden. Erst wenn diese Maßnahmen nicht ausreichen, um die E-Mail-Größe unter 80 bis 100 KByte zu bringen, kann auf das Online-Format ausgewichen werden. Die Größe der nachzuladenden Bildelemente sollte allerdings ebenfalls 80 bis 100 KByte nicht überschreiten. Andernfalls würden diese E-Mail-Bestandteile erst nach längerer Betrachtungszeit der geöffneten HTML-Mails sichtbar werden.

Bei gewerblichen Empfängern, die in der Regel über eine schnelle DSL- oder Standleitung mit dem Internet verbunden sind, ist die Dateigröße der E-Mails nebensächlich. Hier sollte sich der Anbieter grundsätzlich für die Online-HTML-Variante entscheiden – hauptsächlich deswegen, um die oben angesprochenen Probleme durch störrische Mailserver und Firewalls zu vermeiden, die im E-Mail-Programm des Empfängers zu Darstellungsproblemen führen können.

5.2 Versandfrequenzen und Zustellung

5.2.1 Die optimale Versandfrequenz

Eine grundlegende Frage beim E-Mail-Marketing ist neben der Definition der Zielgruppe und der Ausrichtung der Inhalte die Frage nach der Versandfrequenz. Wie oft soll der E-Mail-Empfänger pro Woche oder pro Monat angeschrieben werden?

Die optimale Frequenz für E-Mail-Marketing hängt von mehreren Faktoren ab:

- Inhalt: Welche Art von Inhalten wird versendet?
- Umfang: Wie umfangreich sind diese Inhalte pro Versand?
- Aktualität: Wie schnell veralten diese Inhalte?

Ein Printmedium für eine schnelllebige Branche, das als aktuelle Ergänzung zu seiner monatlichen oder wöchentlichen Berichterstattung einen redaktionellen E-Mail-Newsletter versendet, kann dies getrost werktäglich tun. Den Lesern, die nicht genügend Zeit dafür haben, kann man alternativ eine wöchentliche E-Mail mit einer Zusammenfassung anbieten. Bei vielen Zeitungen und Zeitschriften ist ein werktäglicher Newsletter mittlerweile die Regel.

Anbieter, die dagegen werbliche oder umfangreichere Inhalte versenden, sollten eine wöchentliche oder sogar zweiwöchentliche Frequenz wählen, damit die E-Mail-Empfänger die Zeit (und Lust) finden, die Angebote in Ruhe zu lesen. Eine wöchentliche oder zweiwöchentliche Frequenz sind derzeit die populärsten Intervalle im E-Mail-Marketing.

In einigen Fällen kann allerdings nach wie vor eine monatliche Frequenz angebracht sein. Ein Spezialversandhändler beispielsweise, der seine Produktangebote per E-Mail versendet und lediglich zwei- oder viermal im Jahr das enge Sortiment ändert, hat eventuell nur genügend Material, um seine Kunden einmal im Monat saisonabhängig über interessante Produkte zu informieren.

Eine Erscheinungsweise noch seltener als einmal pro Monat ist dagegen nicht zu empfehlen, weil dann die Gefahr besteht, dass der Anbieter bei seinen Interessenten und Kunden in Vergessenheit gerät (und diese eventuell zum Mitbewerb abwandern). Dabei muss man bedenken, dass eine elektronische Mail ein flüchtigeres Medium als ein Papier-Mailing ist und daher häufiger versendet werden sollte. Angesichts des extremen Kostenvorteils der E-Mails gegenüber Papier-Mailings dürfte dies allerdings kein Problem darstellen.

Bei Anbietern, die schon längere Zeit E-Mail-Marketing betreiben, ist übrigens ganz klar ein Trend zu höheren Mail-Frequenzen festzustellen. E-Mail-Newsletter, die früher nur einmal im Monat verschickt wurden, werden inzwischen alle zwei Wochen versendet, und zweiwöchentliche Newsletter erscheinen zunehmend mit wöchentlicher Frequenz – ein deutliches Zeichen dafür, dass diese Unternehmen mit den Ergebnissen ihrer bisherigen E-Mail-Marketing-Aktionen zufrieden sind.

Es lässt sich also festhalten, dass der Mythos, dass man seine Kunden nicht zu oft per E-Mail anschreiben soll, durch die Praxis nicht unbedingt bestätigt wird. Die Erfahrungen zeigen vielmehr, dass die optimale Versandfrequenz von der Kundenbindung abhängig ist: Je höher die Kundenbindung (beispielsweise manifestiert durch die Frequenz und Höhe der Bestellungen), desto häufiger kann der entsprechende Kunde auch per E-Mail angeschrieben werden!

Ein Gelegenheitskunde, der normalerweise nur einmal im Jahr zur Weihnachtszeit kauft, fühlt sich vielleicht schon durch einen E-Mail-Newsletter mit monatlicher Frequenz belästigt. Ein treuer Stammkunde dagegen, der regelmäßig jeden Monat seine Bestellungen aufgibt, kann problemlos wöchentlich oder – sofern aktueller Inhalt vorhanden ist – gegebenenfalls auch noch häufiger angeschrieben werden.

Daher ist es beim E-Mail-Versand wichtig, nicht alle E-Mail-Empfänger über den gleichen Kamm zu scheren. Erfahrene E-Mail-Marketing-Anwender wie Baur Versand oder Conrad Electronic schreiben ihre besten Kunden standardmäßig sogar zweimal pro Woche an – in der Regel mit je einem thematischen und einem Sonderangebots-Newsletter.

Wichtig ist in diesem Zusammenhang auch, die einmal festgelegte Versandfrequenz beizubehalten. Unterbrechungen und ständig wechselnde Versandrhythmen signalisieren dem E-Mail-Empfänger nämlich unterschwellig, dass der Anbieter unzuverlässig ist.

5.2.2 Der optimale Versandzeitpunkt

Im E-Mail-Marketing ist der richtige Versandzeitpunkt für die Akzeptanz beim Empfänger ebenso wichtig wie die optimale Versandfrequenz, denn durch den Versandzeitpunkt können Öffnungs- und Klickraten erfahrungsgemäß entscheidend beeinflusst werden. Ein Empfänger, der beispielsweise eine E-Mail, die am Morgen eintrifft, aus Zeitgründen ungelesen löscht, nimmt sich vielleicht am späteren Nachmittag für deren Lektüre die erforderliche Zeit.

Beim Versandzeitpunkt eines wöchentlichen Newsletters kann selbst bei einer Zielgruppe, die sich ausschließlich aus privaten E-Mail-Empfängern zusammensetzt, Montag früh besser als Freitagabend sein, weil die Empfänger abhängig vom Thema des Newsletters entscheiden, ob sie bei der Anmeldung ihre private E-Mail-Adresse oder ihre E-Mail-Adresse in der Firma angeben und letztere erfahrungsgemäß oftmals auch für private E-Mails wählen.

Bei gewerblichen Zielgruppen lässt die Problematik der stetig zunehmenden Spam-Mails generell einen Versandzeitpunkt werktags, tagsüber zwischen neun und 17 Uhr sinnvoll erscheinen. Zu diesen Zeiten werden eintreffende E-Mails nämlich mehr oder weniger regelmäßig von den Empfängern gelesen, während bei einem Nachtversand die Gefahr besteht, dass sich die erwünschten bzw. bestellten E-Mails morgens bei Arbeitsbeginn inmitten zahlreicher Spam-Mails wiederfinden. In diesem Fall kann es durchaus passieren, dass ein Empfänger aus Zeit- und Bequemlichkeitsgründen sämtliche E-Mails mit der Shift-Taste und zwei Mausklicks als einen Block markiert und löscht!

In der Regel ist der Verkehr auf der eigenen Website ein guter Indikator für den optimalen Versandzeitpunkt, denn wenn der größte Verkehr auf der Website herrscht, ist die Wahrscheinlichkeit hoch, dass auch bei den E-Mail-Empfängern eine große Bereitschaft besteht, sich mit dem Anbieter und seinen Angeboten zu beschäftigen.

Übrigens: Wer seinen E-Mail-Empfängern die Wahl des optimalen Versandzeitpunktes selbst überlassen möchte, sollte den Unentschlossenen die Wahl dadurch erleichtern, dass im Anmeldeformular bereits eine Uhrzeit (oder ein Wochentag) als Standardeinstellung vorgeschlagen wird.

5.2.3 Zustellquote als Erfolgsparameter

Bislang war für die Anwender von E-Mail-Marketing vor allem wichtig, wie viele Empfänger ihre E-Mails geöffnet haben (**Öffnungsquote**) und wie viele Empfänger als Reaktion auf einen Link in der jeweiligen E-Mail geklickt haben (**Klickquote**), beispielsweise, um eine Bestellung im Online-Shop aufzugeben oder weiteres Informationsmaterial anzufordern.

Seit einiger Zeit rückt jedoch eine dritte Quote in den Mittelpunkt des Interesses, die in der Vergangenheit nur wenig beachtet wurde, weil man regelmäßig von einem Wert von annähernd 100 % ausging: die **Zustellquote**. Die Zustellquote gibt an, wie hoch der Anteil der versendeten

E-Mails ist, die dem Empfänger tatsächlich in seinem Posteingang zugestellt werden.

Denn was nutzen die seriöseste Absenderadresse, die schlagkräftigste Betreffzeile und der wirkungsvollste Inhalt, wenn die E-Mail den Empfänger gar nicht erreicht? Früher waren Zustellquoten von über 98 % die Regel, sodass die 1 bis 2 % der Empfänger, die sich nicht erreichen ließen, nicht weiter ins Gewicht fielen. Aufgrund des zunehmenden Einsatzes von Spam-Filtern bei Providern, Unternehmen und Endkunden häufen sich jedoch zunehmend die Fälle, in denen auch erwünschte und angeforderte E-Mails bzw. E-Mail-Newsletter ausgefiltert werden und den Empfänger nicht mehr erreichen. Solche irrtümlich ausgefilterten E-Mails werden von den Spam-Filter-Herstellern etwas euphemistisch als „False Positives" bezeichnet.

Die False-Positive-Quote hat bei den meisten E-Mailings in Deutschland mittlerweile einen Wert von über 10 % erreicht. Das bedeutet natürlich im Umkehrschluss, dass die durchschnittliche Zustellquote auf unter 90 % gefallen ist. Diese Entwicklung ist insbesondere deshalb dramatisch, weil die Zustellquoten aufgrund der nach wie vor wachsenden Spam-Flut und der damit einhergehenden verschärften Filterung tendenziell weiterhin sinken. In den USA ist die Situation noch ernster und eine Zustellquote von über 80 % gilt bereits als guter Wert!

Aus diesem Grund wird in Zukunft jeder Versender verstärktes Augenmerk auf die Zustellquote seiner E-Mailings legen müssen, um gegebenenfalls entsprechende Maßnahmen einzuleiten, die die Zustellquote verbessern, wie z. B. der Check des E-Mail-Inhalts auf Spam-Filter-Anfälligkeit, das Whitelisting bei den führenden Providern etc. Weiterführende Informationen zu diesem Thema folgen im Kapitel 8, Abschnitt 1.

5.3 Personalisierung und Individualisierung

5.3.1 Personalisierung ist Pflicht

Die alte Direktmarketing-Weisheit gilt natürlich auch für E-Mail-Marketing: Empfänger eines E-Mailings oder eines E-Mail-Newsletters sollten unbedingt mit ihrem Namen angesprochen werden, also nicht ein anonymes „Lieber Leser", sondern ein persönliches „Sehr geehrter Herr Schmidt". Durch die persönliche Anrede wird eine höhere Aufmerksamkeit beim Empfänger erreicht und vermieden, dass die E-Mail von ihm als billige Spam-Mail (die in der Regel nicht personalisiert ist) eingestuft wird.

Damit man seine Leser persönlich ansprechen kann, müssen zumindest deren Nachname und das Geschlecht (Herr/Frau) bekannt sein. In vielen Fällen lässt sich das Geschlecht zwar auch anhand des Vornamens ermitteln, aber es gibt mehrdeutige und exotische Vornamen, wo die Erkennung nicht funktioniert. Bei einer Angabe wie „Toni" oder „T." versagt auch der beste Algorithmus zur Ermittlung des Geschlechts.

Der Nachname lässt sich oft scheinbar aus der E-Mail-Adresse ableiten, doch wenn sich diese aus dem Nachnamen und dem vorangestellten ersten Buchstaben des Vornamens zusammensetzt (Beispiel: weber@xy.de für Wilfried Eber), ist dies nicht immer zuverlässig zu erkennen.

Am sichersten ist es, den Namen und das Geschlecht dann abzufragen, wenn der Empfänger sich mit seiner E-Mail-Adresse bei einem Verteiler anmeldet. Wer ganz behutsam vorgehen möchte und befürchtet, Interessenten mit solch einer Abfrage abzuschrecken, kann dem potenziellen E-Mail-Empfänger einen zusätzlichen Anreiz bieten, ihm seinen Namen nachträglich preiszugeben, beispielsweise durch ein Incentive wie den Entfall der Versandkostenpauschale, die Teilnahme an einem Gewinnspiel etc.

Die Praxis zeigt, dass es oft schon ausreicht, die Personen, deren Namen und Geschlecht fehlen, freundlich per E-Mail um diese Informationen zu bitten mit der Begründung, man würde sie künftig gerne persönlich mit ihrem Namen ansprechen – wer möchte darauf nicht eingehen!

5.3.2 Die Kür: Inhaltliche Individualisierung

Einen Schritt weiter als die Personalisierung von E-Mailings geht die inhaltliche Individualisierung der E-Mail-Kommunikation. Diese kann beispielsweise auf Basis der Profile der E-Mail-Empfänger erfolgen, die per Link-Tracking gewonnen wurden. Für die Individualisierung gibt es drei verschiedene Ansätze.

Die einfachste Variante ist, die Profilinformationen zu nutzen, um für Einzelaktionen spezielle Zielgruppen aus dem E-Mail-Verteiler zu selektieren und diese mit einem bestimmten E-Mailing anzuschreiben. Beispielsweise können alle Empfänger aus dem E-Mail-Verteiler, die schon mehrmals auf Angebote für Musik-CDs geklickt oder dies dem Anbieter als ihr Interessengebiet genannt haben, ein E-Mailing mit einem speziellen Bundle-Angebot von mehreren CDs erhalten.

Die zweite Möglichkeit besteht darin, die Profilinformationen zu nutzen, um den E-Mail-Verteiler im Rahmen einer Zielgruppensegmentierung in Interessencluster zu unterteilen, die künftig mit unterschiedlichen

E-Mailings angeschrieben werden, beispielsweise die Gruppe derjenigen, die noch nie auf einen Link geklickt haben, die Gruppe der Gelegenheitsklicker und die Gruppe der Empfänger, die in jeder E-Mail auf mindestens einen Link klicken. In diesem Fall unterscheiden sich die Empfängergruppen nach dem Grad ihres Interesses, denn wer häufig klickt, hat vermutlich auch ein größeres Interesse an weiterführenden Informationen oder dem entsprechenden Angebot.

Die Königsdisziplin bei der inhaltlichen Individualisierung besteht darin, abhängig vom Profil des jeweiligen Empfängers, einzelne Meldungen oder Angebote in dessen E-Mail ein- oder auszublenden. Der Inhalt des E-Mailings ist folglich nicht bei jedem Empfänger identisch, sondern variiert, indem abhängig vom Profil des Empfängers einzelne Textblöcke ausgetauscht, weggelassen oder hinzugefügt werden.

Beispielsweise können in einem Shopping-Newsletter, abhängig vom Geschlecht des Empfängers, einzelne Angebote ausgetauscht oder, abhängig von dessen Postleitzahl, unterschiedliche Filialen für die Rückgabe von gelieferten Artikeln aufgeführt werden. Stammkunden kann ein spezieller Rabatt angeboten werden, den Gelegenheitskäufer nicht erhalten, und in einem redaktionellen Newsletter wird Abonnenten der zugehörigen Zeitschrift eine Bonusrubrik mit Zusatzinformationen geliefert.

Konnten die E-Mail-Empfänger bei der Anmeldung ihre Interessengebiete angeben, so lassen sich diese Daten nutzen, um nur solche Textblöcke in die jeweilige E-Mail einzuspielen, die dem Interessenprofil des Empfängers entsprechen. In einem E-Commerce-Newsletter kann beispielsweise den Telekommunikationsinteressierten ein anderes Produkt als Sonderangebot offeriert werden als denjenigen, die an Unterhaltungselektronik interessiert sind.

Die Verwendung von alternativen, variablen und optionalen Textblöcken für ein E-Mailing bezeichnet man auch als **dynamischen Content**. Dynamischer Content sorgt dafür, dass der Anbieter, obwohl er nur ein einziges E-Mailing versendet, jeden Empfänger individuell ansprechen kann, weil jeder Empfänger eine anhand seines persönlichen Profils individuell zusammengestellte E-Mail erhält. Damit erlaubt dynamischer Content echtes Mikro-Marketing, denn es lassen sich auch sehr kleine Zielgruppen fokussiert ansprechen.

Dynamischer Content setzt natürlich voraus, dass zum einen eine E-Mail-Marketing-Datenbank mit den Profilinformationen der E-Mail-Empfänger vorhanden ist, und zum anderen, dass das E-Mail-Marketing-System, mit dem die E-Mailings versendet werden, auch die Verwendung von alternativen und optionalen Textblöcken beherrscht. Dies ist bei Lowendlösungen (siehe Kapitel 6, Abschnitt 1) regelmäßig nicht der Fall.

Die Verwendung von dynamischem Content in einem E-Mailing erfordert gegenüber einem normalen E-Mailing mit statischen Inhalten einiges an redaktioneller Mehrarbeit. So müssen zuerst alle Textblöcke verfasst und mit den entsprechenden Zielgruppenregeln versehen werden, die angeben, bei welchen Empfängern der jeweilige Textblock in der E-Mail erscheinen soll und bei welchen nicht.

Für die Eingabe der Textblöcke und Zielgruppenregeln in das E-Mail-Marketing-System zum Versand der E-Mailings gibt es zwei Möglichkeiten: Zum einen lassen sich die Texte manuell in die Software eintippen oder per Copy & Paste einfügen und die Zielgruppenregeln für jeden Textblock über entsprechende Auswahlmenüs und -listen definieren.

Zum anderen besteht die Möglichkeit, dass das System zum Versand der E-Mailings über eine definierte CMS-Schnittstelle (Content-Management-System) verfügt. Wer bereits mit einer CMS-Software arbeitet, kann die Textblöcke und Zielgruppenregeln über diese Schnittstelle automatisch in das E-Mail-Marketing-System einspielen. Dadurch wird das Einfügen der Textblöcke mit Copy & Paste überflüssig. Speziell bei E-Mail-Newslettern, die täglich versendet werden, ist dies eine große Arbeitsersparnis.

Verwenden die CMS-Schnittstelle und die CMS-Software kein gemeinsames Datenformat (wie z. B. XML), so muss gegebenenfalls ein kleines Skript entwickelt werden, das die Exportdaten der CMS-Software in ein für die CMS-Schnittstelle des E-Mail-Marketing-Systems lesbares Format konvertiert.

Zusammenfassend ist zu sagen, dass der Umgang mit dynamischem Content gegenüber statischen Inhalten zwar einen erhöhten Aufwand erfordert, doch dieser Mehraufwand durch die gezieltere Ansprache der Empfänger und die daraus resultierenden höheren Rücklaufquoten reichlich belohnt wird.

5.3.3 Zeitliche Individualisierung

E-Mailings und E-Mail-Newsletter lassen sich nicht nur inhaltlich, sondern auch zeitlich individualisieren. So lässt sich den E-Mail-Empfängern beispielsweise anbieten, wie oft sie von einem Unternehmen mit E-Mails beliefert werden möchten. Den Empfängern eines redaktionellen Newsletters kann zur Auswahl angeboten werden, ob sie den E-Mail-Newsletter täglich erhalten wollen oder nur einmal pro Woche eine Zusammenfassung per E-Mail geliefert werden soll. Bei werblichen E-Mailings kann der Anbieter den E-Mail-Empfänger definieren lassen, ob er beispielsweise nur eine monatliche Zusammenfassung aller Angebote, den wöchentlichen thematischen E-Mail-Newsletter oder auch zusätzlich alle Sonderangebots-Mailings wünscht.

Diese Option der Individualisierung basiert auf der Erfahrung, dass jeder Empfänger seine eigenen Vorlieben hat. Manche Empfänger möchten seltener informiert werden, nehmen sich dann aber die Zeit, auch lange E-Mails zu lesen, während andere Empfänger eine höhere Frequenz, dafür aber kürzere E-Mails bevorzugen.

In den USA ist es bei professionellen Versendern bereits üblich, dass jeder Interessent, der sich zu einem E-Mail-Verteiler neu anmeldet, nicht nur nach seinem Namen gefragt wird, sondern auch, wie oft der Anbieter mit ihm in Verbindung treten darf, ohne dass sich der Empfänger belästigt fühlt. Dies demonstriert eine hohe Wertschätzung, die der Anbieter dem Anmeldenden entgegenbringt, und leitet die E-Mail-Beziehung gleich mit einer positiven Note ein!

Eine weitere Möglichkeit der zeitlichen Individualisierung ist, dass die Empfänger nicht zeitgleich per E-Mailing informiert werden, sondern entsprechend ihrem Profil und ihrer Reaktion auf das letzte E-Mailing zeitlich unabhängig voneinander einzelne E-Mails mit den von ihnen gewünschten oder auf sie fokussierten Inhalten erhalten. Auf diese Weise entsteht ein inhaltlich und zeitlich individueller, persönlich auf den Empfänger zugeschnittener E-Mail-Dialog, sodass man ohne Übertreibung von echtem 1:1-Marketing sprechen kann.

5.3.4 Keine Individualisierung ohne Profile

Wer sich aufgrund der deutlichen Vorteile der Individualisierung dazu entschieden hat, seine E-Mailings nicht nur zu personalisieren, sondern die E-Mail-Kommunikation auch inhaltlich und eventuell sogar zeitlich zu individualisieren, benötigt für die Individualisierung Profile der Empfänger, auf deren Basis die Individualisierung der E-Mailings vorgenommen werden kann.

Um Profile zu erheben, gibt es grundsätzlich zwei Möglichkeiten: die verdeckte und die offene Profilerhebung. Bei der **verdeckten Profilerhebung** sammelt der Anbieter Nutzungsdaten der E-Mail-Empfänger im Hintergrund, beispielsweise durch das Messen der geklickten Links in den E-Mails (Link-Tracking) oder durch das Erfassen von Bewegungsdaten auf der Website über Cookies oder das so genannte URL-Rewriting. Für die Nutzer geschieht die Erhebung dieser Profildaten transparent (d. h. unsichtbar), daher der Begriff verdeckte Profilerhebung.

Profildaten, die verdeckt gewonnen werden, dürfen jedoch nicht nach Belieben gespeichert und ausgewertet werden, denn bei diesen Daten handelt es sich um so genannte personenbezogene Daten, und dem Umgang mit diesen Daten sind durch den Gesetzgeber enge Grenzen gesetzt. Die Regeln für den Umgang mit personenbezogenen Daten, die über das Internet gewonnen werden, beschreibt das Teledienste-Datenschutzgesetz (TDDSG).

Bevor ein Anbieter personenbezogene Daten erhebt und verarbeitet, muss er zuerst die Einwilligung der betroffenen Personen einholen. Aufgrund der Formerfordernisse des TDDSG bietet es sich an, die Einwilligung der E-Mail-Empfänger über einen entsprechenden Text im Rahmen der Anmeldung ihrer E-Mail-Adresse einzuholen. Weitere Informationen zu diesem Thema folgen im Kapitel 8, Abschnitt 3.

Da die E-Mail-Empfänger bei der verdeckten Profilerhebung über die Datenerhebung informiert werden müssen, sodass sie ohnehin davon erfahren, bietet sich als Alternative die **offene Profilerhebung** an. Bei der offenen Profilerhebung können die E-Mail-Empfänger selbst angeben, welche Themen, Angebote oder Produkte sie interessieren und welche nicht (siehe Bild 5.5).

Der Kunde eines Universalversandhändlers kann beispielsweise bei der Anmeldung zu dessen E-Mail-Newsletter angeben, dass ihn die Warengruppen Herrenoberbekleidung und Heimwerken interessieren, er an Damenoberbekleidung und Gartenzubehör dagegen kein Interesse hat. Entsprechend diesem Profil wird der Inhalt des Newsletters für ihn zusammengestellt.

Ergänzend dazu lassen sich nicht nur die Interessen, sondern auch weitere Eigenschaften der Empfänger für die Individualisierung der E-Mail-Kommunikation heranziehen. Besonders populär ist die Nutzung der Postleitzahl, um Empfänger regional unterschiedlich ansprechen zu können. So lässt sich beispielsweise ortsabhängig auf die Angebote der lokalen Filialen hinweisen.

Im Trend ist auch die Individualisierung auf Basis des Geburtsjahres des Empfängers. Dazu werden die Empfänger in üblicherweise drei Altersklassen eingeteilt (z.B. „bis 30", „31 bis 49" und „ab 50"). Für jede Altersklasse wird dann ein eigenes E-Mail-Layout entwickelt, beispielsweise bunt und flippig für die jüngere Altersklasse und gedeckt/klassisch für die ältere. Einzelne Anbieter wollen sogar dazu übergehen, die Tonalität ihrer Inhalte zu emotionalisieren und an die jeweilige Zielgruppe anzupassen.

Der Vorteil der offenen Profilerhebung besteht darin, dass die E-Mail-Empfänger die volle Kontrolle über ihre Profile erhalten und nicht der Eindruck entstehen kann, sie würden vom Anbieter „ausspioniert", was für die Kundenbindung schädlich wäre. Der Nachteil der offenen Profil-

Anrede: ⦿ Herr ◯ Frau
Vorname: Martin
Titel/Nachname: Aschoff
E-Mail-Adresse: maschoff@agnitas.de

Bitte wählen Sie hier die gewünschten Newsflash-Themen aus:

☑ Computing ☐ Kino
☐ Entertainment ☐ Musik
☐ Games ☑ Online-Welt
☐ Geld & Finanzen ☐ Reise
☐ Gesundheit ☐ Shopping
☑ Internet-Nachrichten ☑ Telekommunikation

Wählen Sie nun noch das gewünschte E-Mail-Format:
◯ nur Text ◯ HTML (mit Grafik) ⦿ Offline-HTML*

☑ Ich akzeptiere die für den Newsflash geltenden AGB.

* Bei der Variante »Offline-HTML« sind alle zur Darstellung der E-Mail notwendigen Grafiken bereits eingebettet. Dies hat den Vorteil, dass die optisch korrekte Darstellung der E-Mail auch offline, d.h. ohne aktive Online-Verbindung gewährleistet ist. **Achtung:** Rufen Sie den Newsflash im Büro ab und arbeitet Ihre Firma mit Microsoft Exchange, Lotus Notes oder einer Firewall, so wird (abhängig von der Konfiguration der Software) das Offline-Format unter Umständen nicht erkannt. Wählen Sie in diesem Fall bitte »HTML«.

Newsflash-Themen abonnieren

Bild 5.5: Ein Beispiel für die offene Profilerhebung ist die Abfrage von Interessen-gebieten bei der Anmeldung zu einem E-Mail-Newsletter

erhebung ist, dass die Empfänger eventuell sekundäre Interessen weglassen, weil sie befürchten, andernfalls zu viele oder zu lange E-Mails zu erhalten, oder dass sie vielleicht nicht alle Interessen wahrheitsgemäß angeben. So werden beispielsweise bei Umfragen über die Nutzungsintensität von Partnerschafts- und Erotikangeboten im Internet regelmäßig Werte ermittelt, die deutlich unter der tatsächlichen Nutzung liegen.

Um dem E-Mail-Empfänger auch die nachträgliche Änderung seines Profils und damit die laufende Pflege seiner Daten zu erlauben, bietet sich die Einrichtung einer so genannten Profilseite mit allen relevanten Datenfeldern an. Diese persönliche Profilseite sollte sich über einen personenbezogen codierten Link aus jeder E-Mail des Anbieters heraus aufrufen lassen. Auf diese Weise ist es nämlich nicht erforderlich, dass sich der Empfänger erst mit Benutzernamen und Passwort (das er vermutlich längst vergessen hat) einloggen muss, weil sich die Profilseite nur über den jeweils passenden Link in seiner persönlichen E-Mail aufrufen lässt.

5.4 Link-Tracking

5.4.1 Was ist Link-Tracking?

Allgemein bedeutet Link-Tracking das Messen und Auswerten von Mausklicks der Internet-Nutzer auf Links. Die Technik des Link-Trackings lässt sich auf Websites, aber auch für Links in E-Mails anwenden. Je besser die Qualität des Link-Trackings ist, desto mehr Informationen lassen sich sammeln (im Idealfall, wer wann wie oft auf welchen Link geklickt hat).

Anbieter, die für den Versand ihrer E-Mailings und E-Mail-Newsletter ein E-Mail-Marketing-System wählen, das das Link-Tracking unterstützt, können die Links im Inhalt ihrer E-Mailings, die auf weiterführende Informationen auf eine Website, auf ein Kontaktformular oder eine Bestellseite verweisen, so gestalten, dass diese verfolgbar (englisch „trackable") sind.

Verfolgbar heißt in diesem Fall, dass das E-Mail-Marketing-System exakt messen kann, ob und wie oft Empfänger der E-Mailings auf Links in den Mails klicken, und gegebenenfalls auch, welcher E-Mail-Empfänger zu welchem Zeitpunkt auf welchen Link geklickt hat. Und wer es noch genauer wissen möchte, kann sogar feststellen, welchen Online-Dienst oder Internet-Zugang der klickende E-Mail-Leser jeweils genutzt hat. Auf diese Weise lässt sich feststellen, welche Provider besonders aktive Nutzer haben. Hier zeigt sich beispielsweise in der Praxis, dass AOL-Nutzer besonders häufig auf E-Commerce-Angebote reagieren.

5.4.2 So funktioniert Link-Tracking

Für jemanden, der das erste Mal vom Link-Tracking in E-Mails hört, klingt es wie ein technisches Zauberkunststück, doch das zu Grunde liegende Verfahren ist im Prinzip ganz einfach:

Die Versandsoftware der Technikplattform, über die ein E-Mailing verschickt wird, verändert alle Links in einer Weise, dass diese vom eigentlichen Ziel auf einen so genannten Redirect-Server umgeleitet werden, der Bestandteil der Technikplattform ist.

Zusätzlich wird jeder Link in jeder E-Mail mit einer speziellen Codierung versehen, die die Bezeichnung des E-Mailings und die Nummer des Links enthält. Wenn das Link-Tracking personenbezogen erfolgen soll, wird in die Codierung zusätzlich die Identifikationsnummer (ID) des E-Mail-Empfängers mit aufgenommen, damit nicht nur ermittelt werden kann, wann und wie oft auf welchen Link geklickt wurde, sondern wer diese Klicks durchgeführt hat.

Klickt nun ein Empfänger auf einen Link in der E-Mail, die er erhalten hat, so erfolgt die Anfrage zunächst aufgrund der Umleitung in dem Link an den Redirect-Server. Der Redirect-Server identifiziert anhand der Codierung des Links das korrespondierende E-Mailing, den gewünschten Link (d.h. das eigentliche Ziel des Links) und gegebenenfalls die ID des Empfängers, schreibt diese Informationen in eine Protokolldatei oder Datenbank und leitet anschließend die Anfrage an das endgültige Ziel des Links weiter. Die Umleitung und Auswertung der umgeleiteten Links geschieht blitzschnell innerhalb weniger Millisekunden, sodass der E-Mail-Empfänger davon nichts bemerkt.

Das beschriebene Umleitungsverfahren hat den Vorteil, dass dazu weder temporäre noch permanente Cookies benötigt werden, die bei Internet-Nutzern häufig auf Ablehnung stoßen.

5.4.3 Vorteile des Link-Trackings

Mit Hilfe des Link-Trackings lassen sich zu jedem E-Mailing eine Vielzahl von Informationen sammeln, deren Analyse dem Anbieter helfen kann, die Kommunikation mit seinen Interessenten und Kunden deutlich zu verbessern und zu optimieren.

Der Anbieter gewinnt zum einen statistische Daten über die Akzeptanz seiner E-Mailing-Inhalte, die ihm helfen können, das Informationsangebot (bei einem redaktionellen Newsletter) oder das Produkt- und Dienstleistungsportfolio (bei einem Online-Shop-Mailing oder Marketing-Newsletter) zu optimieren.

Zum anderen erhält der Anbieter aber auch Informationen zu den Interessen der verschiedenen Zielgruppen und einzelnen Empfänger, also ganz konkrete personenbezogene Daten, die er für eine gezielte Ansprache der jeweiligen Empfänger nutzen kann (hierzu erneut der Hinweis auf das TDDSG und Kapitel 8, Abschnitt 3).

Ein weiterer Vorteil des Link-Trackings ist, dass das Feedback auf ein E-Mailing aufgrund des schnellen Mediums rasch eintrifft. Man kann davon ausgehen, dass spätestens 48 Stunden nach dem Versand eines E-Mailings bereits 80 % der gesamten Klickdaten vorliegen.

> Eine interessante Beobachtung in diesem Zusammenhang ist, dass das Kaufinteresse eines E-Mail-Empfängers und die Abschlusswahrscheinlichkeit umso höher sind, je früher die Link-Klicks nach dem Mailing-Versand erfolgen. Die ersten Klicks werden oft von den besten Kunden getätigt. Diese Tatsache lässt sich nutzen, um diese besten Kunden zu identifizieren!

Die Reaktionszeit auf E-Mailings muss verglichen werden mit einem Post-Mailing, wo allein Druckerei und Lettershop ein bis zwei Wochen Zeit benötigen. Dann kommen (bei Infopost) mehrere Tage Postlaufzeit hinzu, die Reaktionszeit des Empfängers und schließlich die Laufzeit für das Response-Medium zurück zum Absender.

5.4.4 Beispiele für Link-Tracking

Im Folgenden einige Beispiele, die den praktischen Nutzen des Link-Trackings demonstrieren:

- Der Anbieter lernt, wie viele Empfänger seines E-Mailings auf einen oder mehrere Links geklickt haben. Damit erhält er einen guten Eindruck davon, wie aktiv die Zielgruppe allgemein auf sein E-Mailing reagiert, und kann auf Basis der Kosten des E-Mailings dessen CPC-Wert („Cost per Click") berechnen.
- Der Anbieter erfährt, welcher Link wie oft angeklickt wurde. Auf diese Weise lässt sich feststellen, welche Inhalte in seinen E-Mailings ankom-

men und welche nicht. Eine Redaktion kann auf Basis dieser Informationen die Auswahl der Meldungen in ihrem Newsletter optimieren, und ein Marketing-Manager kann mit Hilfe der Klickergebnisse die Auswahl an Produktangeboten in seinen E-Mailings verbessern.

- Auch die Reihenfolge der Meldungen bzw. Angebote im E-Mailing lässt sich mit Hilfe der Klick-Ergebnisse optimieren, wobei die Praxis zeigt, dass tendenziell ein Link umso häufiger geklickt wird, je eher er im E-Mailing aufgeführt ist, weil die Leser häufig beim Scrollen oder Blättern abbrechen und ihre E-Mails nicht bis zum Ende lesen.

- Der Anbieter kann analysieren, ob es Links gibt, die von den E-Mail-Empfängern besonders häufig in Kombination angeklickt werden, um die Beziehungen von Einzelinteressen zueinander zu ermitteln (das Herausfiltern dieser Korrelationen bezeichnet man als „Collaborative Filtering"). Während man sich selbst denken kann, dass Käufer eines Star-Wars-Videos häufig auch Interesse am Star-Wars-Soundtrack haben werden, lassen sich durch das Collaborative Filtering ganz neue, oft überraschende Erkenntnisse gewinnen. Auf diese Weise lernt man beispielsweise, dass Handy-Interessenten besonders häufig auf Links für MP3-Player klicken oder dass Interessenten von Action-Videos auch Interesse an Kuschel-Rock-CDs haben. Dieses Wissen lässt sich beispielsweise zum Schnüren von Bundle-Angeboten nutzen.

- Die Codierung eines Links kann von der Website, die über diesen Link aufgerufen wird, aufgegriffen und während des Besuchs des Nutzers („User Session") mitgeführt werden. Auf diese Weise kann der Anbieter ermitteln, welcher Anteil der klickenden Interessenten auch etwas bestellt oder kauft. So lassen sich Konvertierungsquoten und CPO-Werte („Cost per Order") ermitteln und gegebenenfalls Maßnahmen daraus ableiten.

- Werden die Link-Klicks auch personenbezogen gemessen, erfährt der Anbieter, welche E-Mail-Empfänger auf welche Links geklickt haben. Dadurch gewinnt er einen Eindruck von den Interessen der jeweiligen Empfänger, und diese Informationen lassen sich nutzen, um eine Interessenprofildatenbank aufzubauen (als Basis für die inhaltliche Individualisierung der Kommunikation mit den Empfängern). Der Aufbau von Interessenprofilen ist sicherlich das wertvollste Resultat des (personenbezogenen) Link-Trackings, denn die (psychografischen) Interessenprofile ergänzen die vielfach bereits vorhandenen sozio-demografischen Profile der Interessenten und Kunden ideal und sind erfahrungsgemäß sogar relevanter, weil beispielsweise Alter und Wohngegend eines potenziellen Kunden weniger wichtig für den Anbieter sind als Profilinformationen, die auf dessen konkretem Verhalten basieren, wie beispielsweise ein hohes Klick-Interesse an Reisebüchern und -videos.

- Wird beim personenbezogenen Link-Tracking von der aufgerufenen Website die Link-Codierung übernommen und während der Nutzer-Session mitgeführt, lassen sich nicht nur die Interessen, sondern auch die Umsätze pro E-Mail-Empfänger feststellen, weil die Bestellungen direkt den Link-Klicks der Empfänger zugeordnet werden können. Mit diesen Ergebnissen wird es möglich, den individuellen CLV-Wert („Customer Lifetime Value") pro E-Mail-Empfänger zu berechnen und diese beispielsweise nach einem Scoring-Verfahren wie dem im Versandhandel beliebten RFM-Rating (siehe Abschnitt 6.2) zu segmentieren.

5.4.5 Welche Links tracken?

Im Zusammenhang mit dem Link-Tracking stellen sich Anbieter häufig die Frage, welche Links sie messen sollten und welche nicht.

Die Antwort ist ganz einfach: Es sollte alles gemessen werden, was sich messen lässt. Der Grund dafür ist, dass sich heute unter Umständen noch gar nicht absehen lässt, welche Daten morgen besonders wichtig sind. Oft stellt sich erst nach mehreren E-Mailings heraus, dass es sinnvoll ist, gewisse Klickwerte der einzelnen Mailings miteinander zu vergleichen, um Änderungen im Empfängerverhalten genauer zu analysieren oder um längerfristige Trends zu ermitteln.

Darüber hinaus sind die Speichermedien (in diesem Fall die Festplatten mit ihren zugehörigen Backup-Medien) mittlerweile so preiswert geworden, dass es ökonomisch keinen Sinn ergibt, sich bei jedem E-Mailing lange Gedanken zu machen, zu welchen Links die Klickdaten gespeichert werden sollen und zu welchen nicht.

Beim Design der E-Mail-Marketing-Datenbank sollte allerdings darauf geachtet werden, dass für personenbezogenes Link-Tracking die Datenbank so strukturiert ist, dass in den Datensätzen der E-Mail-Empfänger nicht jeweils die kompletten Links, auf die sie im Laufe der Zeit geklickt haben, abgelegt sind. Stattdessen sollte für jeden Link nur ein kurzer Schlüssel verwendet werden, der auf eine Tabelle referenziert, in der der entsprechende Link in voller Länge gespeichert ist. Da auch Datensätze anderer Empfänger auf diesen Link verweisen, werden auf diese Weise jedes Mal viele Bytes an Speicherplatz gespart, die sich mit der Anzahl aller geklickten Links multiplizieren.

Nach diesem Plädoyer für das Messen aller Links eine kleine Einschränkung: Bei E-Mails im Textformat kann der Empfänger im Gegen-

satz zu HTML-Mails sehen, dass die Links nicht auf die Website des Anbieters weisen, sondern zu einem anderen Webserver (dem Redirect-Server) führen. Dies könnte manche Empfänger dieser E-Mails irritieren
oder verunsichern und vom Klicken abhalten.

Wer diese Bedenken teilt, sollte beim nächsten Versand für die
Empfänger des Textformats einen Listsplit fahren und an die eine
Hälfte seines E-Mail-Verteilers ein E-Mailing mit messbaren
Links und an die andere Hälfte das gleiche E-Mailing mit normalen
Links versenden. Wenn sich bei diesem Test bei der Klickrate Unter-
schiede zuungunsten der E-Mailing-Version mit den messbaren Links
zeigen, ist es ratsam, auf das Link-Tracking bei E-Mails im Textformat
zu verzichten und dieses nur bei HTML-Mails einzusetzen. Die
Klickraten für die Links können dann immer noch auf Basis der
HTML-Mail-Ergebnisse für das gesamte E-Mailing hochgerechnet
werden.

5.4.6 Ausblick Link-Tracking

Dem Link-Tracking gehört die Zukunft. Wer mit personenbezogenem
Link-Tracking arbeitet, wird mit der Zeit immer mehr Klickdaten gewinnen, immer mehr über seine Interessenten und Kunden lernen und
dementsprechend über immer ausführlichere Profilinformationen pro
E-Mail-Empfänger verfügen.

Unpersonalisierte E-Mailings im Text- und HTML-Format haben im
E-Mail-Marketing mittlerweile den Rückzug angetreten, und die Anbieter versenden zunehmend personalisierte E-Mailings mit messbaren
Links. Das personenbezogene Link-Tracking und der damit verbundene
Aufbau von Interessenprofildatenbanken ist der nächste logische Schritt,
denn Interessenprofile bilden die ideale Grundlage für ein professionelles und ertragreiches Kundenbeziehungsmanagement (CRM), weil sie
dem Anbieter den Versand von auf Basis der Profilinformationen inhaltlich individualisierten E-Mailings erlauben.

Die per Link-Tracking gewonnenen Profilinformationen sind ideal
geeignet für die Analyse durch Data-Mining-Techniken. Beispielsweise
lassen sich durch die Untersuchung der vorhandenen Daten Abhängigkeiten, zeitliche Sequenzen und andere Regeln entdecken oder Verbin-
dungen (Assoziationen) und Wechselbeziehungen (Korrelationen) der
Daten untereinander ermitteln. Auf Basis dieser Erkenntnisse können

dann beispielsweise Klassifizierungen und Zielgruppensegmente definiert oder Forecasting-Modelle für das Kauf- oder Kündigungsverhalten der Interessenten bzw. Kunden entwickelt werden.

Besonders empfehlenswert ist, mit zunehmender Menge an Profilinformationen die Interessenten und Kunden über Scoring-Verfahren zunehmend feiner zu unterteilen und sukzessive neue, zusätzliche Zielgruppensegmente einzuführen. Auf diese Weise reduzieren sich die Segmentgrößen, und die Abgrenzung der einzelnen Zielgruppen wird präziser.

Durch die zunehmende Verfeinerung der Segmente lässt sich im Marketing das erreichen, was man unter Mikro-Marketing versteht, nämlich die individuelle Ansprache von sehr kleinen Zielgruppen. Theoretisches Endziel dieses Prozesses ist das 1:1-Marketing, das bedeutet eine Segmentgröße von einer Person, sodass jeder Empfänger seine individuell auf ihn zugeschnittene E-Mail erhält.

Wer mit seinen E-Mailings nicht gerade gewerbliche Großkunden mit dem Potenzial zu Millionen-Umsätzen adressiert, dem ist der Aufwand für ein echtes 1:1-Marketing vermutlich zu hoch. Aber E-Mail-Marketing mit Link-Tracking erlaubt zumindest die „Mass Customization" der E-Mails, d.h. trotz Massenversand eine an die verschiedenen Zielgruppen angepasste Kommunikation.

5.4.7 HTML-Tracking

Eng verwandt mit dem Link-Tracking ist das so genannte HTML-Tracking. Das HTML-Tracking funktioniert nur bei E-Mails im HTML-Format und soll feststellen, ob eine HTML-Mail vom Empfänger zum Lesen geöffnet wurde.

Dazu wird in jeder HTML-Mail wie beim Link-Tracking ein codierter Link eingefügt, der über den Redirect-Server ein unsichtbares Zählpixel (d.h. ein winziges, transparentes Bild) nachlädt. Öffnet der Empfänger eine E-Mail mit solch einem Link, lädt sein E-Mail-Programm automatisch das unsichtbare Pixel vom Redirect-Server nach. Der Redirect-Server registriert diesen Zugriff und vermerkt die zugehörige E-Mail in seiner Protokolldatei oder Datenbank mit dem Status „geöffnet". Mit diesem Verfahren lässt sich feststellen, ob eine bestimmte HTML-Mail geöffnet (und gelesen) wurde, denn nur wenn die E-Mail geöffnet wird, erfolgt die Abfrage des Zählpixels.

Leider funktioniert das HTML-Tracking jedoch nur dann, wenn der E-Mail-Empfänger beim Lesen der E-Mail online, d.h. aktiv mit dem Internet verbunden ist. Andernfalls trifft der Zugriff zum Nachladen des

Pixels aufgrund der fehlenden Internet-Verbindung nicht beim Redirect-Server ein, sodass dieser den Zugriff auch nicht registrieren kann.

Weitere Verfälschungen der Öffnungsquote entstehen durch E-Mail-Programme wie Outlook, Thunderbird oder Outlook Express, die optional mit einer Vorschaufunktion arbeiten. Ist die Vorschaufunktion aktiviert, so werden die E-Mails automatisch ohne Zutun des Nutzers geöffnet und die Zählpixel vom Redirect-Server nachgeladen. Dadurch wird eine HTML-Mail auch dann als geöffnet gewertet, wenn der Empfänger sie selbst nicht (manuell) geöffnet hätte.

Auf der anderen Seite laden genau diese drei Programme in den allerneuesten Versionen Bilder, und damit auch Zählpixel, in HTML-Mails nicht nach (zumindest in der Standardeinstellung), sodass die E-Mails aufgrund der fehlenden Bilder unschön aussehen, und trotz Öffnens durch den Empfänger nicht gezählt werden können.

Die absolute Zahl der beim HTML-Tracking gemessenen geöffneten E-Mails ist daher nicht besonders aussagekräftig, weil beispielsweise eine Quote von 30 % geöffneten E-Mails im einen Extremfall bedeuten kann, dass 70 % der Empfänger die E-Mails nicht öffnen wollten, und im anderen Extremfall, dass 70 % der Empfänger die E-Mails ohne aktive Internet-Verbindung oder ohne nachgeladene Bilder gelesen haben.

Über das HTML-Tracking lässt sich also nicht zuverlässig messen, dass eine E-Mail nicht geöffnet wurde. Aber auch das Gegenteil, also eine zuverlässige Aussage darüber, dass eine E-Mail geöffnet wurde, ist nicht möglich. Trotzdem ist das HTML-Tracking sinnvoll! Denn neben den absoluten Ergebnissen ist auch deren relative Entwicklung im Laufe der Zeit wichtig, d.h. der Vergleich der Öffnungsquote über mehrere E-Mailings oder Newsletter-Ausgaben hinweg. Steigt diese Quote, so kann man davon ausgehen, dass die Lesequote und damit die Akzeptanz bei den E-Mail-Empfängern steigen. Sinkt die Öffnungsquote jedoch, muss man entsprechend mit einem sinkenden Interesse der Empfänger rechnen. Oft wird letztere Entwicklung zusätzlich von einem Anstieg der Abmeldungen begleitet.

5.5 Response-Nutzung

Wenn für den Versand von E-Mailings und E-Mail-Newslettern das richtige E-Mail-Marketing-System verwendet wird, lässt sich eine Vielzahl von Parametern messen. Diese Eigenschaft macht E-Mail-Marketing zu einem ausgezeichneten Werkzeug, um Tests zur Response-Optimierung durchzuführen und Marktforschung zu betreiben.

5.5.1 Plädoyer für E-Mail-Tests

Das Medium E-Mail ist aus mehreren Gründen hervorragend zum Austesten unterschiedlicher Marketing-Aktionen geeignet: Es ist preiswert, Test-Mailings sind schnell aufgesetzt und versendet, und die Ergebnisse der Tests liegen ebenfalls sehr schnell vor. Erfahrungsgemäß erfolgen 80 % der Response innerhalb von nur 48 Stunden, sodass sich bereits ein bis zwei Tage nach dem Versand eine klare Aussage zum Erfolg der jeweiligen Aktion treffen lässt. Mit Response sind beispielsweise Öffnungsquoten für HTML-Mails, Link-Klicks, Registrierungen, Bestellungen und E-Mail-Antworten gemeint.

Weil E-Mail-Marketing im Vergleich zu Post-Mailings sehr preiswert ist, wird in Deutschland jedoch auf Tests, wie sie bei gedruckten Mailings aufgrund der hohen Kosten üblich sind, oft verzichtet nach dem Motto: „Bei den geringen Kosten lohnt sich das Testen nicht."

Ganz anders in den USA: Die Erfahrungen der letzten Jahre haben dort gezeigt, dass die Response auf ein E-Mailing, wie es auch bei Post-Mailings der Fall ist, sehr unterschiedlich ausfallen kann. Die Response-Werte sind nur sehr schwer vorhersehbar, weil es eine Vielzahl von Einflussfaktoren gibt, wie z. B.

- Zielgruppe und Versandzeitpunkt,
- Absenderadresse und Betreffzeile,
- HTML-Layout und Bildmaterial,
- Preise und Zahlungsarten,
- Link-Positionierung und -Gestaltung,
- Wettbewerberaktionen im gleichen Zeitraum
- und so weiter.

Damit ist das Response-Ergebnis eines E-Mailings in etwa so präzise vorhersagbar wie das Wetter in einer Woche – nämlich nur extrem ungenau!

5.5.2 Umsetzung von E-Mail-Tests

Was sollte sinnvollerweise beim E-Mail-Marketing getestet werden, um die Response zu optimieren? Zunächst einmal die Formulierung der Betreffzeile eines E-Mailings, denn sie ist neben der Absenderadresse das Einzige, was der Empfänger vor dem Öffnen der E-Mail sieht. Dazu sendet man mehrere inhaltlich identische E-Mailings, die sich nur in den Betreffzeilen voneinander unterscheiden, an entsprechend viele Testverteiler, die von der Größe und Struktur her vergleichbar sind. Anhand der Response lässt sich dann feststellen, welche Betreffzeile die Empfänger am ehesten zum Lesen der E-Mail und zum Anklicken der Links animiert hat.

Ein weiterer Parameter für Tests ist die Länge des Inhalts bei Marketing-Mailings. Zu diesem Zweck werden zwei E-Mailings an zwei vergleichbare Testverteiler versendet. Das erste Mailing enthält nur kurze Texte zu den Angeboten und verweist für weitere Informationen per Link auf die Website des Anbieters. Das zweite Mailing enthält dagegen die kompletten Texte pro Angebot und verweist direkt auf die Bestellseiten.

Weitere Parameter, für die sich das Testen lohnt, sind beispielsweise:

- verschiedene Absenderadressen (z.B. eine neutrale Adresse wie info@ domain.de im Vergleich zu einem verkäuferischen Super-Sonderangebote@domain.de);
- unterschiedliche Versandzeitpunkte (beispielsweise Freitagabend oder Montag früh);
- bei einem regelmäßigen E-Mail-Newsletter verschiedene Versandfrequenzen (monatlich, zweiwöchentlich oder wöchentlich);
- E-Mailings mit und ohne Personalisierung, um festzustellen, welcher Aufwand für die Gewinnung der erforderlichen Angaben bei den E-Mail-Adressen, wo diese fehlen, wirtschaftlich vertretbar ist.

Für Anbieter, die E-Mails im HTML-Format versenden, gibt es weitere Ansätze zum Testen, z.B.:

- HTML-Mails mit und ohne Bilder (d.h. E-Mails mit großen und kleinen Dateigrößen);
- HTML-Mails mit und ohne Soundeffekte (Jingles, Fanfaren etc.);
- HTML-Mails mit und ohne Flash-Effekte (Animationen, Musik oder interaktive Elemente).

Die Ergebnisse dieser Tests werden sehr lehrreich sein, weil erfahrungsgemäß, abhängig von der Art der Angebote und der Zielgruppe, eine der Varianten deutlich besser als die anderen funktioniert.

So lässt sich in der Praxis beispielsweise häufig feststellen, dass ein E-Mailing mit Kurztexten zwar mehr Klicks als ein E-Mailing mit Volltexten produziert, Letzteres dafür höhere Umsätze generiert. Beim Versandzeitpunkt eines Newsletters kann selbst bei einer Zielgruppe, die sich ausschließlich aus privaten E-Mail-Empfängern zusammensetzt, Montag früh besser als Freitagabend sein, weil die Empfänger abhängig vom Thema des Newsletters entscheiden, ob sie bei der Anmeldung ihre private E-Mail-Adresse oder ihre E-Mail-Adresse in der Firma angeben.

Wie stark sich scheinbar nebensächliche Optimierungen auf das Ergebnis eines E-Mailings auswirken können, zeigt folgender Vergleich, der auf einem Beispiel aus der Praxis basiert und dessen Werte nur aus Gründen der Übersichtlichkeit etwas gerundet wurden:

Standard-Mailing

- Auslieferung: 100.000 E-Mails (100 %),
- Zustellung: 90.000 E-Mails (90 % der ausgelieferten E-Mails),
- Öffnungen: 58.500 (65 % der zugestellten E-Mails),
- Klicks: 5.850 (10 % der geöffneten E-Mails),
- Bestellungen: 117 (2 % der Reagierenden).

Optimiertes Mailing

- Auslieferung: 100.000 E-Mails (100 %),
- Zustellung: 95.000 E-Mails (95 % der ausgelieferten E-Mails),
- Öffnungen: 71.250 (75 % der zugestellten E-Mails),
- Klicks: 10.688 (15 % der geöffneten E-Mails),
- Bestellungen: 214 (2 % der Reagierenden).

Im zweiten Beispiel wurden durch diverse Optimierungen die Werte für Zustellung, Öffnungen und Klicks erhöht, was am Ende in einer Steigerung der Bestellungen um eindrucksvolle 83 % resultierte – ohne Änderung der Konvertierungsrate von 2 %! Die Bestellquote des optimierten Mailings lag in diesem Beispiel bei 0,21 % gegenüber 0,12 % beim Standard-Mailing.

Ebenfalls zur Response auf ein E-Mailing zählt die Quote derjenigen E-Mail-Empfänger, die sich nach dem Erhalt eines Mailings aus dem Verteiler abmelden, weil ihnen Inhalt oder Form der Mailings nicht zusagt. Weil diese Personen für die künftige E-Mail-Kommunikation verloren sind, sollte auch die Abmeldequote, die aus einem E-Mailing resultiert, im Rahmen der Bewertung eines Tests berücksichtigt werden.

Beim Testen von E-Mail-Marketing-Aktionen ist eine grundsätzliche Voraussetzung, dass pro Testlauf jeweils nur ein einziger Parameter geändert und gegen den bisherigen Standard getestet wird. Würden mehrere Parameter gleichzeitig geändert, so wäre es bei der Auswertung der Testergebnisse nicht mehr möglich, festzustellen, welche Auswirkungen welchem Parameter zuzuordnen sind. Ebenfalls wichtig ist, dass der Versand der Test-Mailings annähernd zeitgleich erfolgt, um Einflüsse auf die Test-ergebnisse durch den Versandzeitpunkt auszuschließen.

Damit die quantitativen Ergebnisse beim Testen von E-Mail-Marke-ting-Aktionen aussagekräftig sind, sollte mit jeder Testvariante eine Stich-probe von mindestens 1.000 E-Mail-Adressen angeschrieben werden. Es muss auch darauf geachtet werden, dass die soziodemografische Struktur der Stichproben vergleichbar ist, damit beispielsweise nicht Unterschiede bei der Altersstruktur oder der Wohnortgröße die Ergebnisse der Tests verzerren. Wenn die E-Mail-Adressen im E-Mail-Verteiler in einer unge-ordneten Reihenfolge gespeichert sind, ist eine Zufallsziffernstichprobe zur Selektion der E-Mail-Adressen ausreichend.

Falls die Ergebnisse der Tests sehr eng beieinander liegen, ist es sinn-voll, die Stichprobe zu erweitern und eine größere Anzahl von E-Mail-Adressen anzuschreiben (z.B. 2.000 oder 5.000), um die statistischen Messungenauigkeiten, die aus geringen Fallzahlen zwangsläufig resultie-ren, zu reduzieren.

> Eine Faustformel der Statistiker besagt, dass die maximale Fehler-größe einer Stichprobe der Quadratwurzel aus 10.000 geteilt durch die Größe der Stichprobe entspricht. Das Ergebnis ist in diesem Fall ein Prozentwert. Bei einer Stichprobe von 1.000 E-Mail-Adressen ergibt diese Formel demnach die Wurzel aus 10 und damit eine maximale Fehlergröße von 3,2 %; bei einer Stichprobe von 5.000 E-Mail-Adressen sinkt dieser Wert auf 1,4 %.

5.5.3 E-Mails zur Marktforschung

Die bereits erwähnten geringen Kosten und die kurze Zykluszeit von E-Mailings machen E-Mail-Marketing zu einem idealen Werkzeug für eine professionelle, qualitative und quantitative Marktforschung. So las-sen sich E-Mailings beispielsweise dazu einsetzen, um die Akzeptanz unterschiedlicher Produktvarianten oder -Bundles zu testen, um die Be-stellhäufigkeit für verschiedene Preispunkte zu ermitteln oder um zu prü-fen, ob Versandkosten bereits in die Preise eingerechnet oder getrennt ausgewiesen werden sollten. Aus den Ergebnissen dieser Tests kann der Anbieter dann die gewinnoptimale Angebotsform bzw. den gewinnopti-malen Preis berechnen.

Ein konkretes Beispiel: Ein Anbieter möchte wissen, ob er einen DVD-Film

- für 24,90 € zuzüglich 2,90 € Versandkosten,
- für 27,80 € inklusive Versandkosten
- oder für 29,80 € inklusive Versandkosten

anbieten soll. Aufgrund der Bestellhäufigkeit möchte er die Preiselastizität feststellen und daraus ermitteln, bei welchem Preisangebot er wegen der Anzahl der Bestellungen den höchsten Gewinn erwirtschaftet.

Für solch einen Test müssen drei inhaltlich und gestalterisch identische E-Mailings entworfen werden, die sich nur bei der Nennung des Kaufpreises und der Versandkosten voneinander unterscheiden. Darauf werden aus dem E-Mail-Verteiler des Anbieters drei Stichproben mit mindestens je 1.000, besser aber je 2.000 E-Mail-Empfängern selektiert. Wichtig ist wieder, dass die soziodemografische Struktur der Stichproben vergleichbar ist, damit sie nicht das Ergebnis des Tests verfälscht. Wenn die E-Mail-Adressen in ungeordneter Reihenfolge gespeichert sind, reicht eine Zufallszifferstichprobe zur Sample-Ermittlung aus.

Nachdem die drei Stichproben selektiert sind, wird an jede eines der drei E-Mailings versendet. Nach spätestens zwei Tagen liegen die meisten Rückläufe auf die E-Mailings vor und können miteinander verglichen werden. Auf Basis dieser Rückläufe kann der Anbieter feststellen, welche Preisvariante wie viele Anfragen und Bestellungen generiert hat. Aus der Kombination von Preisvariante und der zugehörigen Anzahl von Bestellungen lässt sich der Gewinn pro E-Mailing berechnen. Die Preisvariante aus der Kombination mit dem höchsten Gewinn ist der gewinnoptimale Preis.

Nach dem gleichen Verfahren lassen sich bei Bedarf weitere Preisvarianten testen, beispielsweise 28,80 € ohne zusätzliche Versandkosten oder 34,80 € für ein Bundle bestehend aus dem DVD-Film und der passenden Soundtrack-CD zuzüglich Versandkosten.

Zugegeben, für diese Tests zu Marktforschungszwecken ist ein gewisser Aufwand nötig. Doch die Erfahrung aus der Versandhandelsbranche, die solche Tests seit Jahrzehnten mit Post-Mailings durchführt, zeigt, dass die Ergebnisse, wenn sie zur Gewinn- oder Umsatzoptimierung herangezogen werden, den Einsatz wert sind.

5.6   Datenanalyse durch Data Mining

Die folgenden Abschnitte beschreiben, wie die Profilinformationen, die sich per E-Mail-Marketing sammeln lassen, eingesetzt werden können, um E-Mail-Marketing-Aktionen zu optimieren und noch bessere Ergebnisse zu erzielen. Es werden die wichtigsten Verfahren und Techniken im Data Mining vorgestellt und zahlreiche Tipps für den praktischen Einsatz gegeben. Eine Warnung vorab: Das Thema Datenanalyse ist nicht trivial, sodass trotz Vereinfachung leider ein gewisses Minimum an Theorie erforderlich ist.

5.6.1 Begriffsbestimmungen

Beim Marketing per E-Mail lassen sich im Vergleich zu anderen Marketing-Techniken fast alle Leistungsparameter messen. Diese Eigenschaft des E-Mail-Marketings wird von vielen Anbietern intensiv genutzt, um auf diesem Weg Nutzungsdaten über die Interessenten und Kunden zu sammeln und Profile aufzubauen. Allerdings werten erst wenige Anbieter die sorgsam gesammelten Ergebnisse ihrer E-Mail-Marketing-Aktionen konsequent und systematisch aus.

Wenn es um das Analysieren der Nutzungsdaten von Interessenten und Kunden geht, wird man von den Experten häufig mit Fachbegriffen wie analytisches CRM, Data Mining und OLAP konfrontiert. Das hört sich wichtig an, doch gelegentlich werden die Begriffe missverständlich oder gar falsch eingesetzt und tragen damit eher zur Verwirrung als zur Aufklärung bei. Aus diesem Grund sind im Folgenden die wichtigsten Fachbegriffe zum Thema Datenanalyse jeweils mit einer kurzen Erläuterung zusammengefasst:

Analytisches CRM

Während mit dem Begriff „operatives CRM" die aktive Kundenbetreuung, -pflege und -verwaltung bezeichnet wird (also das, was der Kunde von den CRM-Aktivitäten eines Unternehmens zu sehen bekommt), handelt es sich beim analytischen CRM um die Tätigkeiten im Hintergrund in Form der Analyse der vorhandenen Interessenten- und Kundendaten mit OLAP- und/oder Data-Mining-Verfahren. Ziel des analytischen CRM ist es, durch die Datenanalyse Erkenntnisse zu gewinnen, die im operativen CRM eingesetzt werden können, um beispielsweise die Neukundenakquisition zu beschleunigen oder die Kundenhaltbarkeit zu verlängern.

Der Einsatz von analytischen CRM-Maßnahmen ist wegen der dazu erforderlichen mathematischen und statistischen Algorithmen komplexer als die vergleichsweise simplen Prozesse im operativen CRM, gewinnt aufgrund der hervorragenden Ergebnisse jedoch stetig an Bedeutung.

Business Intelligence

Mit Business Intelligence werden ganz allgemein Instrumente und Werkzeuge bezeichnet, die durch die Analyse der Informationen in einem Data Warehouse praktisch verwertbares Wissen zur Unternehmenssteuerung generieren. Dazu werden die Daten nach bestimmten mathematischen und statistischen Verfahren untersucht und Rückschlüsse gezogen. OLAP und Data Mining zur Analyse von Kundendaten sind Beispiele für praktisch angewandte Business Intelligence.

Customer Lifetime Value

Mit Customer Lifetime Value bzw. der Abkürzung CLV wird der monetäre Wert, den ein Kunde für den jeweiligen Anbieter bildet, bezeichnet. Der CLV setzt sich aus der Summe aller zukünftig erwarteten (abgezinsten) Gewinne, die mit diesem Kunden erzielt werden, zusammen.

Data Mining

Data Mining ist der Sammelbegriff für mathematische und statistische Verfahren zur automatisierten Analyse von Datenbanken und Data Warehouses nach nichtoffensichtlichen Informationen und geht über die vergangenheitsbezogenen OLAP-Verfahren hinaus. Data Mining bedeutet beispielsweise das Erkennen von Wechselbeziehungen, das Ermitteln von Assoziationen, das Entdecken von (zeitlichen) Datenmustern, das Identifizieren von (Zielgruppen-)Segmenten, das Generieren von Entscheidungsbäumen und das Entwickeln von Modellen zur Prognostizierung des Kundenverhaltens.

Data Warehouse

Ein Data Warehouse ist eine mehrere Datenquellen zusammenfassende, nicht operativ genutzte (Marketing-)Datenbank mit informations- statt transaktionsorientiertem Datenmodell. Die Daten für ein Data Warehouse werden abhängig von der Performance der Datenbankinfrastruktur entweder wöchentlich, einmal täglich („Near Realtime") oder laufend („Realtime") eingespielt. Ein Data Warehouse ist in der Regel das analytische Rückgrat einer professionellen CRM-Softwarelösung.

OLAP

OLAP ist die Abkürzung für „Online Analytical Processing". Gewöhnliche Funktionen zur Auswertung von Datenbanken erschöpfen sich in einfachen Abfragen („In welchem Verkaufsgebiet erzielte das Produkt die höchsten Umsätze?"). Mit OLAP-Tools lassen sich die Daten dagegen multidimensional, d.h. nach mehreren Dimensionen analysieren (z.B.:

„Wie würden sich unsere Verkäufe entwickeln, wenn diese und jene Parameter geändert würden?") und die Auswertungen grafisch darstellen. Besonders beliebt ist die Darstellung der Analyseergebnisse als so genannter OLAP-Würfel, der Daten nach drei Dimensionen ausgewertet anzeigt, und sich für weitere Untersuchungen nach allen Richtungen kippen, drehen und vergrößern lässt.

Scoring

Mit Scoring bezeichnet man das Klassifizieren von Kundendatenbeständen nach zuvor definierten Kriterien. Scoring-Verfahren werden beispielsweise genutzt, um Kunden in einer Datenbank zu kategorisieren und nach Bonität, Kauf- oder Kündigungswahrscheinlichkeit zu ordnen. Klassische Scoring-Verfahren sind die Punktekataloge der Banken, mit deren Hilfe die Kreditwürdigkeit potenzieller Darlehensnehmer beurteilt wird.

5.6.2 Für Einsteiger: RFM-Scoring

Vor dem Einstieg in die komplexe Welt des Data Mining lohnt es sich zuerst, das relativ einfache und effektive RFM-Scoring-Verfahren kennen zu lernen. Das RFM-Rating ist eines der bekanntesten und vor allem erfolgreichsten Scoring-Verfahren. Es wurde vom Versandhandel entwickelt, und mit seiner Hilfe kann ein Anbieter seinen Kundenstamm nach dessen Kaufpotenzial ordnen.

Durch ein RFM-Scoring lässt sich beispielsweise sicherstellen, dass Marketing-Aktionen, die aus zeitlichen, logistischen oder Kostengründen nicht an alle Kunden gerichtet werden können, zumindest die Kunden mit dem höchsten Kaufpotenzial adressieren.

Was bedeutet die Abkürzung RFM?

- Der Buchstabe „R" steht für **Recency Value** (Aktualitätswert) und repräsentiert die Zeitdauer, die seit dem letzten Kauf eines Kunden verstrichen ist.
- Der Buchstabe „F" steht für **Frequency Value** (Häufigkeitswert) und repräsentiert die Häufigkeit, mit der ein Kunde bislang beim Anbieter eingekauft hat.
- Der Buchstabe „M" steht für **Monetary Value** (Geldwert) und repräsentiert den Gewinn, den der Anbieter mit einem Kunden bislang generieren konnte.

Die Reihenfolge R-F-M ergibt sich aus der Priorität der drei Kriterien, denn die Erfahrungen im Versandhandel zeigen, dass das Recency-Krite-

rium die höchste und das Monetary-Kriterium die geringste (zukunfts-
bezogene!) Bedeutung für das Kaufpotenzial eines Kunden hat.

Zur Kategorisierung nach Kaufpotenzial wird ein Kundenstamm in
so genannte RFM-Zellen unterteilt. Diese Zellen werden gebildet, indem der Kundenstamm zuerst nach dem Recency-Kriterium in gleich
große Segmente unterteilt wird, darauf diese einzelnen Segmente nach
dem Frequency-Kriterium in gleich große Untersegmente unterteilt und
zuletzt jedes Untersegment nach dem Monetary-Kriterium nochmals
unterteilt wird. Das Ergebnis sind Unteruntersegmente, die alle die gleiche Anzahl von Kunden enthalten. Dies sind die eingangs genannten
RFM-Zellen.

Da sich dies alles sehr theoretisch anhört, im Folgenden ein konkretes
Beispiel:

Ein Stamm von 100.000 Kunden wird zuerst nach dem wichtigen Recency-Kriterium in fünf Segmente unterteilt. In das oberste Segment mit
der Nummer 5 werden die 20.000 Kunden eingeordnet, deren Bestellung
am kürzesten zurückliegt, im Segment Nummer 4 folgen die nächsten
20.000 Kunden und so weiter bis zum Segment 1, das die restlichen 20.000
Kunden enthält, deren letzte Bestellung am längsten zurückliegt.

Zur weiteren Einteilung wird jedes der fünf Segmente in weitere vier
Untersegmente für das Frequency-Kriterium eingeteilt. Das heißt, in das
Untersegment Nummer 5 werden jeweils die 5.000 Kunden eines Seg-
ments eingeteilt, die am häufigsten bestellen, bis hin zum Untersegment 1
mit den 5.000 Kunden, die am seltensten bestellen. Diese Unterteilung
wird für alle fünf Segmente durchgeführt, sodass am Ende $5 \cdot 4 = 20$
Untersegmente zu je 5.000 Kunden vorhanden sind.

Um das RFM-Rating komplett zu machen, werden die Untersegmente
für das (weniger wichtige) Monetary-Kriterium nach dem gleichen
Schema in jeweils drei Unteruntersegmente unterteilt. Das Unteruntersegment 3 nimmt demzufolge jeweils die 1.667 Kunden auf, die den höchsten Gewinn, und das Unteruntersegment 1 die 1.667 Kunden, die den geringsten Gewinn generieren. Nach dieser Einteilung sind $5 \cdot 4 \cdot 3 = 60$
Unteruntersegmente mit je 1.667 Kunden (gerundet) vorhanden.

Das Segment 5, Untersegment 4, Unteruntersegment 3, im Folgenden
kurz als RFM-Zelle 543 bezeichnet, enthält dann von den 20.000 Kunden,
die zuletzt etwas bestellt haben, die 5.000, die am häufigsten bestellt haben, und davon wiederum die 1.667, die den höchsten Gewinn generiert
haben. Bei diesen 1.667 Kunden handelt es sich erfahrungsgemäß um die
wertvollste Zielgruppe.

Umgekehrt enthält die RFM-Zelle 111 (Segment 1, Untersegment 1,
Unteruntersegment 1) von den 20.000 Kunden, deren Bestellung am

längsten zurückliegt, die 5.000, die am seltensten bestellt haben, und davon wiederum die 1.667 Kunden mit dem geringsten Gewinn.

Speziell bei geringeren Kundenbeständen, die zu sehr kleinen Zellen führen würden, wird das Monetary-Kriterium übrigens häufig gar nicht berücksichtigt. Erfahrungen haben gezeigt, dass es gegenüber den Recency- und Frequency-Kriterien nur einen sehr geringen Einfluss hat und der Entfall dieses dritten Kriteriums das ganze Scoring-System wesentlich vereinfacht.

Erfahrungsgemäß korrespondiert das RFM-Rating eines Kunden mit dessen Customer Lifetime Value, sodass ein hoher RFM-Wert auch einen hohen CLV signalisiert.

Wichtig ist jedoch, dass das RFM-Scoring immer vergangenheitsbezogen ist, d.h. ein Kunde, dessen CLV-Potenzial beispielsweise durch eine Erbschaft plötzlich gestiegen oder durch eine Scheidung gesunken ist, kann nicht sofort identifiziert werden, sondern wird erst im Nachhinein durch seine historischen Daten „entdeckt".

Richtig interessant wird es, wenn das RFM-Scoring über einen längeren Zeitraum hinweg durchgeführt wird. In diesem Fall lassen sich nämlich auch Kundenwanderungen zwischen den Zellen identifizieren. So kann ein Anbieter beispielsweise feststellen, ob es ihm gelingt, mit Marketing-Aktionen Kunden in höhere Zellen zu „befördern" oder einen Abwärtstrend zu stoppen.

5.6.3 Für Fortgeschrittene: Data Mining

Es klingt vielleicht etwas übertrieben, doch es ist die Wahrheit: Mit Data Mining lassen sich verborgene Schätze im Data Warehouse heben. In einem Data Warehouse sind in der Regel alle Interessenten- und Kundendaten eines Unternehmens gebündelt vorhanden. Durch die Analyse dieser Daten mit verschiedenen Data-Mining-Verfahren lässt sich aus den Daten Wissen schöpfen, das genutzt werden kann, um künftig bessere Geschäftsergebnisse zu erzielen.

Weil die Informationen im Data Warehouse ohnehin vorhanden sind, sind alle Umsatzsteigerungen, die sich durch Data Mining erzielen lassen (abgesehen vom Arbeitsaufwand und den Kosten für die eingesetzten Analyse-Tools) reiner Ertrag. Und je mehr Daten zu den Interessenten und Kunden vorhanden sind, desto genauer werden die Analysen und desto besser die Ergebnisse. Daher ist Data Mining auch besonders effektiv in Verbindung mit E-Mail-Marketing, denn per E-Mail lassen sich sehr einfach viele Daten gewinnen.

Die per E-Mail-Marketing gewinnbaren Nutzungsdaten sind ideal geeignet für die Analyse durch Data-Mining-Verfahren. Beispielsweise lassen sich auf Basis der vorhandenen Daten Wechselbeziehungen (Korrelationen) und Verknüpfungen (Assoziationen) der Daten untereinander ermitteln, Zielgruppensegmente identifizieren, zeitliche Sequenzen entdecken oder Forecasting-Modelle zur Prognostizierung des Kundenverhaltens entwickeln.

Die mathematischen und statistischen Verfahren des Data Mining hören sich sehr theoretisch an. Daher als Appetitanreger ein paar praktische Beispiele, wofür Data-Mining-Techniken in der Praxis eingesetzt werden:

Potenzialanalyse

Welche Interessenten sind besonders heiße Kandidaten für die Umwandlung in einen Kunden? Diese Mutter aller Fragen (zumindest für den Vertrieb) lässt sich eventuell durch Data Mining beantworten, und zwar dann, wenn die Daten von Neukunden analysiert werden. Interessenten, deren Daten im Vergleich dazu ähnlich sind (Öffnungsquote der E-Mails, Klickverhalten, Interessenprofil etc.), dürften das höchste Potenzial für die Umwandlung in einen Kunden aufweisen und sollten vom Vertrieb bevorzugt bearbeitet werden.

Kundenhaltbarkeit

Die Haltbarkeit eines Kunden hat große Auswirkungen auf dessen Profitabilität und damit den Customer Lifetime Value (CLV). Darum ist es wichtig, zu wissen, wie sich Kunden verhalten, kurz bevor sie kündigen. Gibt es ein auffälliges Muster (beispielsweise eine bestimmte Bestellhistorie, Newsletter-Abbestellungen etc.)? Wenn es solche Muster („Patterns") gibt, lassen sich diese mit Data-Mining-Verfahren entdecken. Als Ergebnis dieser Analyse sollten alle Kunden, die das Muster der Kündiger im Ansatz aufweisen, im Rahmen einer Stornoprophylaxe besonders intensiv betreut werden, um deren Verlust zu verhindern.

Warenkorbanalyse

Ein klassisches Beispiel für Korrelationen und Assoziationen ist die Untersuchung der Zusammensetzung von Warenkörben beim Einkauf, denn durch die Warenkorbanalyse lassen sich Cross- und Upselling-Potenziale identifizieren. So wurde beispielsweise durch Data Mining herausgefunden, dass Männer, die im Supermarkt Windeln kaufen, gerne auch noch einen Kasten Bier mitnehmen. Die Konsequenz des Handels:

In vielen Supermärkten steht seit dieser Entdeckung das Bier in unmittelbar räumlicher Nähe zu den Windeln, um diesen Trend zu unterstützen und zu verstärken.

Ein anderes Beispiel für Warenkorbanalysen: Wer bei dem Online-Buchhändler Amazon kauft, bekommt zu jedem ausgewählten Buch ein weiteres Buch vorgeschlagen, das als Ergänzung besonders gut dazupassen soll. Dieser Buchvorschlag basiert ebenfalls auf Data-Mining-Verfahren, mit deren Hilfe Amazon die Zusammensetzung der im eigenen Data Warehouse gespeicherten Warenkörbe analysiert hat.

Betrugsaufdeckung

Betrüger weisen oft ähnliche Verhaltensmuster auf. Die Kreditkartenindustrie, Versicherungskonzerne und Telekommunikationsanbieter, aber neuerdings auch die Finanzämter und die Börsenaufsicht nutzen diese Tatsache, um auf Basis der Verhaltensmuster von bekannten Betrügern nach ähnlichen Mustern in ihren Kunden- bzw. Nutzerprofilen zu forschen und auf diese Weise potenzielle Betrüger zu ermitteln sowie präventiv zu handeln, um eventuelle Verluste zu verhindern.

5.6.4 Standardverfahren im Data Mining

Data Mining ist der Sammelbegriff für eine ganze Reihe von mathematischen und statistischen Verfahren zur Datenanalyse. Mit den verschiedenen Data-Mining-Verfahren werden hauptsächlich zwei Ziele verfolgt:

*   **deskriptive** Verfahren zum Entdecken von Zusammenhängen und Regeln („Discovery");
*   **prädiktive** Verfahren zur Vorhersage von Werten auf Basis historischer Daten („Forecasting").

Das Ziel der Data-Mining-Anwendungen, die für Discovery-Zwecke eingesetzt werden, ist es, in den zu untersuchenden Daten interessante Beziehungen, Verknüpfungen und sonstige Muster ohne eine bereits bestehende Idee oder Hypothese zu finden.

Data-Mining-Anwendungen zum Forecasting bauen auf den Discovery-Verfahren auf und nutzen deren Ergebnisse, um auf Basis der entdeckten Muster und Regeln fehlende oder zukünftige Werte vorherzusagen. Auf diese Weise lassen sich beispielsweise in Kundenprofilen, die leere Felder aufweisen, diese Felder mit Werten füllen, die auf Basis der Entdeckungen aus der Datenanalyse geschätzt werden. Auch Trends und zukünftige Entwicklungen lassen sich durch Data-Mining-Untersuchungen zu Forecasting-Zwecken vorhersagen.

Zu den standardmäßig angewendeten Verfahren im Data Mining zählen die folgenden Techniken:

- Segmentierung,
- Variationsanalyse,
- Sequenzanalyse,
- Korrelationen und Assoziationen,
- Entscheidungsbäume.

Segmentierung

Die Segmentierung ist ein sehr einfaches Data-Mining-Verfahren. Ziel der Segmentierung ist es, Interessenten oder Kunden in Gruppen mit jeweils gleichartigen Profilen zu unterteilen. Dazu werden Regeln, die das jeweilige Segment beschreiben, definiert (bzw. von einer Data-Mining-Software vorgeschlagen) und die Datensätze entsprechend aufgeteilt. Diese Segmentierung kann beispielsweise nach Geschlecht, Altersgruppe, Familienstand, Postleitzahlenbereich, Haushaltsnettoeinkommen oder einer Kombination dieser Parameter erfolgen. Das RFM-Scoring aus dem vorigen Abschnitt 6.2 ist ein Beispiel für eine Segmentierung. Jede RFM-Zelle entspricht dabei einem Segment.

Variationsanalyse

Über die Variationsanalyse werden für die Felder von Kundendatensätzen zuerst deren Durchschnittswerte und anschließend signifikante statistische Abweichungen davon ermittelt. Auf diese Weise lassen sich Ausreißer (z.B. besonders profitable Kunden oder Käufer mit einer sehr hohen Retourenquote) schnell identifizieren und entsprechend bearbeiten. Ohne die Suche nach signifikanten Abweichungen würden die Ausreißer in einer großen Menge von Kundendaten eventuell unentdeckt bleiben.

Sequenzanalyse

Mit der Sequenzanalyse (auch Zeitreihenanalyse genannt) lassen sich (Kauf-)Muster entdecken, die zeitlich aufeinander folgen. Beispielsweise kann auf diese Weise analysiert werden, welche Käufe die Kunden nach dem Erwerb eines bestimmten Basisproduktes getätigt haben. Welche DVDs wurden nach dem Kauf eines DVD-Players erworben, welche Erweiterungspakete nach dem Kauf des Grundbaukastens einer Modelleisenbahn? Mit diesen Erkenntnissen des Kaufverhaltens lassen sich beispielsweise attraktivere Produkt-Bundles schnüren oder Cross- und Upselling-Potenziale besser nutzen.

Korrelationen und Assoziationen

Durch eine Analyse der Kundendaten nach Korrelationen und Assoziationen lassen sich bestimmte Beziehungen und Verknüpfungen zwischen den einzelnen Datensätzen oder Feldern in den Datensätzen ermitteln und daraus Regeln ableiten. Der Nutzen von Korrelationen und Assoziationen wurde bereits weiter oben anhand der Warenkorbanalyse dargestellt, die beispielsweise in der Vergangenheit ergeben hat, dass Männer, die in Supermärkten Windeln kaufen, häufig auch noch einen Kasten Bier mitnehmen.

Ein weiteres Anwendungsgebiet für Korrelationen ist die Datenverdichtung, die zu einer verbesserten Übersichtlichkeit führt. Wenn bestimmte Faktoren stark korrelieren, lassen sich diese oft zu einem einzigen Parameter zusammenfassen, so, wie sich beim RFM-Scoring aus den drei Faktoren für Kaufaktualität, Kaufhäufigkeit und Kaufwert ein einziger Wert für die Kaufwahrscheinlichkeit des jeweiligen Kunden ermitteln lässt. Ein klassisches Beispiel für diese Art der Datenverdichtung ist der Intelligenzquotient (IQ), der sich aus einer Reihe von einzelnen Intelligenzparametern zusammensetzt.

Entscheidungsbäume

Entscheidungsbäume repräsentieren einen Satz von Regeln zur Klassifizierung (ähnlich der Segmentierung), beispielsweise um Antragsteller von Darlehen in geringes und großes Risiko zu unterteilen. Hier ein stark vereinfachtes Beispiel für solch einen Entscheidungsbaum mit lediglich zwei Verzweigungsebenen:

- jährliches Haushaltsnettoeinkommen > vierfacher Darlehensbetrag:
  - bei der gleichen Firma angestellt > 3 Jahre → geringes Risiko,
  - bei der gleichen Firma angestellt ≤ 3 Jahre → großes Risiko;
- jährliches Haushaltsnettoeinkommen ≤ vierfacher Darlehensbetrag:
  - sonstige Sicherheiten ≥ Darlehensbetrag → geringes Risiko,
  - sonstige Sicherheiten < Darlehensbetrag → großes Risiko.

Anhand solch eines Entscheidungsbaums lassen sich die Antragsteller von Darlehen automatisch nach ihrer Risikoklasse klassifizieren; die Ausfallwahrscheinlichkeit der Darlehen kann damit vorhergesagt werden.

Entscheidungsbäume lassen sich auch aufbauen, um Klassen für Kaufpotenziale zu ermitteln. Das folgende Beispiel gilt für Whiskykäufer. Aus Gründen der Übersichtlichkeit ist nur die Astverzweigung aufgeführt, die zu der vielversprechendsten Kundengruppe führt:

- Geschlecht = männlich → Kaufpotenzial = 10 %:
  - Lebensalter > 50 Jahre → Kaufpotenzial = 25 %,
    - Haushaltsnettoeinkommen > 50.000 €/Jahr → Kaufpotenzial = 33 %.

Entscheidungsbäume werden immer populärer, weil sie verhältnismäßig präzise arbeiten und im Gegensatz zu neuronalen Netzen (siehe nächster Abschnitt) einfach zu verstehen sind. Entscheidungsbäume lassen sich auch schneller aufbauen als neuronale Netze.

5.6.5 Expertenverfahren im Data Mining

Wem die Standardverfahren für das Data Mining nicht ausreichen und wer vor der (mathematischen) Komplexität fortgeschrittener Techniken nicht zurückschreckt, für den bieten sich die folgenden Data-Mining-Verfahren an:

Regressionsanalyse

Die Regressionsanalyse untersucht den Einfluss eines unabhängigen auf einen abhängigen Parameter. Ist dieser Einfluss linear, d. h. die Abbildung der Parameterabhängigkeit in einem xy-Koordinatensystem ergibt eine gerade Linie, so spricht man auch von einer linearen Regressionsanalyse.

Mit Hilfe der Regressionsanalyse lassen sich beispielsweise Kaufpotenziale ermitteln, die von bestimmten Kundeneigenschaften abhängig sind. Ein Beispiel:

> Je höher das Lebensalter ist, desto höher ist auch die Wahrscheinlichkeit einer Kreuzfahrtbuchung.

Daraus folgend, lässt sich dann der Mix an Kundenkriterien ableiten, der das höchste Kaufpotenzial erzielt (beispielsweise für Kreuzfahrtbuchungen neben dem Lebensalter auch der Familienstand und das Haushaltsnettoeinkommen), um so die attraktivsten Kunden zu identifizieren und diese gezielt mit Marketing-Maßnahmen anzusprechen.

Neuronale Netze

Neuronale Netze gehören zu den komplexen Data-Mining-Verfahren. Neuronale Netze sind ein mathematisches Verfahren, um übereinstimmende Muster in scheinbar chaotischen Datensystemen aufzuspüren und (im Gegensatz zur linearen Regressionsanalyse) nichtlineare Abhängigkeiten darzustellen. Auf diese Weise lassen sich Prognosemodelle entwickeln, die für bestimmte Eingangsdaten die Ergebnisse vorhersagen.

Neuronale Netze nutzen eine Vielzahl von Parametern als Stellschrauben (die nach außen nicht sichtbaren Knoten des Netzes), um ein Modell zu bauen, das für komplexe Fragen die korrekten Antworten vorhersagt. Dazu werden im neuronalen Netz die Merkmale der Interessenten bzw. Kunden als Eingangsdaten in verschiedenen Varianten mit bestimmten Gewichtungen kombiniert und die Summen abschließend zum Ergebnis zusammengeführt. Die Art der Varianten und deren Gewichtung sind dabei die Stellschrauben des Netzes.

Neuronale Netze werden beispielsweise intensiv von der Kreditkartenindustrie und von Versicherungsunternehmen zur Betrugsaufdeckung und für die Einleitung präventiver Maßnahmen gegen Betrugsversuche genutzt, indem die neuronalen Netze anhand von Nutzungsdaten die jeweilige Betrugswahrscheinlichkeit ermitteln.

Der große Vorteil neuronaler Netze ist, dass sie sich mit Musterdatensätzen, die aus Eingangsdaten mit den zugehörigen korrekten Ergebnissen bestehen (beispielsweise Datensätze von überführten Kreditkarten- oder Versicherungsbetrügern), füttern und auf diese Weise trainieren lassen. Dadurch lassen sich die Netzknoten genauer justieren und gewichten, sodass neuronale Netze im Verlauf des Trainings immer präziser vorhersagen können und damit bessere Ergebnisse generieren.

Ist ein neuronales Netz ausreichend trainiert, so zeigt die Größe der Gewichtungsfaktoren an, wie wichtig das jeweilige Merkmal des Interessenten oder Kunden für das Ergebnis ist. Beispielsweise kann die Analyse der Gewichtungsfaktoren eines neuronalen Netzes, das Umsätze prognostiziert, ergeben, dass das Lebensalter den höchsten Einfluss auf den Warenwert einer Bestellung hat und bei einem Netz für die Vorhersage von Kauffrequenzen, dass die Zahl der Kinder der wichtigste Faktor dafür ist.

Genetische Algorithmen

Noch aufwendiger als neuronale Netze arbeiten die so genannten genetischen Algorithmen, die häufig für die Feinabstimmung neuronaler Netze eingesetzt werden, um deren Ergebnisse nochmals zu optimieren.

Genetische Algorithmen arbeiten nach evolutionären Verfahren, indem sie die Natur nachahmen und nach dem Zufallsprinzip „Versuch und Irrtum" vorgehen. Sie testen unterschiedliche Prognosevarianten durch Reproduktion (Auslese), Kreuzung (Austausch) und Mutation (Abänderung) und entwickeln sich durch „natürliche" Selektion fort, weil jeweils nur diejenigen Entwicklungslinien weiterverfolgt werden, die bessere Ergebnisse als die vorhergehende Generation produzieren. Dieser evolutionäre Prozess wird über so viele Generationen fortgesetzt, bis die Ergebnisse des entwickelten Prognosemodells hinreichend präzise sind.

Da genetische Algorithmen durch die evolutionäre Weiterentwicklung über viele Generationen hinweg extrem viel Rechenzeit benötigen können, sollten sie nur dann eingesetzt werden, wenn der Nutzen durch präzise Ergebnisse den hohen Aufwand rechtfertigt.

5.6.6 Praktische Erfahrungen mit Data Mining

Die in den vorigen Abschnitten beschriebenen verschiedenen Data-Mining-Verfahren lassen sich selbstverständlich auch parallel und in Kombination anwenden, um die Zuverlässigkeit der Ergebnisse zu erhöhen. Falls sich die Ergebnisse von unterschiedlichen Verfahren widersprechen (was beispielsweise aufgrund von fehlerhaften Daten oder Denkfehlern vorkommen kann), sollte die Validität der jeweiligen Modelle durch Vergleichstests mit Daten, deren Ergebnisse bekannt sind, überprüft werden, um das optimale Data-Mining-Verfahren zu identifizieren.

Allerdings muss beim Testen der Validität eines Data-Mining-Verfahrens auch das Phänomen der Überanpassung berücksichtigt werden, das heißt die Gefahr, dass das Modell so sehr auf die Trainingsdaten zugeschnitten ist, dass er überspezialisiert – und damit nicht optimal – arbeitet.

> Wer sich nicht sicher ist bezüglich der Relevanz der Ergebnisse eines Data-Mining-Verfahrens, sollte je eine Test- und eine Kontrollgruppe bilden. Auf diese Weise lässt sich einfach überprüfen, ob und welche Verbesserungen im Umsatz oder Ergebnis erzielt werden, wenn aus den Data-Mining-Ergebnissen für die Testgruppe die entsprechenden Maßnahmen abgeleitet werden oder die Ergebnisse ignoriert werden und mit der Kontrollgruppe weiter verfahren wird wie bisher.

Data-Mining-Verfahren sind am effektivsten, wenn sie laufend auf Basis der ermittelten Ergebnisse verfeinert werden. Doch so, wie sich die Profile von Interessenten und Kunden in der Datenbank ändern, ändern sich auch die Wirksamkeit und Effektivität der verschiedenen Analyseverfahren. Die Wirksamkeit der erarbeiteten Modelle lässt erfahrungsgemäß mit der Zeit nach (der so genannte „Model Decay"). Daher müssen Annahmen und Modelle periodisch, d.h. halbjährlich, mindestens aber jährlich auf ihre Validität hin überprüft und gegebenenfalls überarbeitet oder ausgetauscht werden, um dauerhaft korrekte Ergebnisse zu gewährleisten.

Für die Analyse der Datenbestände in einem Data Warehouse sind sowohl Marketing- als auch Datenbankspezialisten erforderlich, denn die Software für Data Mining bedient sich nicht von allein, selbst wenn sie, wie das bekannte Clementine von SPSS oder der Insightful Miner, eine übersichtliche und bedienungsfreundliche grafische Benutzeroberfläche bieten (was leider noch immer nicht eine Selbstverständlichkeit ist). Kurz gesagt, weiß der Marketing-Spezialist, nach was gesucht werden soll, und der Datenbankspezialist weiß, wie gesucht wird.

Daher gilt folgende Empfehlung: Es ist in der Regel besser, einen erfahrenen Dienstleister mit der Datenanalyse zu beauftragen, als sich selbst mühsam in die Verfahren des Data Mining einzuarbeiten.

6 Die Technik

Anbieter, die E-Mail-Marketing als Bestandteil ihres Marketing-Mixes verwenden möchten, sollten sich auch mit der Technik, die dahinter steckt, auseinander setzen. Selbst wenn die Technik für E-Mail-Marketing komplett an einen Dienstleister ausgelagert wird, ist die Beschäftigung mit diesem Thema sinnvoll, um die verfügbaren technischen Möglichkeiten zu kennen und kompetent beurteilen zu können.

Die Funktionalität der technischen Plattform, die für E-Mail-Marketing eingesetzt wird, entscheidet darüber, inwieweit sich dessen Potenzial ausnutzen lässt. Funktionen wie ereignis- und regelgesteuerte E-Mailings, dynamischer Content, Double Opt-in, personenbezogenes Link-Tracking, Zielgruppensegmentierung und -Scoring, Abmelde- und Profil-Links oder das MIME-Multipart-Format werden nämlich bei weitem nicht von allen verfügbaren Systemen unterstützt.

In diesem Kapitel werden grundlegende technische Themen des E-Mail-Marketings behandelt und einige Punkte, die bereits in den vorhergehenden Kapiteln angesprochen wurden, vertiefend beschrieben.

6.1 Lösungen zum E-Mail-Versand

Für den Versand von E-Mailings und E-Mail-Newslettern gibt es die unterschiedlichsten technischen Lösungen, angefangen beim kostenlosen E-Mail-Programm für den PC über spezielle E-Mail-Versandprogramme bis hin zur serverbasierten Listserver-Software.

6.1.1 Versand per E-Mail-Programm

Wer lediglich inhaltlich gleich lautende E-Mails (so genannte Bulk-Mails) an einen überschaubaren Verteiler in einer Größenordnung bis 300 E-Mail-Empfängern versenden möchte, für den reicht ein normales E-Mail-Programm wie Microsoft Outlook, Outlook Express, Evolution oder Thunderbird aus. Der Vorteil dieser Programme ist, dass sie entweder kostenlos zu Microsoft Windows mitgeliefert werden oder sich als Open-Source-Software gratis aus dem Internet downloaden lassen.

Für den Versand von E-Mailings über ein E-Mail-Programm muss in dessen Adressbuch ein Verteiler eingerichtet werden, in den alle E-Mail-Adressen der Empfänger des E-Mailings eingetragen werden. Beim Versand des E-Mailings muss unbedingt darauf geachtet werden, dass dieser

Verteiler nicht im An- oder Cc-Feld als Empfänger angegeben, sondern im Bcc-Feld („Blind Carbon Copy") eingetragen wird.

Der Grund dafür ist folgender: Wenn das E-Mail-Programm ein E-Mailing an einen Verteiler versendet, wird dabei der Verteiler durch die E-Mail-Adressen, die in diesem Verteiler enthalten sind, ersetzt. Steht nun der Verteiler im An- oder Cc-Feld, so bedeutet dies, dass jeder E-Mail-Empfänger die E-Mail-Adressen aller anderen Empfänger in dem entsprechenden Feld sehen kann.

Zum einen bläht dies den E-Mail-Header unnötigerweise auf. Viel bedenklicher aber ist, dass damit gegen den Datenschutz verstoßen wird, weil personenbezogene Daten Dritten zugänglich gemacht werden, denn die E-Mail-Empfänger können genau sehen, welche Adressen das E-Mailing oder den E-Mail-Newsletter ebenfalls abonniert haben. Bei dem E-Mail-Newsletter einer Tageszeitung mag dieses Wissen noch nicht kritisch sein, doch bei einem E-Mailing für Damenunterbekleidung oder einem medizinischen E-Mail-Newsletter für AIDS-Infizierte sieht die Situation schon anders aus. Hier hat es in den USA bereits erste juristische Verfahren gegeben.

Aus diesem Grund sollte bei einem Versand per E-Mail-Programm der Verteiler immer im Bcc-Feld angegeben werden, weil dieses Feld vom E-Mail-Programm beim Versenden gelöscht wird, sodass kein Empfänger sehen kann, wer noch alles auf dem E-Mail-Verteiler steht. Allerdings darf nicht verschwiegen werden, dass dieses Verfahren auch das typische Erkennungsmerkmal von Spam-Mails ist, weil der Empfänger im E-Mail-Header nirgendwo seine eigene Adresse sieht und das An-Feld eine fremde E-Mail-Adresse (meist die des Absenders) enthält.

6.1.2 E-Mail-Versandprogramme

Für den Versand von E-Mailings an mehrere hundert bis maximal 1.000 oder 2.000 Empfänger gibt es preiswerte E-Mail-Versandprogramme, die nur wenige hundert Euro kosten und wie ein E-Mail-Programm auf dem PC des Nutzers laufen.

Diese Versandprogramme funktionieren ähnlich wie die Serienbrieffunktion in einer Textverarbeitung. Dazu formuliert der Anbieter den Text des E-Mailings und fügt Platzhalter für die persönliche Anrede und sonstige Individualisierungen wie die Kundennummer oder den Rabattsatz ein. Die Platzhalter werden von dem Versandprogramm beim Verschicken des E-Mailings durch die Informationen aus einer Datenquelle (beispielsweise eine Textdatei im CSV-Format oder eine Excel-Tabelle) ersetzt.

Das derzeit in den USA wohl bekannteste und beliebteste E-Mail-Versandprogramm, das hierzulande immer noch ein Geheimtipp ist, heißt Gammadyne Mailer (siehe Bild 6.1). Gammadyne Mailer wird schon seit vielen Jahren weiterentwickelt und wartet mittlerweile mit einem gigantischen Funktionsumfang auf, ist dadurch in der Bedienung allerdings auch nicht ganz einfach, sodass öfters die sehr ausführliche englischsprachige Hilfefunktion zu Rate gezogen werden muss.

Gammadyne Mailer läuft unter Windows und setzt zur Verwaltung der E-Mail-Empfänger eine ODBC-Datenquelle wie z. B. Microsoft Excel oder Access voraus, wenn man mehr Daten als eine simple Liste von E-Mail-Adressen nutzen möchte.

Die Software lässt sich zum Testen als Shareware von der Gammadyne-Website (www.gammadyne.com) downloaden und bei Gefallen bequem per Kreditkarte bezahlen, um den Registrierungsschlüssel für die Freischaltung der Shareware zur Vollversion zu erhalten. Gammadyne Mailer wurde zum Zeitpunkt der Drucklegung dieses Buchs für 149 US$ (inklusive aller zukünftigen Updates) angeboten.

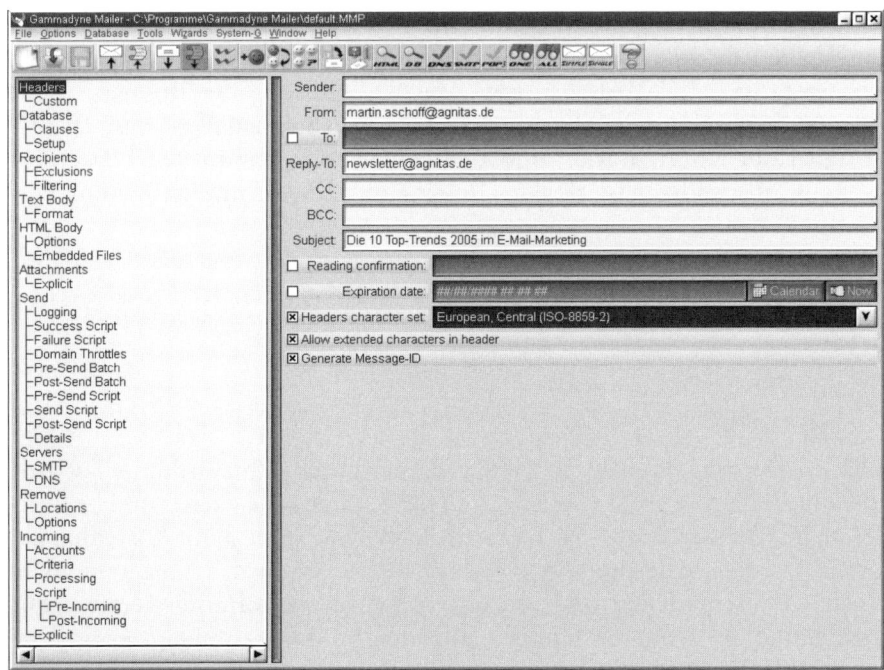

Bild 6.1:   Das E-Mail-Versandprogramm Gammadyne Mailer ist aufgrund seiner Funktionsvielfalt in den USA bei kleineren Versendern sehr beliebt

6.1.3 Versand über Listserver

Beim Versand von E-Mailings an mehrere tausend Empfänger reicht die Kapazität eines PCs mit einem E-Mail-Versandprogramm nicht mehr aus. Zum einen ist die Anbindung an das Internet in der Regel nicht schnell genug, um den Versand von Tausenden E-Mails innerhalb eines überschaubaren Zeitraums zu gewährleisten, sodass der PC des Versenders stundenlang blockiert wäre. Zum anderen kann das tausendfache Personalisieren und Individualisieren der einzelnen E-Mails einen PC sehr beanspruchen und ein labiles Betriebssystem wie Windows zum Absturz bringen. In solch einem Fall weiß man dann nicht mehr, an welche Adressen das E-Mailing bereits versendet wurde und welche Adressen noch fehlen.

Bei größeren E-Mail-Verteilern sollte man sich daher für eine serverbasierte Lösung entscheiden, also für eine Software, die auf einem eigenen, leistungsfähigen Rechner (Server) läuft, der über eine schnelle Leitung an das Internet angebunden ist. Zu diesem Zweck wurden die so genannten Listserver entwickelt, deren Aufgabe es ist, E-Mails an große Listen (also Verteiler) zu versenden.

Listserver haben gegenüber E-Mail-Versandprogrammen zusätzlich den Vorteil, dass sie die Anmeldung der Empfänger zu und die Abmeldung von einem E-Mail-Verteiler sowie die Verarbeitung der Bounces (siehe Kapitel 7, Abschnitt 2) automatisieren. Zu beachten ist allerdings, dass die Installation, Konfiguration und Bedienung eines komplexen Listservers weitaus aufwendiger ist als der Umgang mit einem simplen E-Mail-Versandprogramm.

Ein Anbieter, der seine E-Mailings per Listserver versenden möchte, hat im Wesentlichen die Wahl zwischen den folgenden drei Listservern:

- Majordomo,
- Listserv,
- List Manager.

Der Listserver Majordomo (www.greatcircle.com/majordomo/) wurde 1992 nach dem Vorbild von Listserv (siehe unten) entwickelt und ist mittlerweile Freeware, d.h. die Software kann von jedermann kostenlos genutzt werden. Allerdings wird Majordomo schon seit längerem nicht mehr weiterentwickelt und ist daher inzwischen technisch veraltet. Die Bedienung ist recht umständlich und der Funktionsumfang wenig leistungsfähig gegenüber einem modernen Listserver. Auch ist zu Majordomo kein offizieller Support erhältlich. Von daher kann der Einsatz dieses Listservers nicht empfohlen werden.

Listserv von der amerikanisch-schwedischen Firma L-Soft (www.lsoft.com) ist der älteste Listserver und wurde in seiner ersten Version bereits 1986 entwickelt. Daher hat Listserv mittlerweile auch eine weite Verbreitung im Internet erreicht. L-Soft schätzt den Marktanteil von Listserv auf etwa 50 % ein. Listserv wird von L-Soft ständig weiterentwickelt und verfügt mittlerweile über eine Weboberfläche, ist nach wie vor aber nur in einer englischsprachigen Version erhältlich und kostet nach Angaben von L-Soft je nach Nutzungsumfang zwischen 2.000 und 12.000 €.

Der Listserver List Manager des US-Entwicklers Lyris (www.lyris.com) gilt wegen des reichhaltigen Funktionsumfangs und der komfortablen Benutzeroberfläche als der Mercedes-Benz unter den Listservern. Die erste Version des List Manager wurde 1994 entwickelt. Leider ist auch der List Manager nur in einer englischsprachigen Version erhältlich. Der List Manager kostet, abhängig von der Größe des E-Mail-Verteilers und der Art der Lizenz, zwischen 500 und 140.000 € und ist nach Ansicht vieler Experten derzeit der beste Listserver auf dem Markt.

Listserver eignen sich übrigens auch für die Umsetzung von E-Mail-Gruppendiskussionen. Bei solchen Diskussionen kann jedes Gruppenmitglied E-Mails an die Gruppe schreiben, die vom Listserver jeweils an den kompletten Verteiler weitergeleitet werden. Solche Diskussionsgruppen können moderiert oder unmoderiert ablaufen. Bei moderierten Diskussionen werden die E-Mail-Kommentare der Gruppenmitglieder erst an einen Moderator weitergeleitet, der diese inhaltlich überprüft und anschließend zum Versand freigibt. Auf diese Weise lässt sich die Quantität und Qualität der E-Mails in einer Diskussion beeinflussen. Bei unmoderierten Diskussionen werden die E-Mails der Gruppenmitglieder dagegen vom Listserver direkt an alle anderen E-Mail-Adressen aus dem Verteiler weitergeleitet.

6.2 E-Mail-Marketing-Komplettlösungen

Wer nicht nur E-Mailings versenden will, sondern das Potenzial von E-Mail-Marketing mit Funktionen wie dem personenbezogenen Tracking von Link-Klicks, dem Segmentieren von Zielgruppen nach Scoring-Verfahren, dem inhaltlichen Individualisieren der E-Mails oder ereignis- und regelgesteuerten E-Mailings voll ausreizen möchte, braucht mehr als nur eine Versandsoftware für E-Mails. In diesen Fällen ist eine technische Plattform erforderlich, die die komplette Funktionalität für E-Mail-Marketing bereitstellt. In der Regel besteht solch eine Plattform aus mehreren Servern (für Mailgenerierung und -verwaltung, Datenbank, Mailversand etc.) mit einer multiuserfähigen Backend-Software, einem professionellen Datenbankmanagementsystem und einem HTML-Frontend für die Bedienung des Systems per Webbrowser.

Um solch eine Plattform zu nutzen, gibt es vier verschiedene organisatorische Ansätze:

- Entwicklung einer eigenen technischen Plattform,
- Kauf der erforderlichen Hardware und Lizenzierung der Software,
- Miete der technischen Plattform von einem ASP,
- komplettes Outsourcing an einen Dienstleister.

Eigenentwicklung

Der Ansatz, eine technische Plattform für E-Mail-Marketing selbst zu entwickeln, scheidet vermutlich für die meisten Anbieter aus, weil für eine hausinterne Entwicklung das dazu erforderliche fachliche Know-how nicht vorhanden ist und die externe Entwicklung über ein Softwarehaus mehrere hunderttausend Euro und einige Mannjahre Entwicklungszeit kosten würde.

Kauf und Lizenzierung

Der Kauf einer E-Mail-Marketing-Plattform ist schon eine bessere Alternative, denn sie kostet weniger als eine Eigenentwicklung und ist praktisch sofort (nach der Installation und Konfiguration der Software) verfügbar, erfordert allerdings einiges technische Know-how für deren Betrieb.

Beim Kauf ist für die E-Mail-Marketing-Software, abhängig von deren Leistungsumfang, mit Kosten zwischen 5.000 und 50.000 € zu rechnen. Die Kosten für Konfiguration und individuelle Anpassungen können zusätzlich bis zu 10.000 € betragen. Hinzu kommt bei Bedarf ein Wartungsvertrag für Service und Support, der monatlich mit 500 bis 2.000 € zu Buche schlägt.

Bei den Kosten für die Anschaffung der Hardware sind 10.000 € für eine Intel-basierte Serverlösung die Untergrenze, während es nach oben hin praktisch keine Begrenzung gibt. Bei einem hohen Volumen von mehreren Millionen E-Mails pro Monat und dem Einsatz von Multiprozessorservern fallen für die Hardware schnell Kosten in Höhe von bis zu 50.000 € an.

ASP

Wem angesichts dieser Summen leicht schwindlig wird, für den ist eventuell die Miete der technischen Plattform von einem ASP eine sinnvolle Alternative, denn sie bietet gegenüber Eigenentwicklung und Kauf zahlreiche Vorteile.

ASP ist die Abkürzung für Application Service Provider und bezeichnet ein Geschäftsmodell, bei dem ein Dienstleister die jeweilige Applikation (Software) in seinem Rechenzentrum auf eigenen Servern und Datenbanken betreibt und seinen Kunden den Zugriff auf diese Plattform auf Mietbasis über eine gesicherte Internet-Leitung anbietet.

Wenn ein Anbieter einen ASP nutzt, kann er sich mit dem PC auf seinem Schreibtisch und einem handelsüblichen Webbrowser über das Internet in das System des ASP einloggen und die Software bedienen, als wäre sie auf seinem eigenen PC installiert.

Das ASP-Modell bietet gegenüber den anderen Alternativen folgende Vorteile:

- Die Anschaffungskosten für die E-Mail-Marketing-Software sowie spätere Updates und Upgrades entfallen.
- Der Anbieter muss keine teure Hardware für die Software, die Datenbank und die Mailserver anschaffen, weil die Hardware des ASP genutzt wird.
- Der Anbieter benötigt kein technisches Know-how und Personal für den Betrieb und die Verwaltung der Hardware, Software und Datenbank, weil Installation, Konfiguration, Integration, Monitoring, Administration, Support, Backups, Service-Releases, Updates, Upgrades etc. durch das Personal des ASP durchgeführt werden.
- Der Aufwand für die Überwachung der E-Mail-Zustellung bei den großen Internet- und E-Mail-Service-Providern inklusive Whitelisting-Anträge entfällt.
- Der Arbeitsort des Anbieters ist völlig unabhängig vom Standort des ASP und des Rechenzentrums mit den Mail-, Verwaltungs- und Datenbankservern. Es ist lediglich eine Internet-Verbindung erforderlich (gegebenenfalls auch über Funk mit GPRS oder UMTS).
- Weil Hardware und Software beim ASP betrieben werden, ist dieser bei einem eventuellen Störungsfall sofort vor Ort.
- Wenn der ASP die technische Plattform ständig weiterentwickelt, hat der Anbieter dadurch stets Zugriff auf den neuesten Stand der Technik.

Das ASP-Modell ist damit in vielen Fällen, in denen der Anbieter eine Komplettlösung für E-Mail-Marketing nutzen möchte, die attraktivste Alternative, zumal ASP-Lösungen ab wenige hundert Euro pro Monat zu mieten sind (siehe auch Kapitel 9, Abschnitt 1).

Outsourcing

Wer mit dem Thema Technik nach Möglichkeit überhaupt nichts zu tun haben möchte, für den ist das komplette Outsourcing an einen Dienstleister die beste Wahl. In diesem Fall betreibt der Dienstleister nicht nur wie beim ASP-Modell die technische Plattform, sondern er übernimmt als Agentur auch die Gestaltung und das Aufsetzen der E-Mail-Marketing-Kampagnen, die Durchführung des Versands von E-Mailings und E-Mail-Newslettern, das Verwalten der E-Mail-Verteiler und E-Mail-Marketing-Datenbank sowie das Erfassen, Auswerten und Bewerten aller Aktionen.

6.3 Überlegungen zur Integration

6.3.1 All-in-One oder Best of Breed?

Anbieter, die sich für die Durchführung von E-Mail-Marketing-Aktivitäten entschieden haben und mit dem Einsatz starten möchten, verfügen in der Regel bereits über eine technische Infrastruktur für klassisches Marketing, unter Umständen sogar über ein komplexes CRM-Softwaresystem für das Kundenbeziehungsmanagement von einem Hersteller wie SAP oder Siebel.

In Unternehmen mit Kundenbeziehungsmanagement-Programmen wird E-Mail-Marketing oft nur als ein Baustein der eigenen CRM-Aktivitäten gesehen. Wenn man E-Mail-Marketing als Direkt- und Dialogmarketing per E-Mail definiert, ist diese Einordnung auch durchaus zutreffend.

In diesem Zusammenhang stellt sich für den Anbieter die Frage, ob die eigenen E-Mail-Marketing-Aktivitäten über ein – eventuell bereits vorhandenes – CRM-Softwaresystem abgewickelt werden sollen, oder ob eine spezielle E-Mail-Marketing-Lösung (wie sie im vorigen Abschnitt angesprochen wurde) bzw. das System eines Dienstleisters dafür die bessere Alternative ist.

Für die Beantwortung dieser Frage gibt es zwei Lager mit unterschiedlichen Glaubensrichtungen, die sich relativ unversöhnlich gegenüberstehen: Die eine Fraktion vertritt die Auffassung, dass nur eine All-in-One-Lösung, also ein komplettes CRM-System aus einer Hand, Sinn ergibt, weil dadurch potenzielle Schnittstellenprobleme zwischen den Komponenten unterschiedlicher Hersteller entfallen und ein ganzheitlicher Ansatz im Kundenbeziehungsmanagement sichergestellt ist.

Die andere Fraktion verfolgt dagegen den so genannten „Best of Breed"-Ansatz, d. h. die Kombination der jeweils besten Softwaremodule (Applikationen) bzw. Dienstleister ihrer Klasse zu einer Gesamtlösung mit der Begründung, dass kein Hersteller für alle Komponenten die gleiche Qualität wie ein auf einzelne Komponenten spezialisierter Entwickler bieten kann und der zusätzliche Integrationsaufwand die Mehrleistung, die auf diese Weise gewonnen wird, auf jeden Fall wert ist.

Wie immer in solchen Fällen gibt es keine allgemein gültige Antwort, welche Philosophie die richtige ist, sondern es hängt im Einzelfall von den jeweiligen Rahmenbedingungen ab. Ein Anbieter, der bereits eine CRM-Lösung verwendet, die auch über ein E-Mail-Marketing-Modul verfügt, kann dieses einsetzen mit dem Vorteil, dass keine zusätzlichen Investitionen erforderlich sind. Allerdings wird das E-Mail-Marketing-Modul wahrscheinlich nicht den Leistungsumfang einer spezialisierten Applikation erreichen.

Wer dagegen die Möglichkeiten des E-Mail-Marketings voll ausreizen möchte, ist mit einer speziellen E-Mail-Marketing-Lösung häufig besser bedient, muss in diesem Fall aber zusätzlich Zeit und Geld für die Integration in die bestehende technische Infrastruktur aufwenden.

Viele Experten sind allerdings der Meinung, dass der Zeit- und Kostenaufwand für die Integration der Applikationen unterschiedlicher Hersteller zu einem Gesamtsystem in Zukunft vernachlässigbar werden wird. Hintergrund dieser Einschätzung ist der Trend, dass Softwaremodule zunehmend in Form standardisierter Webservices implementiert werden, wodurch sich die Komplexität der Schnittstellenanbindung dramatisch reduziert und die Integrationskosten um mindestens eine Größenordnung sinken. Dadurch wird es für die Anbieter in absehbarer Zeit einfacher möglich, Applikationen unterschiedlicher Hersteller zu kombinieren, statt von einem einzelnen Lieferanten abhängig zu sein.

6.3.2 Pragmatische Lösungen

Der Autor vertritt die Meinung, dass eine Kombination aus den jeweils besten Applikationen bzw. Dienstleistern ihrer Klasse (also der Best-of-Breed-Ansatz) dann sinnvoll ist, wenn sich die Integration der einzelnen Softwaremodule über offene Schnittstellen einfach durchführen lässt. Allerdings wurde in solchen Fällen auch schon die Erfahrung gemacht, dass der Begriff „offen" von einigen Herstellern sehr großzügig ausgelegt wird.

So verspricht zwar nahezu jeder Entwickler für seine Applikationen offene Schnittstellen, bei näherer Untersuchung kann sich dann jedoch herausstellen, dass diese Schnittstellen Standards wie z. B. CORBA oder Enterprise Java Beans (EJB) nicht komplett unterstützen oder in entscheidenden Punkten um proprietäre Funktionen erweitert wurden.

Der Trend geht allerdings ganz klar in Richtung offener Schnittstellen. Selbst „Big Player" wie SAP und Siebel fokussieren sich inzwischen auf ihre CRM-Kernkompetenzen, statt funktional immer breiter zu werden, und haben sich für die Entwicklung vertikaler Branchenlösungen entschieden, die mit den entsprechenden Schnittstellen ausgerüstet sind, um die Applikationen Dritter einzubinden.

Doch neben einer CRM-Komplettlösung und der Kombination einzelner Applikationen gibt es noch einen dritten, pragmatischen Ansatz:

Kern aller CRM-Maßnahmen sollte eine zentrale Datenbank sein, die sämtliche vorhandenen Profilinformationen zu den Interessenten und Kunden des Anbieters enthält. Eine Zersplitterung der Profilinformationen auf verschiedene dezentrale Datenbanken, beispielsweise für das Key-Account-Management, das Katalog-Marketing und das E-Mail-Marketing, ist nicht wünschenswert, denn dies führt bestenfalls zu Datenredundanzen, in der Regel jedoch zu widersprüchlichen Daten und schlimmstenfalls zu Integritätsfehlern.

Eine zentrale Datenbank ist folglich ohnehin Voraussetzung für ein professionelles Kundenbeziehungsmanagement (dies ist übrigens auch ein Argument der Komplettlösungsverfechter). Da liegt es nahe, bei der Verwendung einzelner Applikationen oder Dienstleister diese nicht direkt miteinander zu vernetzen, sondern lediglich auf die zentrale CRM-Datenbank zugreifen zu lassen.

Auf diese Weise ist einerseits ein Datenaustausch zwischen den Applikationen möglich, indem sie sich über die zentrale Datenbank indirekt austauschen. Zum anderen wird der Integrationsaufwand drastisch reduziert, weil die Applikationen oder Dienstleister über standardisierte Datenbankschnittstellen wie z. B.

- DBI (DataBase Interface, für Perl),
- JDBC (Java DataBase Connectivity) oder
- ODBC (Open DataBase Connectivity, dank Microsoft-Support der am weitesten verbreitete Standard)

auf die CRM-Datenbank zugreifen können. Für die Integration sind dann lediglich die entsprechenden Datenbanktreiber erforderlich.

Manche Entwickler von Applikationen im CRM-Umfeld bieten speziell für diesen Zweck Tools an, mit deren Hilfe die Integration und automatische Synchronisation ihrer Applikationen mit einer zentralen CRM-Datenbank schnell und einfach durchgeführt werden kann.

6.4 Datenbankintegration

Damit E-Mail-Marketing keine Insellösung bleibt, sollten die Daten, die per E-Mail-Marketing gewonnen werden, in der zentralen (CRM-)Datenbank vorliegen, damit sie sich auch für crossmediale Aktionen nutzen lassen. In der Regel liegen die E-Mail-Marketing-Daten jedoch in einer gesonderten Datenbank, die sich oft nicht einmal im Haus des Anbieters, sondern im externen Rechenzentrum eines E-Mail-Marketing-Dienstleisters befindet.

In diesem Fall ist die Integration der Daten aus der externen E-Mail-Marketing-Datenbank in die bestehende Inhouse-Infrastruktur des Anbieters noch etwas aufwendiger, als im vorigen Abschnitt beschrieben. Aus diesem Grund wird auf den Umgang mit dieser besonderen Konstellation im Folgenden vertiefend eingegangen.

6.4.1 Einbindung externer Datenbanken

Jeder Anbieter, der seine E-Mail-Marketing-Aktivitäten an einen Dienstleister outsourct, steht vor der Frage, wann und wo welche Daten gespeichert werden sollen. Als Anbieter möchte man natürlich stets über alle aktuellen Daten verfügen und sicherstellen, dass die Daten, die der Dienstleister verwendet, zu den eigenen Daten konsistent sind, d.h. sich nicht gegenseitig widersprechen (Widerspruchsfreiheit).

Darüber hinaus muss gewährleistet sein, dass die Integrität der eigenen E-Mail-Marketing-Datenbank durch den Austausch von Daten mit dem Dienstleister nicht gefährdet ist, also die für die Daten geltenden Regeln auch eingehalten werden (Regelkonformität). Die drei Anforderungen an das Zusammenspiel der E-Mail-Marketing-Datenbanken auf Anbieter- und Dienstleisterseite lauten also:

- Datenaktualität,
- Datenkonsistenz,
- Datenintegrität.

In der Praxis hat es sich als zweckmäßig erwiesen, dass die Master-Datenbank mit den eher statischen Stammdaten beim Anbieter verbleibt und der Dienstleister eine Kopie derjenigen Stammdaten erhält, die er im Rahmen seiner Tätigkeit benötigt (z.B. E-Mail-Adresse, Kundennummer, Nachname, Vorname, Geschlecht und PLZ des Wohnortes).

Die variablen Nutzungsdaten, die der Dienstleister im Rahmen der E-Mail-Marketing-Aktivitäten gewinnt (beispielsweise, welche E-Mails unzustellbar sind, welche E-Mails geöffnet oder welche Links geklickt wurden), laufen in der Regel beim Dienstleister auf und liegen dadurch zwangsläufig nur bei ihm in der aktuellsten Version vor. Daher sollte die Master-Datenbank für die Nutzungsdaten auch beim Dienstleister verbleiben. Dieser kann dem Anbieter die Nutzungsdaten auf Wunsch auszugsweise als Auswertung bzw. Statistik oder komplett als Datenbank-Snapshot übermitteln.

Die Datenübermittlung vom Dienstleister zum Auftraggeber kann auf Anfrage oder regelmäßig mit einer definierten Frequenz erfolgen. Als Datenaustauschformat bieten sich das CSV-Format (Comma Separated Values), das LDIF-Format (LDAP Data Interchange Format), das zukunftssichere XML-Format oder auch das Dateiformat von Microsoft Excel (letzteres aber nur für maximal 65.535 Datensätze) an.

Während Verteilung und Abgleich der Stamm- und Nutzungsdaten in der Praxis schnell geklärt sind, gibt es bei der Verwaltung des E-Mail-Verteilers oft Diskussionsbedarf. Mit Verwaltung sind in diesem Fall die Anmeldung der E-Mail-Empfänger zum Verteiler, die Änderung ihres Profils und die Abmeldung vom E-Mail-Verteiler gemeint.

Generell kann die Verwaltung des E-Mail-Verteilers über die Datenbank des Anbieters (mit den Stammdaten) oder über die Datenbank des Dienstleisters (mit den Nutzungsdaten) erfolgen.

Erfolgt die Verwaltung des E-Mail-Verteilers über die Datenbank des Anbieters, so ist der Anbieter stets auf dem neuesten Stand. Er muss aber dem Dienstleister vor jedem Versand eines neuen E-Mailings alle Änderungen übermitteln, damit Neuanmeldungen, E-Mail-Adressänderungen und Abmeldungen jeweils beachtet werden können. Änderungen, die von E-Mail-Empfängern zwischen dem Zeitpunkt der Datenübermittlung an den Dienstleister und dem Versand des E-Mailings vorgenommen werden, lassen sich bei dieser Vorgehensweise nicht mehr berücksichtigen.

Erfolgt die Verwaltung des E-Mail-Verteilers dagegen über die Datenbank des Dienstleisters, so ist der Anbieter zwar nicht in Echtzeit über die Zahl der An- und Abmeldungen informiert, aber Änderungen durch die E-Mail-Empfänger können beim Versand von E-Mailings sofort berücksichtigt werden, weil die Empfänger ihre Änderungen direkt in der Datenbank vornehmen, die auch für den Versand der E-Mailings genutzt wird.

Wenn der Anbieter zeitnah über Änderungen im E-Mail-Verteiler informiert werden möchte, kann ihm der Dienstleister periodisch (z.B. wöchentlich oder monatlich) alle entsprechenden Änderungen in der Datenbank übermitteln. Manchmal ist dieser Datenabgleich jedoch gar nicht erforderlich, weil der Anbieter diese Informationen nicht benötigt.

6.4.2 Automatisierter Datenbankabgleich

Beim Zusammenspiel der Marketing-Datenbanken auf Anbieter- und Dienstleisterseite empfiehlt es sich, dass die Master-Datenbank mit den Stammdaten beim Auftraggeber verbleibt und die Master-Datenbank mit den Nutzungsdaten beim Dienstleister betrieben wird. Die Verwaltung des E-Mail-Verteilers sollte ebenfalls beim Dienstleister erfolgen. Ein Abgleich der Daten kann beispielsweise manuell im wöchentlichen Rhythmus geschehen.

Ein manueller Datenabgleich ist allerdings dann nicht mehr praktikabel, wenn täglich E-Mailings verschickt werden, eine größere Menge an Newslettern pro Woche versendet wird oder häufig Änderungen der Profildaten erfolgen. In diesem Fall ist ein automatisierter Datenabgleich erforderlich, gegebenenfalls ist sogar ein Abgleich in Echtzeit wünschenswert.

Zu diesem Zweck bieten sich mehrere Verfahren an. So lassen sich Datenexport- und Datenimportfunktionen als Skripts programmieren. Die Datenexportroutinen werden zu gewissen Zeitpunkten automatisch gestartet und exportieren die Daten aus der Quelldatenbank, beispielsweise im CSV- oder XML-Format, über eine gesicherte Verbindung, die z.B. per SFTP oder SSH verschlüsselt ist. Der Datenexport erfolgt an die entsprechende Datenimportroutine auf der Gegenseite, die durch den Export angestoßen wird und das Einspielen der (aus ihrer Sicht) importierten Daten in die Zieldatenbank übernimmt.

Die Entwicklung solcher Skripts erfordert natürlich einen gewissen Zeit- und Kostenaufwand, der sich nur bei einer längerfristigen Beibehaltung der technischen Konfiguration lohnt, weil sonst der manuelle Datenabgleich doch die ökonomisch sinnvollere Alternative wäre. Manche Dienstleister arbeiten allerdings mit Tools, die solche Skripts weitestgehend automatisch generieren, sodass der Aufwand in diesen Fällen überschaubar bleibt.

Noch einen (teuren) Schritt weiter als der zeitgesteuerte, automatische Datenaustausch geht der Aufbau einer direkten Verbindung zwischen der externen E-Mail-Marketing-Datenbank und der zentralen (CRM-)Datenbank. Man spricht in diesem Fall von einer so genannten „verteilten Datenbank" oder „Distributed Database".

Bei einer verteilten Datenbank werden die Inhalte der beiden Datenbanken, die physikalisch auf verschiedenen Servern laufen, über eine verschlüsselte Verbindung (beispielsweise durch einen VPN-Router) miteinander verknüpft. Über komplexe Regeln wird festgelegt, auf welche Daten die externe E-Mail-Marketing-Datenbank zum Ausführen von

E-Mail-Marketing-Kampagnen zugreifen kann (und darf). Da sich die
Daten zwischen den beiden Datenbanken in Echtzeit synchronisieren lassen, können für eine E-Mailing-Aktion stets die aktuellsten Informationen verwendet werden.

Dieses Verfahren der Echtzeitsynchronisation ist allerdings sehr aufwendig, weil dafür ein Virtual Private Network (VPN), eine Standleitung,
zwei gesonderte Router und spezielle (und teure) Versionen der Daten-
banksoftware erforderlich sind. Außerdem muss ein sehr hohes Maß an
Know-how bei der System- und Datenbankadministration vorausgesetzt
werden. Aus diesem Grund ist eine Echtzeitlösung nur in Ausnahmefällen (z. B. bei Banken, deren Kontenstände sich minütlich ändern können)
empfehlenswert.

7 Zustellung optimieren und Rücklauf automatisieren

Anbieter, die bereits größere E-Mailings versendet haben, kennen das Problem: 100.000 E-Mails werden ausgesendet und einige tausend treffen nie im Posteingang der Empfänger ein. Andererseits kommen bis zu 5.000 E-Mails zurück, davon viele mit Inhalten in Form von Fehlermeldungen. Mit der Bearbeitung dieser E-Mail-Flut ist die E-Mail-Hotline (oder ein externer Dienstleister) dann tagelang beschäftigt.

In diesem Kapitel wird einerseits beschrieben, wie sich sicherstellen lässt, dass möglichst alle versendeten E-Mails ihre Empfänger erreichen, und andererseits, mit welchen ERM-Maßnahmen (E-Mail Response Management) sich tausende von E-Mail-Rückläufen automatisiert (und kostengünstig) auf nur wenige Dutzend E-Mails reduzieren lassen. Auf diese Weise kann die E-Mail-Hotline den verbleibenden Mails die gebührende Aufmerksamkeit schenken und die wichtigen Anfragen, Bestellungen und Reklamationen der Leser in Ruhe bearbeiten und beantworten.

7.1 E-Mails zustellen trotz Anti-Spam-Techniken

7.1.1 Die größte Bedrohung für E-Mail-Marketing

Preisfrage: Was ist mittlerweile das größte Problem für Unternehmen, die E-Mail-Marketing einsetzen?

In den Jahren 2000 und 2001 bestand das größte Problem der E-Mail-Marketing-Nutzer darin, dass viele ihrer Interessenten und Kunden noch keine E-Mail-Adresse besaßen. 2002 und 2003 war die Verbreitung des Mediums E-Mail stark ansteigend und man begann, sich mit der Frage zu beschäftigen, ob die E-Mail-Programme der Empfänger bereits E-Mails im HTML-Format darstellen können. 2003 war auch das kein Thema mehr, weil nahezu alle Programme HTML-Mails unterstützten, doch es kam die Erkenntnis auf, dass die Inhalte eines E-Mailings einen größeren Einfluss auf dessen Erfolg haben als das technische Darstellungsformat.

Inzwischen ist E-Mail ein Mainstream-Medium geworden, HTML ist das Standardversandformat, und bezüglich der Inhalte hat man gelernt, dass E-Mails schnell auf den Punkt kommen und die Empfänger eher durch Argumente als Phrasen zum Klicken motivieren müssen.

Gibt es also keine Probleme mehr für E-Mail-Marketing? Doch, denn ein Prozess, der erst schleichend begann, sich aber in 2004 dramatisch beschleunigt hat, entwickelt sich mittlerweile zu einer existenziellen Bedrohung für den Erfolg von E-Mail-Marketing: Die Quote der E-Mails, die sich nicht zustellen lassen, wächst von Monat zu Monat. Und schuld daran sind nicht etwa veraltete E-Mail-Adressen oder Unzulänglichkeiten der Versandtechnik, sondern Maßnahmen gegen Spam-Mails!

So belegen Untersuchungen von Marktforschern und E-Mail-Marketing-Anbietern in den USA, dass bereits über 20 % der E-Mails, die mit dem Einverständnis der Empfänger versendet werden, nicht mehr zugestellt werden können. Solche E-Mails werden von der Anti-Spam-Tool-Industrie euphemistisch als „False Positives" bezeichnet.

Noch dramatischer stellt sich die Situation dar, wenn man bedenkt, dass es sich bei den Ergebnissen der US-Untersuchungen um Durchschnittswerte handelt. Der Anteil der nicht zugestellten E-Mails kann in der Praxis je nach Kampagne bei nur 10 %, aber durchaus auch bei über 40 % liegen!

Der Grund dafür ist der (aus berechtigten Gründen) immer intensiver ausgetragene Kampf der Internet- und E-Mail-Service-Provider sowie der Unternehmen und privaten E-Mail-Empfänger gegen die zunehmende Flut an Spam-Mails. Für diesen Kampf wird mittlerweile eine Vielzahl von technischen Instrumenten eingesetzt, die leider aber auch dazu führen, dass ein immer größerer Teil der E-Mails, für die eine Einwilligung der Empfänger vorliegt, bei diesen nicht mehr ankommt.

7.1.2   Spam-Bekämpfung durch Filtersoftware

Die häufigste Maßnahme zur Bekämpfung von Spam-Mails ist der Einsatz von Software, die alle eingehenden E-Mails filtert und verdächtige E-Mails als Spam aussortiert.

Bei diesen Spam-Filtern ist grundsätzlich zu unterscheiden zwischen zentralen Filtern, die auf dem Mailserver (Mail Transfer Agent, kurz **MTA**) laufen, und lokalen Filtern, die der Empfänger auf seinem PC in Verbindung mit seinem E-Mail-Programm (Mail User Agent, kurz **MUA**) einsetzt.

Auf die Qualität von zentralen MTA-Filtern hat ein E-Mail-Empfänger in der Regel wenig Einfluss: Bei Unternehmen gibt es gar keinen Einfluss, und bei E-Mail-Service-Providern ist dieser in der Regel auf wenige Konfigurationseinstellungen begrenzt. Bei lokalen MUA-Filtern lässt sich dagegen deren Durchlässigkeit (von großzügig bis rigoros) vom E-Mail-Empfänger komplett selbst definieren. MUA-Filter werden für populäre E-Mail-Programme wie Outlook und Outlook Express häufig in Form von Plug-ins angeboten oder sind bereits integriert.

Die einfachste Form von Spam-Filtern sind die **Blacklists** (schwarze Listen). Blacklists bestehen lediglich aus einer Liste von Absenderadressen, deren eingehende E-Mails grundsätzlich blockiert werden. Statt E-Mail-Adressen sind in den Blacklists jedoch meistens IP-Adressen gelistet, weil diese schwerer zu wechseln und zu fälschen sind. IP-Adressen sind weltweit eindeutige Zifferkombinationen, über die Web-, Mail-, FTP- und sonstige Server im Internet angesprochen werden.

Blacklists werden entweder zentral vom Internet- bzw. E-Mail-Service-Provider oder Unternehmen verwaltet oder sie sind Bestandteil des E-Mail-Programms des jeweiligen Empfängers.

Eine der weltweit bekanntesten Blacklists ist SpamCop. Bei SpamCop können E-Mail-Empfänger Absender als Spam-Mail-Versender melden, indem sie einfach die unerwünschte E-Mail an eine E-Mail-Adresse von SpamCop weiterleiten oder diese mit Copy & Paste in ein Eingabefeld auf der SpamCop-Website kopieren. Diese beiden simplen Verfahren führen leider dazu, dass SpamCop von E-Mail-Empfängern massiv missbraucht wird, sodass die Blacklist von SpamCop mittlerweile vollkommen nutzlos ist und (zum Glück für alle E-Mail-Marketing-Nutzer) zunehmend an Bedeutung verliert. Nach Berichten von US-Versendern liegt die Rate der False Positives bei der Nutzung von SpamCop bei $\frac{2}{3}$ bis $\frac{3}{4}$ aller versendeten E-Mails!

Viele rechtskonforme Versender werden fälschlicherweise so häufig bei SpamCop als Spam-Mail-Versender gemeldet, dass sie Beschwerdeführer nur noch abmelden, den einzelnen Fällen aber nicht mehr im Detail nachgehen. Die Vergangenheit hat gezeigt, dass es sich bei den Beschwerenden oft um E-Mail-Empfänger handelt, die vergessen haben, dass sie dem jeweiligen Absender eine Einwilligung erteilt haben, die eine vormals existierende (generische) E-Mail-Adresse übernehmen mussten oder die einfach routinemäßig diesen Weg wählen, um sich aus einem E-Mail-Verteiler abzumelden.

Spam-Filter haben die unangenehme Eigenschaft, dass sie beim Nutzer der Filter Rechen- und Arbeitszeit sowie Speicherplatz beanspruchen. Dies hat zur Folge, dass Spam-Filter zum einen zusätzliche Rechnerressourcen erfordern, und zum anderen durch die Analyse der E-Mails, deren Empfang zeitlich verzögert wird.

Eine Möglichkeit, diese Nachteile zu minimieren, sind **Whitelists,** die im Gegensatz zu Blacklists nicht die E-Mails der eingetragenen Absenderadressen (bzw. IP-Adressen) blockieren, sondern diese vielmehr ungeprüft passieren lassen, sodass der Aufwand für die Analyse entfällt. In eine

Whitelist sollten die E-Mail-Versender eingetragen werden, von denen bekannt ist, dass sie keine Spam-Mails versenden.

Adressbuchbasierte Filter, wie sie von vielen E-Mail-Service-Providern und E-Mail-Programmen angeboten werden, sind eine besondere Form von Whitelists. Diese Filter sorgen dafür, dass (nur) E-Mails der Absender, die im Adressbuch des jeweiligen Empfängers enthalten sind, ungehindert zugestellt werden.

Ein Klassiker unter den Spam-Filtern sind **Volumen-Filter,** die zuerst von den großen Internet-Service-Providern wie AOL und T-Online eingesetzt wurden. Volumen-Filter messen die Anzahl der E-Mails, die innerhalb eines gewissen Zeitraums über die gleiche IP-Adresse eingehen und den Anteil der Bounces (siehe Abschnitt 2 weiter unten), die diese E-Mails produzieren. Ein auffällig hohes Versandvolumen lässt auf einen breit streuenden Versender und eine hohe Bounce-Quote auf veraltete Versandlisten oder sogar wörterbuchgenerierte E-Mail-Adressen schließen – beides Indizien (aber keine Beweise) für Spam-Mails.

Heuristische Spam-Filter arbeiten mit einem Satz von Regeln, um Header und Inhalte von E-Mails nach Spam und Ham („Schinken", das Gegenteil von Spam) zu klassifizieren. Ein typischer Vertreter dieser Filter ist SpamAssassin. SpamAssassin durchsucht eingehende E-Mails nach Schlüsselbegriffen wie „!!!", „Viagra" oder „FF0000" (der HTML-Code für rote Farbe) und Phrasen wie „Dies ist kein Spam" und vergibt für jeden Treffer Punkte. Wird eine gewisse Punktzahl, die vom Nutzer definiert werden kann, überschritten, so wird die betreffende E-Mail als Spam-Mail markiert und ausgefiltert.

Heuristischen Filtern weit überlegen sind die relativ neuen **Bayes-Filter.** Diese Filter verwenden statistische Verfahren auf Basis der Erkenntnisse des Geistlichen (und Hobby-Mathematikers) Thomas Bayes. Ein Bayes-Filter ermittelt für jede untersuchte E-Mail anhand von Wort- und Phrasenhäufigkeiten die Wahrscheinlichkeit, dass es sich dabei um eine Spam-Mail handelt. Der Algorithmus dieser Filter hat den Vorteil, dass die typischen Wahrscheinlichkeiten nicht etwa 40 % oder 60 % lauten (was nicht besonders hilfreich wäre), sondern meistens unter 1 % oder über 99 % liegen.

Damit ein Bayes-Filter zuverlässig funktioniert, muss er jedoch trainiert werden, indem er vom Empfänger mit echten E-Mails gefüttert und dazu jeweils angegeben wird, ob es sich dabei um Spam oder Ham handelt. Dadurch lernen die Filter die typischen Muster von Spam-Mails. Nach einer angemessenen Trainingsphase produzieren Bayes-Filter gegenüber heuristischen Filtern wie SpamAssassin eine deutlich geringere Fehlerquote (die so genannte False-Positive-Quote).

Eine interessante Weiterentwicklung des trainierbaren Bayes-Filters bietet Microsoft Outlook ab der Version 2003, die erstmals mit einem Bayes-Filter namens Smartscreen ausgestattet ist. Microsoft liefert Smartscreen bereits vortrainiert aus (auf Basis der Spam-Mails, die Microsoft über seinen E-Mail-Dienst Hotmail erhält), sodass der Nutzer mit diesem Spam-Filter ohne vorgeschaltete Trainingsphase sofort produktiv arbeiten kann. Darüber hinaus hält Microsoft Smartscreen durch regelmäßige Updates auf dem neuesten Stand.

Das Konzept des vortrainierten Bayes-Filters mit Online-Update wird aus zwei Gründen sehr schnell eine hohe Verbreitung erzielen: Zum einen ist solch ein Spam-Filter für den Nutzer sehr bequem, sodass bereits erste Wettbewerber von Microsoft dieses Verfahren für ihre eigenen E-Mail-Programme übernommen haben. Zum anderen gewinnt jede neue Version von Outlook durch die Integration in Microsoft Office recht schnell an Verbreitung.

Übrigens wird zur Spam-Bekämpfung häufig nicht ein einziger Filter, sondern es werden verschiedene Verfahren kombiniert eingesetzt, z. B. eine White- und eine Blacklist sowie ein heuristischer Filter für alle Absenderadressen, die weder in der White- noch in der Blacklist enthalten sind.

7.1.3 Weitere Techniken zur Spam-Bekämpfung

Ein weiteres Verfahren zum Erkennen von Spam-Versendern sind **Spamtrap-Adressen,** wie sie beispielsweise vom US-Anbieter Symantec verwendet werden. Symantec „sät" dazu auf verschiedenen Websites jungfräuliche E-Mail-Adressen, die anderweitig nicht genutzt werden, als Köder aus und wartet darauf, dass diese von Spam-Crawlern und -Robotern „geerntet" werden. Versender, die diese E-Mail-Adressen nutzen, sind dadurch als Spam-Mail-Versender identifiziert und werden künftig grundsätzlich blockiert.

Eine noch relativ junge Technik zur Spam-Bekämpfung sind **Challenge-Response-Systeme,** wie z. B. das von SpamArrest. Sendet ein Anbieter erstmalig eine E-Mail an einen Empfänger, der SpamArrest verwendet, so erhält er eine Antwortmail zurück (die „Challenge"). Diese Challenge-Mail enthält einen Link, den der Empfänger (in diesem Fall also der Anbieter) klicken muss, worauf er zu einer Microsite geleitet wird. Auf der Microsite wird er aufgefordert, eine als Grafik dargestellte Zahl oder ein Wort in ein Eingabefeld einzutippen (die „Response"), um den E-Mail-Versand freizuschalten.

Der Hintergrund dieses auf den ersten Blick etwas umständlich anmutenden Verfahrens ist, dass in der Regel nur ein Mensch die Zahl oder das

Wort in der Grafik korrekt erkennen und eintippen kann. Auf diese Weise sorgen Challenge-Response-Systeme dafür, dass nur E-Mails von menschlichen Absendern passieren können bzw. von Anbietern, die sich die Mühe machen, die Challenge-Mail manuell zu bestätigen. Dies dürfte bei Spam-Mail-Versendern regelmäßig nicht der Fall sein.

Tar Pits (Teergruben) sind eine besondere Variante der Spam-Bekämpfung, weil sie die Spam-Mails nicht blockieren. Vielmehr verzögern Teergruben die Zustellung von E-Mails, indem sie die Kanäle zum sendenden Mailserver künstlich offen halten, sodass dieser blockiert ist und keine weiteren E-Mails versenden kann. Je mehr E-Mails angeliefert werden, desto länger blockiert eine Teergrube den sendenden Mailserver und bremst diesen dadurch aus. Versender könnten auf diese Verzögerungen reagieren, indem sie mehr Mailserver einsetzen, das wäre jedoch in der Regel unwirtschaftlich.

Der Vorteil von Teergruben ist, dass große E-Mailings ausgebremst werden, der Versand einzelner E-Mails aber nicht gestört wird. Leider sind von Teergruben jedoch nicht nur Spam-Mail- sondern auch alle rechtskonformen Versender größerer E-Mailings betroffen.

Zuletzt dürfen die **Spam-Beschwerdestellen** der Service-Provider nicht vergessen werden. Fast alle Internet- und E-Mail-Service-Provider haben nämlich eine E-Mail-Adresse in der Art abuse@providername.de oder spam@providername.de eingerichtet, über die sich Empfänger von Spam-Mails beschweren können. Überschreitet die Anzahl der Beschwerden über einen bestimmten Versender eine definierte Grenze, so setzt der Provider die Absenderadresse bzw. IP-Adresse des Versenders auf seine Blacklist.

Manche Provider werten nur die absolute Anzahl der Beschwerden aus, während andere deren prozentualen Anteil an der Summe aller von diesem Versender erhaltenen E-Mails berücksichtigen, sodass ein Versender, der sehr viele E-Mails verschickt und erfahrungsgemäß allein dadurch mehr Beschwerden produziert, nicht allein durch seine hohe Versandmenge bestraft wird. Noch genauer wird das Verfahren, wenn auch der Zeitraum, in dem die E-Mails und die zugehörigen Beschwerden eintreffen, für die Bewertung herangezogen wird, damit durch einen einmaligen Fehler bei einem E-Mailing (z.B. eine falsche Datenbankselektion) der Versender nicht gleich dauerhaft auf der Blacklist des Providers landet.

7.1.4 Maßnahmen gegen Anti-Spam-Techniken

Um zu verhindern, dass E-Mailings und E-Mail-Newsletter künftig Anti-Spam-Maßnahmen zum Opfer fallen und als Spam-Mails aussortiert werden, sind im Folgenden einige Gegenmaßnahmen zusammengestellt.

Der erste und wichtigste Hinweis lautet: Anbieter müssen dafür sorgen, dass ihre E-Mail-Verteiler absolut sauber sind, damit die IP-Adresse ihres Mailservers aufgrund von Empfängerbeschwerden nicht auf den Blacklists der Provider landet. In Blacklists aufgenommen zu werden geht sehr schnell, aus den Listen wieder herauszukommen kann dagegen sehr zeit- und arbeitsaufwendig sein.

Ein sauberer E-Mail-Verteiler bedeutet konkret, dass

*   nur solche E-Mail-Adressen aufgenommen werden, die über ein Opt-in-Verfahren (am besten Double Opt-in) gewonnen wurden, um Beschwerden der Empfänger zu vermeiden,
*   Hard Bounces (d.h. dauerhaft unzustellbare E-Mail-Adressen) beim nächsten Versand nicht mehr angeschrieben werden, um die Bounce-Quote niedrig zu halten,
*   jede versendete E-Mail einen einfach auffindbaren Abmelde-Link enthält, damit die Empfänger sich nicht per SpamCop oder Report-Spam-Button (wie z.B. bei AOL) abmelden,
*   alle E-Mail-Empfänger regelmäßig angeschrieben werden, damit bei ihnen die Einwilligung, die sie Ihnen zum Versand von E-Mails erteilt haben, nicht in Vergessenheit gerät.

Wichtig ist auch, dass der Anbieter (nach dem Ausfiltern der Bounces) alle eingehenden E-Mails liest, die er unter der Absenderadresse seiner E-Mailings und E-Mail-Newsletter erhält. Auf diese Weise kann auch ein manueller Abmeldewunsch bearbeitet und frühzeitig auf eventuelle Beschwerden der Empfänger reagiert werden. Darüber hinaus lassen sich Challenge-Mails, die von Challenge-Response-Systemen generiert werden, identifizieren und verarbeiten.

Damit ein Anbieter jederzeit weiß, inwieweit die Zustellung seiner E-Mails von Anti-Spam-Maßnahmen beeinflusst wird, sollte er bei allen wichtigen Internet- und E-Mail-Service-Providern Test-Accounts einrichten, über die sich nachprüfen lässt, ob die E-Mails auch tatsächlich ankommen. Falls dies nicht der Fall ist, sollte umgehend der entsprechende Provider kontaktiert und bei ihm beantragt werden, dass die IP-Adresse des eigenen Mailservers bei diesem Provider auf dessen Whitelist gesetzt wird. Whitelists sind auch im Interesse der Provider, weil sie deren Ressourcen, die für den Filterprozess erforderlich sind, schonen.

Wer einen Dienstleister zum Versand seiner E-Mailings nutzt, muss darauf achten, dass sich der Dienstleister um das Thema „Whitelisting" kümmert und als Versender eine erstklassige Reputation hat. Andernfalls könnten sich dessen IP-Adressen auf der ein oder anderen Blacklist wiederfinden, sodass seine Zustellquote geringer ist, als wenn der Anbie-

Bild 7.1:　E-Mailings wie der Newsletter des Playboy-Shops alarmieren trotz des in der Regel harmlosen Inhalts viele Spam-Filter – hier hilft häufig nur ein Whitelisting beim entsprechenden Internet- oder E-Mail-Service-Provider

ter selbst die E-Mails versenden würden. Sicherheitshalber sollte man auch bei der Nutzung eines Dienstleisters ein paar Test-Accounts anlegen und diese regelmäßig kontrollieren.

7.1.5 Tipps zum Umgang mit Spam-Filtern

In diesem Abschnitt geht es um konkrete Tipps, mit denen sich vermeiden lässt, dass Spam-Filter E-Mails aussortieren und deren Zustellung unterbinden.

Als Erstes ist wichtig, dass die E-Mail-Versandsoftware bzw. der Dienstleister unbedingt den RFC-Standard 2822 für den Aufbau von E-Mail-Headern einhält. Zwar werden auch E-Mails mit nicht standardkonformen Headern häufig fehlerfrei zugestellt, doch für Spam-Filter sind fehlerhafte Header ein klares Indiz für Spam-Mails bzw. die Art von Billigsoftware, die von Spam-Mail-Versendern genutzt wird.

Zu achten ist bei den E-Mail-Headern vor allem auf das Vorhandensein bzw. korrekte technische Format der Absender- und der Reply-to-Adresse, den richtigen Versandzeitpunkt im Date-Feld, den Aufbau der Message-ID und eventueller Boundaries sowie die verwendete Zeichencodierung. Absender- und Reply-to-Adresse müssen tatsächlich existieren, damit ein eventueller Reverse-DNS-Check der Spam-Filter die angegebene Domain auch findet.

Tipps zur Absenderadresse

Zusätzlich zur Absenderadresse sollte unbedingt ein so genannter „Real Name" wie z. B. Name und Firma des Absenders verwendet werden. Viele E-Mail-Programme zeigen anstelle der (technischen) E-Mail-Adresse dann den „freundlicheren" Real Name an. Entscheidend aber ist, dass viele heuristische Spam-Filter das Fehlen eines Real Name negativ bewerten.

Die Empfänger der E-Mailings und Newsletter sollten darum gebeten werden, die Absenderadresse der E-Mails in ihr persönliches Adressbuch aufzunehmen, weil viele Spam-Filter E-Mails von Absenderadressen, die im Adressbuch enthalten sind, ungehindert zustellen. Als Musterformulierung lässt sich beispielsweise folgender Text verwenden.

> Damit dieser Newsletter zukünftig nicht von einem Spam-Filter in den Spam-Ordner einsortiert oder gar gelöscht wird, nehmen Sie bitte die Absenderadresse dieser E-Mail (newsletter@domain.de) in Ihr persönliches Adressbuch auf. Das funktioniert in der Regel ganz einfach mit nur zwei Mausklicks: Klicken Sie mit der rechten Maustaste oben auf die Absenderadresse und im darauf erscheinenden Pop-up-Menü den Punkt „Zum Adressbuch hinzufügen" an – fertig!

Bei manchen Spam-Filtern reicht bereits der gleiche Domainname im Adressbuch, doch bei vielen muss die komplette Adresse (also auch der Adressbestandteil vor dem @-Zeichen) angegeben sein. Dies bedeutet natürlich auch, dass der Anbieter die in seinen E-Mailings verwendete Absenderadresse unbedingt dauerhaft beibehalten und nicht ohne Not ändern sollte, weil sonst der Adressbucheintrag wirkungslos würde.

Tipps zur Betreffzeile

Für die Formulierung der Betreffzeilen Ihrer E-Mails gibt es eine ganze Reihe von Regeln, die unbedingt beachten werden sollten, um die Spam-Filter gnädig zu stimmen:

- Keine Wörter durchgehend in Großbuchstaben schreiben.
- Ausrufe- oder Fragezeichen nicht mehrfach hintereinander setzen.
- Keine Leerzeichen mehrfach hintereinander setzen.
- Keinen Text mit vielen Ziffern formulieren.
- Keine Kundennummern oder IDs in der Betreffzeile verwenden.

Tipps zum E-Mail-Inhalt

Wie bei der Betreffzeile, so gilt auch für den E-Mail-Inhalt, dass keine Wörter durchgehend in Großbuchstaben geschrieben und keine Ausrufe- oder Fragezeichen mehrfach hintereinander verwendet werden sollten.

Darüber hinaus sollten nicht zu viele Leerzeilen im Text eingesetzt werden (was Spam-Mail-Versender häufig tun, um ganz am Ende zusätzlichen Text zur Ablenkung des Spam-Filters anzuhängen). Dass klassische Spam-Mail-Begriffe wie „Porno", „Sex" oder „Viagra" zu vermeiden sind, selbst wenn es sich um einen medizinischen Text handelt, versteht sich wohl von selbst.

Wer einen periodischen Newsletter versendet, sollte in den Kopfzeilen Angaben zur Erscheinungsweise des Newsletters sowie Monat, Woche oder Datum der aktuellen Ausgabe mit aufnehmen, weil diese Angaben von einigen heuristischen Spam-Filtern positiv bewertet werden.

Links sollten grundsätzlich komplett ausgeschrieben werden, d. h. inklusive des vorangestellten „http://". Die Angabe der (technischen) IP-Adresse anstelle des Domainnamens wie „domain.de" in Links ist zu vermeiden, weil nackte IP-Adressen von vielen Spam-Filtern negativ bewertet werden.

Wer E-Mails im HTML-Format versendet, sollte unbedingt den MIME-Multipart-Standard zur Codierung benutzen, sodass in den E-Mails eine Alternative im Textformat eingebettet ist. Darüber hinaus dürfen in HTML-Mails keine großen und farbigen Überschriften verwen-

det werden. Vor allem auf die Farben Rot mit der Codierung „FF0000"
und Blau mit der Codierung „0000FF" reagieren viele Spam-Filter aller-
gisch.

7.1.6 Absenderauthentifizierung

Leider überprüft das Protokoll, das im Internet zum Übertragen von
E-Mails verwendet wird, nicht, ob die Absenderadresse einer E-Mail gültig und korrekt ist. Dadurch ist es sehr einfach, die Absenderadressen
von E-Mails zu fälschen. Die große Mehrheit der Spam-Mails wird daher
mit gefälschten Absenderadressen verschickt, um E-Mail-Empfänger und
Spam-Filter zu täuschen. Abgesehen davon werden oft Absenderadressen
von seriösen Unternehmen verwendet, auf die dann ein ungerechtfertigter
Spam-Verdacht fällt.

Dem Spam-Problem wäre daher geholfen, wenn es eine Technik zur
Absenderauthentifizierung gäbe, die Fälschungen der Absenderadressen
sicher erkennt bzw. ausschließt. Genau zu diesem Zweck wurden 2004
diverse technische Entwürfe entwickelt:

- RMX (Reverse-MX-Records, Vorläufer von SPF aus Deutschland),
- SPF (Sender Policy Framework, von AOL und GMX unterstützt),
- CallerID (von Microsoft für Hotmail entwickelt),
- DomainKeys (von Yahoo! entwickelt),
- SenderID (Zusammenführung von SPF und CallerID).

Abgesehen von den DomainKeys, die digitale Signaturen favorisieren, arbeiten alle Vorschläge grundsätzlich nach dem gleichen Verfahren, das auf
speziellen Einträgen auf dem DNS-Server basiert, der dem jeweiligen
Adressinhaber zugeordnet ist.

Ein DNS-Server definiert, welchen Domainnamen welche IP-Adressen zugeordnet sind. Dazu enthält der DNS-Server eine Liste mit Domainnamen wie z.B. www.domain.de und mail.domain.de mit den zugehörigen IP-Adressen.

Die oben genannten Techniken (außer DomainKeys) arbeiten mit
zusätzlichen Einträgen auf dem DNS-Server des Adressinhabers, die ver-
merken, welche Mailserver E-Mails mit der eigenen Absenderadresse versenden dürfen. Empfängt nun ein Provider eine E-Mail, so prüft er über
den DNS-Server, der unter der Absender-Domain im Internet gemeldet
ist, ob der Mailserver, von dem er die E-Mail erhalten hat, überhaupt dazu
berechtigt ist, E-Mails mit dieser Absenderadresse zu versenden.

Die größte Chance, sich weltweit als Industriestandard zu etablie-
ren, wird übrigens den technischen Varianten SPF und SenderID einge-

räumt. Nicht weil sie die besten sind, sondern weil sie weltweit bereits von AOL und Microsoft unterstützt werden. Problematisch sind allerdings zum Zeitpunkt der Drucklegung die von Microsoft gewünschten Lizenzbedingungen, die in der Open-Source-Szene auf wenig Gegenliebe treffen.

Die Konsequenz: Wer die Formen der Absenderauthentifizierung, die sich in nächster Zeit durchsetzen werden, künftig nicht unterstützt, wird bei den Providern, die eines der genannten Verfahren fordern, nach einer gewissen Testphase- und Übergangszeit der Freiwilligkeit keine E-Mails mehr zustellen können. Da dies bereits im Laufe des Jahres 2005 der Fall sein wird, wird es für jeden Versender höchste Zeit, sich intensiv mit diesem Thema zu beschäftigen!

7.2 Rückläufe verarbeiten mit Bounce-Management

7.2.1 Was sind Bounces?

Bei den meisten E-Mails, die nach dem Versand eines E-Mailings zum Anbieter zurückkommen, handelt es sich um Bounces. Bounces sind automatisierte Rückmeldungen auf eingehende E-Mails. Diese Rückmeldungen werden unter bestimmten Voraussetzungen von einem Mailserver (Mail Transfer Agent, kurz: MTA) oder einem E-Mail-Programm (Mail User Agent, kurz: MUA) erzeugt und an den Absender als E-Mail zurückgesendet.

Für den Empfänger der Bounces sehen diese auf den ersten Blick wie gewöhnliche E-Mails aus, und erst auf den zweiten Blick lässt sich feststellen, dass hier nicht ein Mensch eine E-Mail versendet hat, sondern dass es sich um eine automatisch generierte Meldung (oft in Form einer Fehlermeldung) handelt, die den Versender des E-Mailings über gewisse Umstände informieren soll.

7.2.2 Gründe für Bounces

Bounces auf ein E-Mailing können aus verschiedenen Gründen auftreten. Die drei häufigsten Ursachen für einen Bounce sind:

- Eine E-Mail lässt sich grundsätzlich nicht zustellen. Die entsprechende E-Mail-Rückmeldung wird von einem MTA erzeugt und als Hard Bounce bezeichnet.

- Eine E-Mail lässt sich zurzeit nicht zustellen. Die entsprechende Rückmeldung wird von einem MTA erzeugt und als Soft Bounce bezeichnet.
- Das E-Mail-Programm eines Empfängers (MUA) versendet automatisch eine Nachricht an den Absender. Hierbei handelt es sich um eine so genannte Autoresponder-Mail.

Hard Bounces treten immer dann auf, wenn der Mailserver der Domain, die in der E-Mail-Adresse angegeben ist (der Teil hinter dem @-Zeichen), gar nicht existiert oder der Mailserver zwar vorhanden, aber die E-Mail-Adresse des Empfängers dort unbekannt ist. Ein Hard Bounce zeigt an, dass die E-Mail dauerhaft nicht zustellbar ist. Daher kann der Anbieter in diesem Fall die E-Mail-Adresse aus seinem E-Mail-Verteiler löschen oder zumindest auf inaktiv setzen.

Soft Bounces treten auf, wenn beispielsweise das Postfach des Empfängers voll ist, der in der E-Mail-Adresse des Empfängers angegebene Domainname zwar vorhanden, aber der Mailserver momentan nicht verfügbar ist bzw. nicht rechtzeitig geantwortet hat, beispielsweise, weil die Verbindung blockiert, gestört oder zu langsam ist. Ein Soft Bounce zeigt im Unterschied zum Hard Bounce an, dass die E-Mail derzeit nicht zustellbar ist, was allerdings nicht automatisch bedeutet, dass sie grundsätzlich nicht zustellbar ist.

Autoresponder-Mails werden auf Veranlassung eines E-Mail-Empfängers automatisch von seinem E-Mail-Programm erzeugt und sollen den Absender darüber informieren, dass seine E-Mail erhalten wurde (Eingangsbestätigung) oder der Empfänger momentan nicht erreichbar ist, weil er sich beispielsweise auf Geschäftsreise oder im Urlaub befindet. In letzterem Fall spricht man auch von einer Abwesenheitsnotiz. Weitere Beispiele für Autoresponder-Mails sind Meldungen, dass sich die angeschriebene E-Mail-Adresse oder (in einem Unternehmen) die Zuständigkeit der Person geändert hat und die E-Mail entsprechend weitergeleitet wurde. Diese Meldungen sind in etwa mit einem Nachsendeauftrag vergleichbar.

Weniger üblich und eher lästig sind Autoresponder-Mails, die lediglich angeben, dass der Empfänger die E-Mail erhalten hat und sie später bearbeiten wird. Diese Rückmeldungen können dem E-Mail-Versender allenfalls als Empfangsbestätigung dienen.

7.2.3 Bounces in der Praxis

Wer ein größeres E-Mailing versendet, wird innerhalb von nur wenigen Sekunden nach dem Start des Versands die ersten Bounces erhalten, die an die Absenderadresse des E-Mailings zurückgeliefert werden. Bei diesen Bounces handelt es sich um Hard Bounces aufgrund ungültiger E-Mail-Adressen.

Kurz darauf treffen die ersten Autoresponder-Mails ein, die von den E-Mail-Programmen derjenigen Empfänger zurückgeliefert werden, die eine direkte Anbindung an das Internet haben, ohne Verzögerung durch zwischengeschaltete Mailserver, wie es beispielsweise in großen Unternehmen üblich ist.

Der Höhepunkt der Bounce-Rückläufe ist etwa vier Stunden nach dem Versand, wenn die ersten Soft Bounces eintreffen, um dem Absender mitzuteilen, dass der jeweilige Mailserver schon seit mehreren Stunden versucht, eine E-Mail zuzustellen, bislang jedoch keinen Erfolg hatte und es noch einige Tage weiter versuchen wird.

Ein weiterer kleinerer Bounce-Höhepunkt findet in der ersten Nacht nach dem Versand des E-Mailings statt, weil manche Unternehmen die Autoresponder-Mails ihrer Mitarbeiter nicht umgehend zurückschicken, sondern diese erst sammeln und nachts, wenn die firmeninternen Mailserver weniger belastet sind, im Block zurücksenden.

Die letzten Hard Bounces treffen vier bis fünf Tage nach dem Versand des E-Mailings ein. Diese Bounces teilen dem Versender mit, dass die tagelangen Zustellversuche, die zuvor mit einem Soft Bounce angekündigt wurden, nicht gefruchtet haben.

Bounces sind ein völlig normales Phänomen, weil ständig E-Mail-Adressen ungültig werden oder Postfächer bzw. Mailserver nicht erreichbar sind. Treffen daher von einem bestimmten Internet- oder E-Mail-Service-Provider plötzlich keinerlei Bounces mehr ein, so ist dies ein klares Zeichen dafür, dass etwas nicht stimmt. In der Regel bedeutet das Fehlen jeglicher Bounces, dass der entsprechende Provider den Anbieter auf seine Blacklist gesetzt hat und alle empfangenen E-Mails ohne Rückmeldung löscht. Wenn also die sonst üblichen Bounces eines Providers ausbleiben, sollte der Anbieter diesen Provider umgehend kontaktieren, um von der Blacklist wieder entfernt zu werden.

Das bedeutet konkret, dass der Anbieter erst ca. fünf Tage nach dem Versand seines E-Mailings mit Sicherheit weiß, welche E-Mails zustellbar waren und welche nicht.

Da Autoresponder-Mails erfahrungsgemäß noch später eintreffen können (in Extremfällen erst zwei bis drei Wochen nach dem Versand), muss man jedoch auch nach Ablauf der Fünftagefrist noch mit eingehenden Bounces rechnen.

7.2.4 Umgang mit Bounces

Grundsätzlich ist der Versender von E-Mailings nicht gezwungen, auf Bounces in irgendeiner Form zu reagieren. Nicht wenige Anbieter geben in ihren E-Mailings eine spezielle E-Mail-Adresse für Feedback an, um die „echten" (manuell verfassten) Rückläufe von den (automatisch erzeugten) Bounces zu separieren. Die Bounces werden in diesem Fall komplett gelöscht.

Dieses Vorgehen ist zwar bequem und zeitsparend, langfristig jedoch nicht empfehlenswert, zumal es immer wieder Empfänger gibt, die direkt dem Absender eines E-Mailings antworten, statt die extra aufgeführte Feedback-Adresse zu nutzen. Und deren E-Mails werden bei der rabiaten Methode, alle E-Mail-Rückläufe an die Absenderadresse zu löschen, natürlich ebenfalls gelöscht.

Empfehlenswert ist folgendes Vorgehen bezüglich der Bounces:

- Bei Hard Bounces wird die zugehörige E-Mail-Adresse aus dem E-Mail-Verteiler gelöscht oder zumindest auf inaktiv gesetzt, denn nicht erreichbare E-Mail-Adressen immer wieder anzuschreiben kostet nur unnötig Rechenzeit, Bandbreite und Datenvolumen.
- Bei Soft Bounces sollte die zugehörige E-Mail-Adresse mit einem entsprechenden Vermerk versehen werden. Lässt sich an diese Adresse innerhalb eines definierten Zeitraums mehrmals in Folge keine E-Mail zustellen, dann kann die Adresse wie ein Hard Bounce behandelt werden.
- Autoresponder-Mails lassen sich problemlos löschen, denn es handelt sich hierbei nicht um Fehlermeldungen, die den Versender auf etwas hinweisen, sondern um Mitteilungen, die in der Regel wertlos sind. Lediglich die Autoresponder-Mails, die auf eine neue E-Mail-Adresse hinweisen, können genutzt werden, um die E-Mail-Adresse im Verteiler zu aktualisieren. Allerdings sollte man davon ausgehen, dass ein E-Mail-Empfänger, der wirklich Interesse an den E-Mailings eines Anbieters hat, diesem seine neue E-Mail-Adresse ohnehin mitteilt (so-

fern der Anbieter dies unkompliziert erlaubt, beispielsweise über einen Link in allen E-Mails auf eine Webseite zum Ändern der Profilangaben).

7.2.5 Erfahrungswerte mit Bounces

Erfahrungen aus der Praxis zeigen, dass auf ein E-Mailing ein Rücklauf in Höhe von 0,5 % bis zu 20 % in Form von Bounces erfolgen kann. Das heißt konkret, bei einem großen Mailing an 100.000 E-Mail-Adressen können bis zu 20.000 E-Mails zurückkommen!

Die Höhe der Bounce-Quote hängt von mehreren Faktoren ab:

Wie lang wurden die E-Mail-Adressen, die für ein E-Mailing verwendet werden, nicht genutzt?

Man kann davon ausgehen, dass für jedes Quartal, in dem vorhandene E-Mail-Adressen nicht genutzt werden, die Quote der Hard Bounces um mindestens fünf Prozentpunkte steigt, weil die Besitzer der E-Mail-Adressen ihren Arbeitgeber, den E-Mail-Service-Provider (z.B. GMX oder web.de) oder den Internet-Service-Provider, dessen E-Mail-Adresse sie nutzen, wechseln. Das bedeutet beispielsweise, dass bei E-Mail-Adressen, die ein halbes Jahr lang nicht genutzt wurden, die Quote der Hard Bounces bei über 10 % liegen wird.

Werden Privat- oder Firmenadressen angeschrieben?

Während Privatempfänger erfahrungsgemäß nur selten die Autoresponder-Funktion ihres E-Mail-Programms einsetzen, ist diese Funktion in Firmen sehr beliebt und wird teilweise auch vom Management gefordert, damit der Absender einer E-Mail über eine längere Abwesenheit des Empfängers informiert ist und wichtige Dinge nicht unerledigt bleiben.

Bei E-Mailings an Privatempfänger liegt die Quote der Autoresponder-Mails in der Regel um 1 % (allerdings mit steigender Tendenz), bei Empfängern in Firmen muss je nach Internet-Affinität der Branche mit 2 bis 5 % gerechnet werden (je höher die Affinität, desto höher die Autoresponder-Quote).

In welchem Land wohnen die Empfänger des E-Mailings?

Da die Infrastruktur des Internets weltweit immer noch sehr unterschiedlich ausgebaut ist, variieren auch die Zuverlässigkeit und Latenzzeit der Internet-Verbindungen von Land zu Land. In der westlichen Welt ist die Infrastruktur mittlerweile so gut ausgebaut, dass sie keinen Einfluss mehr auf die Quote der Soft Bounces hat. In den ehemaligen Ostblock-Staaten,

Russland und dem Balkan können sich temporäre Leitungsausfälle und -verstopfungen dagegen mit einer Soft-Bounce-Quote von 1 bis zu 5 % niederschlagen. Je größer die E-Mail ist, die versendet wird, desto höher ist auch die Wahrscheinlichkeit, dass nicht alle E-Mails problemlos dem Empfänger zugestellt werden können.

7.2.6 Automatisiertes Bounce-Management

Listserver und professionelle E-Mail-Marketing-Systeme verfügen gewöhnlich über ein integriertes Bounce-Management und nehmen dem Versender die lästige manuelle Bearbeitung der Bounces ab, indem die Bounces auf ein E-Mailing automatisch identifiziert und verarbeitet werden. Dadurch wird das Callcenter oder die E-Mail-Hotline des Anbieters ganz erheblich entlastet und kann sich auf die echten Anfragen der Kunden konzentrieren.

Die Arbeits- und Kostenersparnis durch ein automatisiertes Bounce-Management ist signifikant. Hier ein Beispiel mit typischen Werten: Ein E-Mailing, das an 100.000 Empfänger versendet wird, generiert 1.500 Hard Bounces, 1.000 Soft Bounces und 1.500 Autoresponder-Mails (insgesamt also 4.000 Bounces, d. h. eine Bounce-Quote von 4 %).

Ein geschulter Callcenteragent oder E-Mail-Hotline-Mitarbeiter würde erfahrungsgemäß durchschnittlich zehn Sekunden (Bruttowert mit Pausen) benötigen, um je eine Bounce-Mail zu identifizieren und zu löschen, insgesamt also gut elf Stunden. Setzt man die Arbeitsstunde des Mitarbeiters inklusive der Overhead-Kosten mit 40 € an, so würden die Kosten für die manuelle Bounce-Bearbeitung des E-Mailings in diesem Beispiel etwa 440 € betragen!

Ein automatisiertes Bounce-Management arbeitet wie folgt:

Die E-Mail-Adressen, die beim Anschreiben einen Hard Bounce produzieren, werden aus dem E-Mail-Verteiler gelöscht oder zumindest deaktiviert. E-Mail-Adressen, die einen Soft Bounce produzieren, werden über ein Scoring-System bewertet und nach mehreren vergeblichen Zustellversuchen gegebenenfalls ebenfalls gelöscht oder auf inaktiv gesetzt.

Autoresponder-Mails werden weitestgehend ausgefiltert und gelöscht. Da jedoch jede Autoresponder-Mail einen anderen Text enthalten kann und die Gefahr der Verwechslung mit einer echten, individuellen E-Mail-Antwort besteht, muss man bei der Filterung sehr vorsichtig sein, was dazu führt, dass sich zwar ein Großteil der Autoresponder-Mails ausfiltern lässt, aber nicht alle.

Die Probleme bei der Erkennung von Autoresponder-Mails gelten im Prinzip auch für Hard und Soft Bounces. Allerdings ist hier die Erkennungsquote wesentlich höher, weil diese Bounces nicht wie Autoresponder-Mails individuell von Menschen formuliert werden. Vielmehr handelt es sich bei Hard und Soft Bounces um Fehlermeldungen, die von der Mailserver-Software zurückgeliefert werden, im Idealfall sogar mit einem entsprechenden Hinweis im E-Mail-Header. Zwar verwenden unterschiedliche Mailserver-Programme auch unterschiedliche (Header-)Texte für die Fehlermeldungen, doch ist die Anzahl der im Internet verwendeten Programme überschaubar und demzufolge auch die Anzahl der verschiedenen Fehlermeldungen.

7.2.7 Extraadresse für E-Mail-Feedback

Weiter oben wurde bereits beschrieben, dass einige Versender in ihren E-Mailings eine spezielle E-Mail-Adresse für das Feedback der Empfänger angeben, um dieses von den Bounces zu separieren und die Bounces gefahrlos löschen zu können.

Während das globale Löschen der Bounces nicht zu empfehlen ist, ist die Einrichtung einer speziellen E-Mail-Adresse für die Rückmeldungen der Empfänger durchaus sinnvoll, wenn für den Versand von E-Mailings kein System verwendet wird, das das automatisierte Bounce-Management beherrscht. Denn mit einer eigenen Feedback-Adresse lassen sich die echten E-Mail-Antworten schneller und zuverlässiger von den Bounce-Mails trennen, und man muss sich nicht durch hunderte oder gar tausende von Bounces kämpfen, um darunter die echten Rückmeldungen der Empfänger zu finden.

Statt eine E-Mail-Adresse für Rückmeldungen im E-Mail-Text zu nennen und die Leser vor Antworten an die Absenderadresse des E-Mailings zu warnen, gibt es eine elegantere Alternative. Dazu muss beim Versand in den Header der E-Mails eine zusätzliche Reply-to-Zeile in der Form

Reply-to: feedback@domain.de

eingefügt werden.

In diesem Fall werden Rückmeldungen der E-Mail-Empfänger von den Mailservern automatisch an die Adresse feedback@domain.de umgeleitet, sodass die Empfänger weiterhin über den „Antworten„-Button auf die E-Mails des Anbieters reagieren können („domain.de" ist in diesem Fall wieder der Platzhalter für den tatsächlichen Domainnamen des Anbieters).

7.2.8 Wann ist Bounce-Management sinnvoll?

Eine häufig gestellte Frage von Firmen, die E-Mails im größeren Mengen versenden, lautet, ab welcher Anzahl von E-Mail-Empfängern es sinnvoll ist, Bounces zu identifizieren und zu verarbeiten.

Die Antwort ist einfach: Eigentlich ist das Bounce-Management immer sinnvoll, unabhängig von der Größe des E-Mail-Verteilers. Anbieter, die für ihre E-Mail-Marketing-Aktionen spezialisierte Dienstleister oder professionelle E-Mail-Marketing-Systeme einsetzen, müssen sich um das Thema Bounces ohnehin keine Gedanken machen, weil das Bounce-Management vom Dienstleister oder direkt von der Software übernommen wird.

Anbieter, die ihre E-Mailings dagegen selbst versenden, sollten jedoch ebenfalls von der ersten E-Mail-Adresse an, zumindest aber ab einer Größe des E-Mail-Verteilers von ca. 2.000 Adressen, die Bounces auf ihre E-Mailings berücksichtigen, denn das Bounce-Management bietet zahlreiche Vorteile:

- Der E-Mail-Verteiler wird stets aktuell gehalten, weil tote Adressen automatisch entfernt werden (und nur auf Basis von aktuellen Verteilern lassen sich beispielsweise aussagekräftige Rücklaufquoten berechnen).
- Das Bounce-Management spart dem Versender Rechenzeit, Leitungskapazität und Volumenkosten, weil keine überflüssigen E-Mails produziert und an tote Adressen versendet werden.
- Die Infrastruktur des Internets wird nicht unnötig belastet, denn E-Mails an tote Adressen und die daraus resultierenden Bounces verbrauchen auch an anderen Stellen Ressourcen (z.B. auf dem Mailserver, auf dem eine tote E-Mail-Adresse zuletzt gemeldet war).

7.2.9 Bounce-Management gegen Greylisting

Das Blacklisting und das Whitelisting von E-Mail-Absenderadressen und IP-Adressen sind mittlerweile Standardverfahren der Internet- und E-Mail-Service-Provider, um erwünschte von unerwünschten E-Mails zu unterscheiden. Die Versender von Spam-Mails werden auf eine schwarze Liste gesetzt, sodass deren E-Mails von den Spam-Filtern grundsätzlich ausgefiltert werden. Gesetzeskonforme Versender kommen dagegen (hoffentlich!) auf die weiße Liste, sodass deren E-Mails die Spam-Filter grundsätzlich ungehindert passieren können.

Greylisting ist eine ganz neue Variante der Spam-Filterung und arbeitet nicht mit einer Liste, sondern ist ein Verfahren, das zwischen Spam-

und rechtskonformen Versendern unterscheiden soll. Dazu quittieren die Mailserver eines Greylisting-Anwenders (z.B. ein Provider) jede eingehende E-Mail beim ersten Zustellversuch grundsätzlich mit einem (Pseudo-)Soft Bounce. Dieser Soft Bounce zeigt dem Versender an, dass seine E-Mail derzeit nicht zugestellt werden kann.

Erfahrungsgemäß arbeitet die Versandsoftware der Spam-Versender aus Performancegründen nicht mit intelligenten Mailqueues, sondern leitet die E-Mails direkt und so schnell wie möglich ins Internet ein. Mögliche Rückmeldungen werden dabei ignoriert, sodass Soft Bounces nicht erkannt werden und die Spam-Software keine weiteren Zustellversuche unternimmt. Als Konsequenz erreichen all diejenigen E-Mails, die vom empfangenden Mailserver mit einem Soft Bounce beantwortet werden, den Empfänger nicht.

Professionelle Versender dagegen schätzen den Wert jeder einzelnen E-Mail-Adresse und arbeiten mit einem Bounce-Management, das beim Auftreten von Soft Bounces zeitverzögert weitere Zustellversuche unternimmt. Das Greylisting-Verfahren sorgt nun dafür, dass nach einer Verzögerung von etwa zehn bis 15 Minuten kein Soft Bounce mehr erzeugt und die E-Mail ab diesem Zeitpunkt angenommen wird.

Der Vorteil des Greylisting: Der Empfänger erhält fast keine Spam-Mails mehr. Der Nachteil: Alle E-Mails treffen erst mit einer Verzögerung von mindestens zehn bis 15 Minuten ein. Dieser Nachteil lässt sich allerdings dadurch verringern, dass diejenigen Absender, die auf Soft Bounces mit weiteren Zustellversuchen reagieren, als legitime Versender erkannt und in eine entsprechende Whitelist eingetragen werden, sodass dadurch die zeitliche Verzögerung für jede neue Absenderadresse nur beim ersten Mal auftritt.

Die Konsequenz des Greylisting für alle Versender: Wer nicht mit einem professionellen Bounce-Management arbeitet, das Soft Bounces identifizieren und entsprechend darauf reagieren kann, wird seine E-Mails bei denjenigen Providern und Unternehmen, die das Greylisting einsetzen werden, nicht mehr zustellen können.

7.3   Verwaltungsaufwand minimieren durch ERM

7.3.1   E-Mail-Rückmeldungen reduzieren

Wachsende E-Mail-Verteiler sind auf der einen Seite erfreulich, weil sich die E-Mail-Marketing-Fixkosten auf eine breitere Basis verteilen lassen und dadurch die Kosten pro E-Mail sinken. Auf der anderen Seite steigt bei einem wachsenden Verteiler natürlich auch die Zahl der Rückmeldungen der Empfänger und eine manuelle Bearbeitung dieser Rückmeldungen kann diese Kostenvorteile wieder zunichte machen.

In den vorigen Abschnitten dieses Kapitels wurde beschrieben, wie sich durch die automatisierte Verarbeitung der Bounces die Anzahl der E-Mail-Rückläufe deutlich reduzieren lässt. Doch selbst mit dem besten Bounce-Management der Welt bleiben bei einem E-Mailing an 100.000 Empfänger und den daraus resultierenden tausenden von E-Mail-Rückmeldungen ein paar hundert E-Mails zur manuellen Bearbeitung übrig.

Was ergänzend zum Bounce-Management noch fehlt, ist ein professionelles E-Mail Response Management (ERM). Im Rahmen eines ERM-Ansatzes gibt es einige relativ einfach umzusetzende Maßnahmen, mit denen sich die Anzahl der E-Mail-Antworten weiter reduzieren lässt. Erfahrungsgemäß ist es möglich, diese Rückmeldungen um weitere 80 bis 90 % zu reduzieren, wenn sämtliche Maßnahmen konsequent umgesetzt werden. Und da die Bearbeitung jeder E-Mail den Adressaten Zeit und Geld kostet, ist es den Aufwand, den ein Anbieter mit der Umsetzung dieser Techniken hat, in der Regel wert.

Hierzu ein Rechenbeispiel: Wird ein regelmäßiger E-Mail-Newsletter an 100.000 Empfänger versendet, so ist es nicht unüblich, dass sich pro Ausgabe 400 Empfänger aus dem E-Mail-Verteiler abmelden und 200 Empfänger ihre E-Mail-Adresse oder das E-Mail-Format ändern wollen. Setzte man für den Callcenteragenten oder E-Mail-Hotline-Mitarbeiter, der diese Anforderungen manuell umsetzen würde, wie im vorigen Abschnitt 2.6 die Arbeitsstunde inklusive der Overhead-Kosten mit 40 € an, so würden die Kosten für die manuelle Bearbeitung der 600 Um- und Abmeldewünsche insgesamt 800 € betragen, wenn man eine Bearbeitungszeit von zwei Minuten pro E-Mail zu Grunde legt.

Daher kann der erste Tipp nur lauten: Den Empfängern eines E-Mailings oder E-Mail-Newsletters muss deutlich erklärt werden, wie sie den Bezug der E-Mails abbestellen können, denn erfahrungsgemäß betrifft ein Großteil der manuellen Rückmeldungen dieses Thema. Am besten erfolgt der Hinweis auf die Abmeldung gleich am Anfang der E-Mail, weil er sonst von den E-Mail-Empfängern eventuell nicht gefunden wird.

Wenn es das System, mit dem die E-Mailings versendet werden, erlaubt, sollte dem E-Mail-Empfänger ein personenbezogen codierter Abmelde-Link angeboten werden, über den er sich einfach per Mausklick vom E-Mail-Verteiler abmelden kann. Dieses Verfahren ist aus Nutzersicht einfacher und weniger fehleranfällig als eine speziell codierte E-Mail-Abmeldeadresse, an die ein Text wie „abmelden" oder „unsubscribe" geschickt werden muss.

Wer glaubt, es sei sinnvoll, die Abmeldemöglichkeit zu verstecken (völlig weglassen werden darf sie aus rechtlichen Gründen nicht), um damit den Schwund in seinem E-Mail-Verteiler zu reduzieren, ist auf dem Holzweg. Ein Versteckspiel führt erfahrungsgemäß nur dazu, dass die E-Mail-Empfänger verärgert reagieren und einen anderen Weg (beispielsweise per Telefax oder Telefon) finden, um zum Anbieter durchzudringen. Dies führt wiederum dazu, dass der Anbieter solche Telefaxe und Anrufe manuell bearbeiten muss.

Der zweite wichtige Tipp in diesem Zusammenhang lautet: Einem E-Mail-Empfänger sollte es möglich sein, seine persönlichen Angaben wie die E-Mail-Adresse oder das gewünschte E-Mail-Format (Text/HTML) selbst zu ändern. Kann der Empfänger dies nicht und ändert sich seine E-Mail-Adresse oder möchte er vom Text- zum HTML-Format wechseln, so muss er dazu dem Anbieter eine E-Mail schreiben, die dieser wiederum manuell bearbeiten muss. Wird dem E-Mail-Empfänger dagegen die Möglichkeit gegeben, über die Website des Anbieters seine Daten selbst zu pflegen, so ist der Anbieter von dieser Tätigkeit entlastet. Darüber hinaus werden auch Übermittlungs- und Tippfehler vermieden.

Moderne E-Mail-Marketing-Systeme erlauben den Empfängern über einen personenbezogen codierten Profil-Link aus jeder versendeten E-Mail heraus den direkten Zugriff auf ihre Daten. Durch die Codierung der Links ist sichergestellt, dass jeder E-Mail-Empfänger jeweils nur auf seine eigenen Daten zugreifen kann.

Wenn eine solche Lösung nicht zur Verfügung steht, kann der Anbieter den E-Mail-Empfängern ersatzweise bei der Anmeldung zum E-Mail-Verteiler ein individuelles Passwort zuweisen, über das sich die Empfänger jederzeit auf der Website des Anbieters einloggen können, um ihre Profildaten zu ändern.

Das Problem dabei: Es ist kaum zu glauben, wie viele Menschen ihr Passwort vergessen! Und jedes Mal, wenn ein E-Mail-Empfänger seine Daten ändern möchte, aber das Passwort vergessen hat, wird er dem Anbieter eine E-Mail schreiben, die dieser manuell bearbeiten und beantworten muss.

Abhilfe schafft in diesem Fall eine Eselsbrücke. Dazu muss dem E-Mail-Empfänger bei der Anmeldung die Eingabe einer Frage erlaubt werden, die nur er beantworten kann (Standardfrage: „Wie lautet der Mädchenname Ihrer Mutter?"). Immer dann, wenn der Empfänger sein Passwort vergessen hat, kann er sich diese Frage anzeigen lassen und erhält bei korrekter Beantwortung sein gültiges Passwort angezeigt oder per E-Mail zugesendet. Dieses Verfahren ist allerdings nicht besonders sicher, weil eventuell ein Dritter aus der Frage ebenfalls auf die korrekte Antwort schließen kann.

> Neben der Wahl zwischen dem Text- und dem HTML-Format sollte dem E-Mail-Empfänger auf seiner Profilseite auch die Angabe seines Internet-Zugangs in Form der Wahl zwischen „Modem/ISDN" und „DSL/Standleitung" erlaubt werden. Auf diese Weise erfährt der Anbieter, welche Empfänger künftig mit Breitbandmails (siehe Kapitel 4, Abschnitt 3.8) beliefert werden können.

7.3.2 E-Mail-Anfragen automatisiert beantworten

Um die E-Mail-Rückmeldungen, die nach der Implementierung eines Bounce-Managements und der Umsetzung der ersten beiden Tipps des vorigen Abschnitts übrig bleiben, weiter zu reduzieren, sind etwas aufwendigere ERM-Maßnahmen erforderlich. Der erste Schritt besteht darin, dass der Anbieter bzw. die Mitarbeiter der E-Mail-Hotline eine Statistik aufstellen, welche Inhalte diese E-Mail-Rückfragen haben.

In der Regel handelt es sich bei 80 % dieser E-Mails um immer wiederkehrende Standardanfragen. Daher empfiehlt es sich, dass das Callcenter oder die E-Mail-Hotline ein FAQ-Dokument („Frequently Asked Questions") verfasst, in dem diese Standardfragen exemplarisch gestellt und ausführlich und kompetent beantwortet werden. Anschließend muss dieses FAQ-Dokument auf die Website des Anbieters gestellt und in jedem E-Mailing ein Hinweis mit Link, der für Rückfragen auf diese FAQ-Webseite verweist, aufgenommen werden.

Alternativ kann jede eingehende E-Mail automatisch mit einer Autoresponder-Mail beantwortet werden, die das FAQ-Dokument zum Inhalt hat. An Stelle des Begriffs Autoresponder verwendet man bei diesem Mechanismus oft auch die Bezeichnung „Triggered E-Mails".

Mit dieser Technik lassen sich die verbliebenen E-Mail-Rückfragen schnell und ohne Aufwand beantworten. Durch die Definition einer Verzögerungszeit, die Personalisierung der Anrede und eventuell auch die Personalisierung des Absenders (z. B. der persönliche Ansprechpartner in der Bank oder Versicherungsmakler) lässt sich der unpersönliche Eindruck einer computergenerierten E-Mail reduzieren.

Mit einer FAQ-Webseite oder einem FAQ-Autoresponder lassen sich die E-Mail-Rückfragen schätzungsweise um 50 % verringern, sodass noch weniger E-Mails zur manuellen Bearbeitung übrig bleiben. Die Erfahrung zeigt leider, dass sich die Anzahl der E-Mail-Rückfragen nicht um 80 % reduziert, obwohl 80 % der Fragen beantwortet werden, weil nicht jeder E-Mail-Empfänger die FAQ-Seite aufruft und liest. Mancher Leser ist dazu einfach zu bequem.

Im Laufe der Zeit wird das FAQ-Dokument wachsen und aufgrund der Vielzahl von Fragen und Antworten immer länger und unübersichtlicher werden. Deshalb sollte, sobald eine Länge von etwa drei Bildschirmseiten überschritten wird, nur noch ein Haupt-FAQ-Dokument mit den wichtigsten Fragen auf die Website gestellt bzw. per Autoresponder versendet werden.

Für die Fälle, in denen das Standard-FAQ-Dokument eine Frage nicht beantworten kann, sollten am Ende des FAQs verschiedene Links für weiterführende Fragen aufgeführt sein (z. B. technische Anfragen, Nachfragen zur Rechnung oder Anfragen zu Vertragsangelegenheiten). Dazu muss für jeden Themenbereich ein eigener Link eingerichtet werden, dessen Klick eine ereignisgesteuerte E-Mail auslöst, deren Inhalt wiederum aus einem thematisch passenden, weiterführenden FAQ-Dokument besteht.

Solch eine Autoresponder-Kaskade lässt sich, abhängig von der Anzahl der Verzweigungsstufen, beliebig fein ausführen. Am Ende der FAQ-Texte in der untersten Ebene kann gegebenenfalls eine weitere E-Mail-Adresse aufgeführt sein, an die die Empfänger alle Anfragen stellen können, die im Rahmen des jeweiligen FAQ-Dokumentes nicht beantwortet werden konnten und aufgrund ihres individuellen Charakters von einem E-Mail-Hotline-Mitarbeiter aus Fleisch und Blut beantwortet werden müssen.

Auf diese Weise lässt sich ein mehrstufiges ERM-System aufbauen: Die erste Stufe ist das Haupt-FAQ-Dokument auf der Website des Anbieters oder in Form eines allgemeinen E-Mail-Autoresponders, und die zweite (und gegebenenfalls dritte) Stufe sind die ereignisgesteuerten Autoresponder mit den themenspezifischen FAQs. Erst in der letzten Stufe müssen Hotline-Mitarbeiter manuell die Anfragen der E-Mail-Empfänger beantworten. Auf dieser Stufe wird jedoch nur noch ein geringer Teil der Anfragen eintreffen, weil die meisten schon vorab durch die FAQs beantwortet werden können. Und wird auf der letzten Stufe eine Frage gestellt, die bereits in einem FAQ-Dokument beantwortet ist (was leider nicht selten der Fall ist), so muss der Hotline-Mitarbeiter lediglich den passenden Auszug aus dem FAQ-Text kopieren und als Antwort zurückschicken.

Natürlich ist für den Aufbau solch eines mehrstufigen ERM-Systems ein gewisser initialer Aufwand erforderlich, doch ein Anbieter, der durch diese Maßnahmen einen Strom von mehreren hundert oder tausend E-Mail-Rückfragen pro Monat auf ein Rinnsal von wenigen Dutzend

Anfragen reduzieren kann, hat den zusätzlichen Aufwand sehr schnell durch die Entlastung seiner E-Mail-Hotline amortisiert und spart mittelfristig Geld und Arbeit ein.

7.3.3 Rückfragen über Webformulare kanalisieren

Anbietern, denen die Anzahl der E-Mail-Anfragen, die sie auf ihre Aussendungen erhalten, trotz des intensiven Einsatzes der zuvor beschriebenen ERM-Techniken immer noch zu hoch ist, können von den Absendern der Anfragen ein standardisiertes Feedback erzwingen, das sich zeitsparend voll- oder zumindest halbautomatisch weiterverarbeiten lässt.

Zu diesem Zweck muss in jede versendete E-Mail der Hinweis aufgenommen werden, dass die Empfänger bei Anfragen nicht an die Absenderadresse der jeweiligen E-Mail zurückschreiben können, sondern Fragen über ein spezielles Kontaktformular stellen sollen, das zu diesem Zweck auf der Website des Anbieters bereitsteht.

Wenn einzelne Leser trotzdem an die Absenderadresse zurückschreiben, muss ein E-Mail-Autoresponder für jede dieser Rückantworten einen so genannten Pseudo-Bounce erzeugen, der umgehend an den Absender zurückgeht und beispielsweise folgenden Text enthält:

> Sehr geehrter XYZ-Kunde,
>
> dies ist eine automatisch generierte E-Mail. Aus organisatorischen Gründen können wir unter dieser E-Mail-Adresse leider keine Rückmeldungen entgegennehmen.
>
> Für Ihre Anfragen und Kommentare haben wir extra unter der Adresse http://www.xyz.de/feedback ein Webformular für Sie eingerichtet, über das Sie gerne mit uns in Kontakt treten können.
>
> Aufgrund der vielen Anfragen, die wir jeden Tag erhalten, bitten wir Sie, diesen Weg zu wählen. Andernfalls wäre uns eine zeitnahe Bearbeitung Ihrer Nachricht leider nicht möglich.
>
> Wir bedanken uns bei Ihnen für Ihr Verständnis für diese Maßnahme!
>
> Mit freundlichen Grüßen,
>
> Ihr XYZ-Team

Der Anbieter sollte das Kontaktformular auf seiner Website so gestalten, dass der Nutzer das Thema seiner Anfrage über eine Listbox aus einer vorgegebenen Auswahl nach dem Multiple-Choice-Verfahren auswählen muss. In ein großes Textfeld kann er dann die eigentliche Frage als freien

Text eingeben. Oft ist es sinnvoll, in das Webformular weitere Felder für wichtige Angaben mit aufzunehmen, beispielsweise für die Kundennummer, Bestellnummer, Rechnungsnummer oder Postadresse des E-Mail-Empfängers (siehe Bild 7.2).

Kundenservice
Kontakt

Liebe Kundin, lieber Kunde

Bitte füllen Sie das untenstehende Formular aus. Wir kümmern uns dann so schnell wie möglich um Ihr Anliegen.

Thema *	Handy-Lieferzeit
Produkt *	SL65 ▾

Bitte hier mit Ihrer Nachricht komplettieren! *

Hallo,
ab wann ist das neue Handy in Deutschland lieferbar?
MfG,

Kategorie *	Gerät / Einstellungen ▾
Unterkategorie *	Bitte wählen Sie Ihre Kategorie
	Gerät / Einstellungen
Anrede	Kommunikation
	Multimedia / Applikationen
Vorname *	Dokumentationen
Nachname *	
Firma	
Straße	
Straße 2	
Postleitzahl	
Wohnort	
Land *	Germany ▾
Telefon	
Mobiltelefon	
Fax	
eMail *	

☐ Ich erkläre mich damit einverstanden, dass meine Daten von der Siemens AG gepeichert werden und zum Versenden von Newslettern oder sonstigen Marketingzwecken genutzt werden.

[Inhalt löschen]   [Formular senden]

Bild 7.2: Typisches Beispiel für ein Kontaktformular, das mit einer Kombination aus Feldern für die freie Dateneingabe und Listboxen mit vorgegebenen Einträgen arbeitet

Für die geordnete Weitergabe der Formularinhalte an den Anbieter sollte auf dem Webserver des Anbieters ein Programm eingesetzt werden, das für jedes vom E-Mail-Empfänger abgeschickte Formular die Angaben aus dem Formular extrahiert und per E-Mail an den Anbieter weiterleitet. Dabei kann das vom Absender gewählte Thema seiner Frage für den Inhalt der Betreffzeile verwendet werden, damit sich die E-Mails im zentralen Posteingang schneller sortieren und weiterleiten lassen.

Für die Konvertierung von Webformularen in E-Mails gibt es zahlreiche kostenlose Programme im Internet. Das weltweit beliebteste ist ein Skript in der Programmiersprache Perl und heißt „FormMail". FormMail lässt sich aus dem Archiv des Autors Matthew Wright unter der Webadresse www.scriptarchive.com downloaden und darf kostenfrei eingesetzt werden.

In der Regel ist es empfehlenswert, das Kontaktformular so aufzubauen, dass alle oder zumindest einige der Felder vom Absender ausgefüllt sein müssen, damit sich das Formular an den Anbieter abschicken lässt. Zu diesem Zweck kann auf der Webseite, in die das Formular eingebettet ist, eine Javascript-Routine implementiert werden, die die gewünschten Felder auf einen vorhandenen Inhalt und den Inhalt auf dessen Plausibilität (Art der Zeichen, Anzahl der Zeichen, Korrektheit der Prüfsumme etc.) kontrolliert.

Bei den dafür geeigneten Feldern sollte jeweils eine Listbox mit einer vorgegebenen Auswahl verwendet werden, um alle Angaben so weit wie möglich zu standardisieren (statt freier Texteingabe). Auf diese Weise lässt sich zum einen sicherstellen, dass der Anbieter bei einer Anfrage alle wichtigen Informationen erhält und nicht zeitaufwendig beim Absender rückfragen muss, und zum anderen können die standardisierten Angaben automatisch oder zumindest halbautomatisch bearbeitet werden.

So lassen sich die abgesendeten Formulare auf Basis der Angaben in den verschiedenen Feldern beispielsweise sortieren und gegebenenfalls per E-Mail-Autoresponder mit einem Standardtext beantworten, der mit Daten aus dem Warenwirtschaftssystem des Anbieters ergänzt wird (Verfügbarkeit von Produkten, Lieferzeit und -status, Rabatte etc.). Die restlichen E-Mails können auf Basis des Themas in der Betreffzeile automatisch an die jeweils zuständigen Abteilungen bzw. Sachbearbeiter weitergeleitet werden.

Kritiker mögen einwenden, dass dieses Verfahren, in dem Anfragen in ein festes Formularschema gezwungen werden, mit 1:1-Marketing oder Kundenbeziehung mit „Human Touch" wenig zu tun hat und gerade auf ältere E-Mail-Empfänger etwas abschreckend wirken kann. Bei E-Mailings und E-Mail-Newslettern mit hohen Auflagen wird diese Vorgehensweise jedoch oft die einzige Chance für den Anbieter sein, um der E-Mail-Flut mit einem vertretbaren Aufwand an Zeit und Kosten Herr zu werden. Und auch für den Absender einer Anfrage dürfte gelten: Besser eine automatisch beantwortete E-Mail als gar keine Antwort.

8 Recht im E-Mail-Marketing

8.1 Spam-Mails

8.1.1 Was ist Spam?

Der Begriff „Spam" begegnet einem im Zusammenhang mit Internet und E-Mail mittlerweile nahezu täglich. Doch was bezeichnet Spam eigentlich genau und woher kommt dieser Begriff?

„Spam" war (und ist) ursprünglich der Markenname für das gepökelte und gepresste Dosenfleisch der US-Firma Hormel Foods Corp. und die Abkürzung für „spiced pork and ham". Das Produkt Spam ist in den USA sehr bekannt und wurde aufgrund seiner umstrittenen Qualität von der britischen Komiker-Truppe Monty Python aufgegriffen, die in Deutschland durch Filme wie „Der Sinn des Lebens" und „Das Leben des Brian" bekannt geworden ist.

Die Monty Pythons stellten in einem Sketch, der vor vielen Jahren in ihrer TV-Serie „Monty Python's Flying Circus" ausgestrahlt wurde und seitdem Kultstatus erlangt hat, ein Restaurant vor, in dem jedes Gericht Spam enthält. Was auch immer ein Gast bestellen möchte, es ist jedes Mal Spam dabei, obwohl der Gast Spam nicht ausstehen kann.

Unter den ersten Nutzern des Internets gab es anscheinend zahlreiche Fans der Monty Pythons, denn als in den Diskussionsforen (Newsgroups) des Internets die ersten Werbebotschaften auftauchten, die von den Verfassern durch so genannte Cross-Postings in jedes einzelne Forum kopiert wurden, setzte sich für diese Art von massenhaft wiederholten, unerwünschten Newsgroup-Beiträgen schnell der Begriff Spam durch.

Als die Verfasser der Werbebotschaften begannen, diese nicht nur in den Newsgroups zu posten, sondern per E-Mail direkt an alle Internet-Nutzer zu senden, deren E-Mail-Adresse sie habhaft werden konnten, wurde der Begriff Spam auf diese Art von unerwünschten E-Mails ausgeweitet.

Heute bezeichnet man alle kommerziellen E-Mails als Spam, die massenhaft an Empfänger ohne deren Zustimmung versendet werden, d.h. unverlangt verschickte Marketing- und Werbemails. Laut der Neufassung des UWG von Mitte 2004 sind Spam-Mails in Deutschland eindeutig verboten, weil Werbung per E-Mail nur bei vorheriger Einwilligung des jeweiligen Empfängers zulässig ist (siehe auch den folgenden Abschnitt 2).

Übrigens werden erwünschte und angeforderte E-Mails im Zusammenhang mit Spam manchmal auch als „Ham" (Schinken) bezeichnet.

8.1.2 Spam schadet den rechtskonformen Anbietern

Unabhängig davon, ob Spam-Mails rechtlich erlaubt sind oder nicht: Anbieter, die Spam-Mails versenden, schaden sich durch deren Versand mittel- und langfristig selbst am meisten.

Warum? Ganz einfach: Je mehr unerwünschte Spam-Mails ein Empfänger erhält, desto ablehnender wird zukünftig seine allgemeine Haltung gegenüber Marketing- und Werbemails sein. Und will ein Empfänger aufgrund der Flut von Spam-Mails, die er täglich erhält, von Marketing- und Werbemails generell nichts mehr wissen, so wird er auch nutzwertige und professionell gemachte E-Mailings sowie regelmäßige E-Mail-Newsletter mit Spam-Mails in einen Topf werfen und diese nicht mehr lesen, geschweige denn freiwillig abonnieren.

Die Akzeptanz der E-Mail-Empfänger gegenüber Marketing- und Werbemails ist jedoch entscheidend für den Erfolg von E-Mail-Marketing. Heute ist sie in Deutschland hoch, doch könnten schwarze Schafe dafür sorgen, dass sie sinkt und die Rücklaufquoten entsprechend zurückgehen. Spam-Mails haben daher das Potenzial, den Nutzen des E-Mail-Marketings zu ruinieren! Ein Anbieter, der langfristig denkt, wird aus diesem Grund nur E-Mails versenden, die vom Empfänger angefordert wurden oder ausdrücklich erwünscht sind.

In den USA fielen laut dem E-Mail-Security-Anbieter Messagelabs Mitte 2004 bereits über 75 % aller versendeten E-Mails in die Kategorie Spam-Mails – bei steigender Tendenz! Man mag die Entwicklung in den USA vielleicht für nicht vergleichbar mit Deutschland halten, doch auch hierzulande drohen US-Verhältnisse. In Deutschland ist die Spam-Flut zwar (noch?) nicht mit der Situation in den USA vergleichbar, doch E-Mail-Empfänger, Unternehmen sowie Internet- und E-Mail-Service-Provider haben bereits auf die wachsende Spam-Flut mit der Einführung von Spam-Filtern reagiert. Leider wird dabei häufig das Kind mit dem Bade ausgeschüttet, d. h. es werden nicht nur unerwünschte Spam-Mails ausgefiltert, sondern auch erwünschte und explizit angeforderte E-Mails wie Spam-Mails behandelt (die so genannten „False Positives").

Aus diesen Gründen sollte jeder Anbieter von E-Mailings, der dieses Medium langfristig als Direktmarketing- und Dialogmarketing-Instrument nutzen möchte, seinen Beitrag zum Erhalt des E-Mail-Kommunikationskanals leisten und sich im eigenen Interesse selbst beschränken und auf den Versand von Spam-Mails verzichten, gleichgültig, was die Rechtsprechung erlaubt bzw. wie sich andere Marktteilnehmer verhalten.

8.1.3 Maßnahmen zur Spam-Vermeidung

Aufgrund der vorausgegangenen Argumentation sollte jeder Anbieter sicherstellen, dass er keine Spam-Mails verschickt. Um zu vermeiden, dass man von den E-Mail-Empfängern (oder auch von der Presse oder dem Wettbewerb) als Versender von Spam-Mails eingestuft wird und entsprechend negative Publizität erhält, sollten folgende Maßnahmen ergriffen werden:

E-Mail-Adressen vor dem Anmieten prüfen

Anbieter, die neu mit dem E-Mail-Marketing starten möchten, verfügen in der Regel nur über wenige E-Mail-Adressen, sodass sich E-Mailings aufgrund der geringen Auflage kaum lohnen. Da liegt es natürlich nahe, für geplante Aktionen zusätzliche E-Mail-Adressen mit dem gewünschten Profil anzumieten, wie es beispielsweise auch bei Post-Mailings üblich ist.

Wer von einem Listbroker oder direkt beim Listowner E-Mail-Adressen anmieten möchte, muss genau prüfen, ob seitens der Inhaber dieser E-Mail-Adressen tatsächlich das Einverständnis erteilt wurde, ihnen E-Mails zuzusenden, oder ob die Adressen aus dubiosen Quellen stammen. Am besten lässt man sich dazu von dem Listbroker oder Listowner schriftlich zusichern, dass das Einverständnis der E-Mail-Adressinhaber vorhanden ist und der Listbroker bzw. Listowner diesbezüglich den Mieter dieser E-Mail-Adressen von eventuellen Ansprüchen der Adressinhaber freistellt und alle daraus erwachsenden Kosten übernimmt (siehe auch Kapitel 2, Abschnitt 1.3).

Rein rechtlich gesehen, stellt sich die Situation beim Anmieten von E-Mail-Adressen übrigens so dar, dass E-Mail-Empfänger, die einem Unternehmen die Zustimmung zur Zusendung von E-Mails erteilt haben, in diesem Zusammenhang nicht von Dritten (quasi als Trittbrettfahrer) angeschrieben werden dürfen, nicht einmal mit einer kurzen E-Mail, die um die Erlaubnis zur Zusendung weiterer E-Mails bittet. So hat das Landgericht Berlin bereits in einer Entscheidung vom Juni 2000 klargestellt:

> Der Werbende, der von einem Internet-Informationsdienst eine Mailing-Liste erhalten hat, darf nicht unter Hinweis auf sein kommerzielles Angebot per E-Mail bei den dort genannten Adressinhabern zurückfragen, ob tatsächlich deren Einverständnis mit E-Mail-Werbung vorliegt.

Keine E-Mail-Adressen tauschen

Eine zusätzliche Variante zum Mieten von E-Mail-Adressen wäre das Tauschen eigener Adressen mit anderen Unternehmen. Doch wird in diesem Fall in der Regel die Erlaubnis fehlen, die E-Mail-Empfänger des Tauschpartners anzuschreiben, denn das vorhandene Einverständnis gilt schließlich nur für das Unternehmen, das die E-Mail-Adressen ursprünglich gewonnen hat.

Einzige Ausnahme: Sowohl die Inhaber der eigenen E-Mail-Adressen als auch die des Tauschpartners haben solch einem Adressentausch zugestimmt. In diesem Fall sollte man sich die Existenz dieses Einverständnisses vom Tauschpartner schriftlich zusichern lassen, wie es zuvor auch für E-Mail-Listbroker und Listowner empfohlen wurde.

Sperrliste anlegen

Leider gibt es für E-Mail-Marketing noch keine offizielle, zentrale Sperrliste, in die sich diejenigen E-Mail-Empfänger eintragen können, die grundsätzlich keine Marketing- und Werbemails erhalten möchten. Für Postsendungen gibt es solch eine Einrichtung in Form der so genannten Robinson-Liste, die der Deutsche Direktmarketing Verband (DDV) in Wiesbaden verwaltet.

Solange es keine offizielle Robinson-Liste für E-Mail-Marketing gibt, sollte jeder Anbieter seine eigene Sperrliste mit den E-Mail-Adressen aller ihm bekannten Beschwerdeführer, Streitlustigen, Nörgler und Querulanten anlegen und diese zeitnah um neue Problemfälle ergänzen. Vor jedem Versand eines E-Mailings muss der aktuelle E-Mail-Verteiler gegen diese Sperrliste abgeglichen werden, um sicherzustellen, dass niemand, der auf die Sperrliste gesetzt wurde, eine E-Mail des Anbieters erhält.

Diese Vorsichtsmaßnahme hat einen ernsten Hintergrund: Dem Autor wurden Fälle zugetragen, in denen sich einzelne Personen wiederholt über die Zusendung von E-Mails beschwert, dafür Schadenersatz verlangt und mit dem Anwalt gedroht haben. Diese Personen wurden jeweils vom Anbieter aus dem E-Mail-Verteiler ausgetragen, kurz darauf aber wieder neu angemeldet (von wem auch immer).

Sollte es aus diesem Grund zu einer juristischen Auseinandersetzung kommen, so könnte man theoretisch zwar mit einer Anzeige gegen Unbekannt über die Kriminalpolizei feststellen lassen, von welchem Rechner bzw. welcher Telefonnummer aus die Anmeldungen der E-Mail-Adresse vorgenommen wurden, aber das erfordert einigen Aufwand an Zeit und Nerven, die durchaus nicht sichere Mithilfe der Polizei (schließlich geht es hier, relativ gesehen, um eine Bagatelle) und ist die Sache letztendlich nicht wert.

E-Mail-Empfänger erinnern

Wer seine Interessenten und Kunden nur einmal im Monat oder noch seltener anschreibt, dem kann es passieren, dass einzelne Empfänger vergessen, dass sie dem Anbieter die Erlaubnis zum Zusenden von E-Mails erteilt haben. Daher sollte in diesen Fällen am Anfang jeder E-Mail kurz darauf eingegangen werden, warum der Empfänger diese erhält, beispielsweise in der Art:

> Sie haben sich auf unserer Website mit Ihrer E-Mail-Adresse registriert und uns gestattet, Sie über Neuigkeiten zu informieren.

Mit solch einer kleinen Erinnerung lassen sich Irritationen bei den Empfängern vermeiden, und gleichzeitig kann der Kontext für das E-Mailing hergestellt werden. Wenn möglich, sollte in dem Hinweis auch das Datum der Anmeldung genannt werden, weil dies die Glaubwürdigkeit zusätzlich erhöht.

Während die oben beschriebenen Maßnahmen zur Vermeidung von Spam-Mails uneingeschränkt zu empfehlen sind, wirken sich die beiden folgenden Maßnahmen auf die Rücklaufquote der E-Mailings aus, sodass über deren Einsatz im Einzelfall entschieden werden sollte.

Kein Opt-in als Voreinstellung

Wenn sich potenzielle E-Mail-Empfänger auf der Website eines Anbieters registrieren, beispielsweise, um einen bestimmten Dienst zu nutzen oder um eine Bestellung aufzugeben, muss dazu ein Webformular ausgefüllt werden. Da liegt es nahe, in diesem Zusammenhang gleich die Erlaubnis zum Zusenden von E-Mails mit abzufragen. Dazu muss man lediglich noch eine Checkbox in das Formular mit aufnehmen, verbunden mit einem Satz in der Art:

> Ich bin damit einverstanden, per E-Mail über Neuigkeiten informiert zu werden.

Oft ist diese Checkbox als Voreinstellung bereits aktiviert, d. h. der Nutzer muss das Häkchen explizit wegklicken, falls er seine Einwilligung nicht erteilen möchte. Diese Vorgehensweise produziert zwar vordergründig mehr Zustimmungen, allerdings wird es Nutzer geben, die die Checkbox übersehen und das Häkchen nicht wegklicken, obwohl sie eigentlich keine Einwilligung erteilen möchten. Wenn diese Nutzer die erste E-Mail des Anbieters erhalten, werden sie entsprechend verärgert sein oder sich beschweren.

Wenn man als Anbieter auf der sicheren Seite sein möchte, sollte daher das Häkchen in der Checkbox nicht gesetzt sein, denn in diesem Fall muss der Nutzer die entsprechende Checkbox explizit anklicken und erteilt damit auch sein explizites Einverständnis mit der Zusendung von E-Mails.

Double Opt-in statt Single Opt-in

Anbieter, die befürchten, dass schwarze Schafe die E-Mail-Adressen Dritter anmelden, um ihnen oder diesen Dritten zu schaden, sollten für die Anmeldung zu ihrem E-Mail-Verteiler das Double-Opt-in-Verfahren wählen. Bei diesem Verfahren wird an jede neu angemeldete E-Mail-Adresse zur Kontrolle eine Bestätigungsmail geschickt, deren Erhalt wiederum vom Empfänger rückbestätigt werden muss, um ganz sicherzugehen, dass er mit der Zusendung von E-Mails einverstanden ist.

Das Double-Opt-in-Verfahren kann den Anbieter allerdings aus Erfahrung 20 bis 30 % der Anmeldungen kosten, weil viele Empfänger die Bestätigungsmail ignorieren, sie nicht verstehen oder nicht genau lesen und daher die Rückbestätigung unterlassen. Aus diesem Grund müssen Anbieter, die das Double-Opt-in-Verfahren nutzen, den potenziellen E-Mail-Empfängern dessen Ablauf bei der Anmeldung auf der Website genau erklären (siehe auch Kapitel 2, Abschnitt 2.5).

8.2   Rechtslage E-Mail-Marketing

In den folgenden Abschnitten wird der Text sehr juristisch und die Sprache zwangsläufig recht formal. Dies lässt sich leider nicht vermeiden, weil zum einen die Rechtslage im E-Mail-Marketing komplex, aber für den Versender äußerst wichtig ist. Zum anderen kommt es bei Gesetzen, Gerichtsentscheidungen, Leitsätzen und Urteilsbegründungen auf den exakten Wortlaut an, und durch eine Umformulierung in „normales" Deutsch besteht die Gefahr, dass Begriffe, Beschreibungen und Aussagen falsch interpretiert werden könnten.

8.2.1 Grundsätzliches

Manche E-Mail-Empfänger reagieren auf die Zusendung von unaufgeforderten Spam-Mails sehr gereizt und betrachten dies als Invasion ihrer Privatsphäre.

Weniger empfindliche, aber ebenfalls kritisch eingestellte Internet-Nutzer weisen auf folgende Belastungen hin, die unaufgeforderte E-Mails für sie bedeuten:

- Durch den Abruf der E-Mails aus dem Postfach entstehen Kosten (Verbindungsgebühren).
- Die (private) Telefonleitung ist während der Übertragung der E-Mails für andere Anrufe blockiert.
- E-Mail-Postfächer haben nur eine begrenzte Speicherkapazität, die durch unerwünschte E-Mails blockiert werden kann.

In diesem Zusammenhang stellt sich natürlich die Frage, ob der unaufgeforderte Versand von E-Mails an Privatpersonen und gewerbliche Empfänger überhaupt rechtmäßig ist.

Bis Mitte 2004 existierte in Deutschland kein Gesetz, das den rechtlichen Rahmen für E-Mail-Marketing definiert hat. Es gab allerdings seit dem Dezember 1997, als das Landgericht Traunstein zum ersten Mal über den Versand von unverlangter E-Mail-Werbung entschied, eine laufende Rechtsprechung in Form von ständig neuen Gerichtsurteilen. Diese Urteile orientierten sich größtenteils an richterlichen Entscheidungen aus der Vergangenheit zu E-Mail-verwandten Diensten wie Telefax und Btx und lehnten den Versand von E-Mails ohne Einwilligung der Empfänger überwiegend (aber nicht immer) ab, teilweise auch mit völlig unterschiedlichen Begründungen.

8.2.2 Gesetzliche Regelungen zu E-Mail-Marketing

Die fehlenden gesetzlichen Vorgaben führten bis Mitte 2004 zu einer gewissen Rechtsunsicherheit bei den E-Mail-Marketing-Anwendern. Doch diese Zeit der Rechtsunsicherheit ist seit dem Juli 2004 Vergangenheit, weil seit diesem Termin das neue **Gesetz gegen den unlauteren Wettbewerb** (die so genannte UWG-Novelle) gilt.

Der Gesetzgeber präsentiert mit der UWG-Novelle neben vielen anderen Neuerungen erstmals verbindliche Regeln zu „Werbung unter Verwendung elektronischer Post", d. h. Werbung per E-Mail. Die für E-Mail-Marketing relevanten Bestimmungen des neuen UWG lauten:

§ 7 Unzumutbare Belästigungen

(1) Unlauter im Sinne von § 3 handelt, wer einen Marktteilnehmer in unzumutbarer Weise belästigt.

(2) Eine unzumutbare Belästigung ist insbesondere anzunehmen

[…]

3. bei einer Werbung unter Verwendung von […] elektronischer Post, ohne dass eine Einwilligung der Adressaten vorliegt;

4. bei einer Werbung mit Nachrichten, bei der die Identität des Absenders, in dessen Auftrag die Nachricht übermittelt wird, verschleiert oder verheimlicht wird oder bei der keine gültige Adresse vorhanden ist, an die der Empfänger eine Aufforderung zur Einstellung solcher Nachrichten richten kann, ohne dass hierfür andere als die Übermittlungskosten nach den Basistarifen entstehen.

(3) Abweichend von Absatz 2 Nr. 3 ist eine unzumutbare Belästigung bei einer Werbung unter Verwendung elektronischer Post nicht anzunehmen, wenn

1. ein Unternehmen im Zusammenhang mit dem Verkauf einer Ware oder Dienstleistung von dem Kunden dessen elektronische Postadresse erhalten hat,

2. der Unternehmer die Adresse zur Direktwerbung für eigene ähnliche Waren oder Dienstleistungen verwendet,

3. der Kunde der Verwendung nicht widersprochen hat und

4. der Kunde bei Erhebung der Adresse und bei jeder Verwendung klar und deutlich darauf hingewiesen wird, dass er der Verwendung jederzeit widersprechen kann, ohne dass hierfür andere als die Übermittlungskosten nach den Basistarifen entstehen.

Aus Sicht der seriösen E-Mail-Marketing-Anbieter sind die gesetzlichen Bestimmungen der UWG-Novelle, die ausdrücklich die Einwilligung der E-Mail-Empfänger (d.h. ein Opt-in) und eine jederzeitige Abmeldemöglichkeit fordern, sehr zu begrüßen. Die Regelungen definieren, wie gesetzeskonformes E-Mail-Marketing zu erfolgen hat und erlauben es, den Spam-Mail-Versendern per Strafverfolgung das Handwerk zu legen.

Positiv am neuen UWG ist auch, dass erstmals gesetzlich geregelt ist, dass bei einer bestehenden, aktiven Geschäftsbeziehung die Kunden prinzipiell per E-Mail angeschrieben werden dürfen, solange der Anbieter gewisse Voraussetzungen erfüllt. Das ist auch sinnvoll, denn ein Kunde, der bereits bei einem Anbieter gekauft hat, wird in der Regel Interesse an dessen Angeboten haben, und kann diese andernfalls jederzeit wieder abbestellen (siehe aber auch Kapitel 2, Abschnitt 1.6).

Ein Problem, das allerdings durch die UWG-Novelle nicht gelöst wird, sind die zahlreichen Spam-Mail-Versender außerhalb Deutschlands bzw. der EU (für deren Länder ebenfalls die Opt-in-Regelung gilt) – und das sind leider die meisten. Solange es noch Länder ohne Opt-in-Regelung für E-Mails und ohne konsequente Strafverfolgung gibt und Internet-Service-Provider in diesen Ländern Spamming stillschweigend dulden, werden findige Spam-Mail-Versender immer wieder ein neues Plätzchen für ihre Mailserver finden.

8.2.3 Ergänzende Urteile zu E-Mail-Marketing

Prinzipiell herrscht mit dem neuen UWG seit Mitte 2004 Rechtssicherheit für E-Mail-Marketing, doch jedes Gesetz enthält natürlich Interpretationsspielräume, Grauzonen oder gar Lücken. Daher sollen im Folgenden kurz einige Urteile erwähnt werden, deren Rechtsprechung die Regelungen des UWG ergänzen:

So lassen die Gerichte beispielsweise die Begründung mancher Versender, bei dem Inhalt ihrer E-Mails handele es sich nicht um Werbung, sondern um Verbraucherinformationen, Pressemitteilungen o. Ä., regelmäßig nicht gelten, weil für die Beurteilung, ob es sich um Werbung handelt, nicht die Ansicht des Versenders maßgeblich ist. So argumentierte das Landgericht Berlin, das sich besonders häufig mit unverlangter E-Mail-Werbung zu befassen hat, in einer Urteilsbegründung beispielhaft:

> [Bei Werbung] kommt es weder auf die Form und Gestaltung, noch auf den Umfang des Schreibens an. Maßgeblich ist, dass der Beklagte damit auf die von ihm angebotenen Dienstleistungen aufmerksam machen wollte.

Wenn ein E-Mail-Empfänger vor dem Erhalt einer Marketing- oder Werbemail bereits aktiv das Angebot des Anbieters genutzt hat, sieht die Rechtsprechung anders aus als bei einem Nichtnutzer und erfolgte bislang zugunsten des Anbieters. So urteilte das Landgericht Braunschweig bereits im August 1999 wie folgt:

> Hat der Empfänger einer E-Mail-Werbung zuvor über die Homepage eine Anfrage mit Eintragung seiner E-Mail-Adresse durchgeführt, ist es ihm zumutbar, die E-Mail durch einfachen Tastendruck mit dem Austragen-Vermerk zurückzusenden.

Einen anderen Fall, der der Klage vor dem Landgericht Braunschweig ähnelte, beurteilte das Landgericht Augsburg. Hier hatte der Kläger (eine Privatperson) für gut drei Minuten eine gebührenpflichtige Datenbank des Beklagten zu Recherchezwecken genutzt. Im Anschluss hatte der Beklagte dem Kläger eine Werbemail zu dieser Datenbank zugesendet, gegen die der E-Mail-Empfänger klagte. Das Landgericht Augsburg entschied im Mai 1999:

> Es handelt sich nicht um die unaufgeforderte Zusendung eines Werbe-E-Mails, wenn der Adressat des Werbeschreibens zuvor mit der […] Datenbank des Werbenden […] Kontakt aufgenommen und hierfür ein Entgelt an den Werbenden entrichtet hatte. In diesem Fall durfte der Werbende darauf vertrauen, dass der Adressat ein fortbestehendes Interesse an seiner Datenbank hat und mit der Übersendung eines Werbe-E-Mails einverstanden ist.

Diese Rechtsprechung bedeutet für die Praxis, dass der Versand von Marketing- und Werbemails auch dann zulässig ist, wenn der Empfänger das Angebot des Versenders zwar genutzt hat, diesem aber nicht explizit die Erlaubnis zur Versendung von E-Mails an seine E-Mail-Adresse erteilt hat. In diesem Fall kann jedoch nach Ansicht der Gerichte von einem konkludenten Einverständnis ausgegangen werden.

Zu beachten ist allerdings, dass alle drei genannten Urteile schon vor der UWG-Novelle gefällt wurden und die Richter angesichts der neuen UWG-Regelungen eventuell etwas anders urteilen könnten. Leider lagen zur Drucklegung dieses Buches jedoch noch keine aktuelleren Urteile vor.

8.2.4 Empfehlungen

Unabhängig von Rechtslage und Rechtsprechung in Deutschland zu unaufgeforderten E-Mails kann jedem E-Mail-Versender, der im Markt seriös auftreten und seinen guten Namen nicht beschädigen möchte bzw. sich einen guten Ruf aufbauen will, grundsätzlich nur das Opt-in-Verfahren empfohlen werden. Es sollte also zuerst das Einverständnis des Empfängers für die Zusendung von E-Mails eingeholt werden – gleichgültig, ob dieser ein privater oder gewerblicher E-Mail-Empfänger ist.

Als Minimum sollte der Anbieter bei den E-Mail-Empfängern ein stillschweigendes Einverständnis voraussetzen können, beispielsweise aufgrund einer erfolgten E-Mail-Anfrage bzw. einer Registrierung auf der Website im Rahmen einer Geschäftsanbahnung oder einer bereits bestehenden Geschäftsbeziehung. Werden solche Empfänger angeschrieben, sollte sicherheitshalber gleich in der ersten E-Mail am Anfang deutlich sichtbar ein Hinweis erfolgen, wie eine weitere Zusendung von E-Mails abgelehnt werden kann.

Auf diese Weise können sich die Empfänger, bei denen das stillschweigende Einverständnis nur vermutet wird, schnell abmelden und werden diese Möglichkeit im Fall der Ablehnung weiterer Zusendungen auch wahrnehmen. Sie werden daher nicht auf die Idee kommen, gegen den Anbieter per Rechtsanwalt vorzugehen. Wem es dagegen auch nach wiederholten Versuchen nicht gelingt, sich von den E-Mails eines Anbieters zu „befreien", der kann in einer gebührenpflichtigen Abmahnung durch einen Anwalt die einzige Chance sehen, dieses Ziel zu erreichen.

8.2.5 Rechtsprechung zu Opt-in-Verfahren

Ein weiterer Bereich im E-Mail-Marketing, zu dem es immer wieder neue Gerichtsurteile gibt, betrifft die konkrete Umsetzung bzw. Durchführung der Opt-in-Verfahren. Der Missbrauch bei der Anmeldung von E-Mail-Adressen durch Dritte wurde von der Rechtsprechung mittlerweile mehrfach aufgegriffen. So stellte das Landgericht Berlin bereits in einem Urteil vom Juni 2000 klar:

> Die Eintragung der E-Mail-Adresse des Empfängers in die Mailing-Liste des Absenders durch (unbefugte) Dritte beseitigt die Rechtswidrigkeit der Werbe-E-Mail nicht. Dies muss sich der Versender der E-Mail zurechnen lassen.

Das heißt im Klartext: Wer E-Mails versendet, ist dafür verantwortlich und muss sicherstellen, dass Dritte nicht die E-Mail-Adressen anderer Empfänger zu einem E-Mail-Verteiler anmelden. Dies geht am besten mit dem Double-Opt-in-Verfahren.

In einem Urteil vom Mai 2002 hat das Landgericht Berlin erneut entschieden, dass ein E-Mail-Versender sicherstellen muss, dass so weit wie möglich verhindert wird, dass Dritte E-Mails für andere bestellen können. In der sehr ausführlichen Urteilsbegründung werden dafür erstmals konkrete Empfehlungen gegeben.

Der Fall: Ein Reisebüro hatte einer Rechtsanwaltskanzlei eine E-Mail zugeschickt und in dieser für die eigenen Reisedienstleistungen geworben. Die Anwaltskanzlei sah diese E-Mail als unzulässigen „Eingriff in den eingerichteten und ausgeübten Gewerbebetrieb" und klagte auf Unterlassung. Das Gericht verurteilte daraufhin das Reisebüro, es zu unterlassen, der Kanzlei E-Mails zu schicken, es sei denn, die Kanzlei habe dem Versand zugestimmt oder das Einverständnis könne vermutet werden. (Für Letzteres bedürfe es aber „objektiver Gesichtspunkte", so das Gericht.)

Das Landgericht Berlin begründete sein Urteil mit den aus der Rechtsprechung bereits bekannten Argumenten:

- nicht hinnehmbare Belästigung des E-Mail-Empfängers durch zusätzliche Übertragungszeiten und Telekommunikationskosten sowie höheren Arbeitsaufwand,
- Gefahr des immer weiteren Umsichgreifens der E-Mail-Werbung bis hin zur untragbaren Belästigung und Verwilderung der Wettbewerbssitten (Ausuferungsgefahr),
- ein höheres Interesse des Empfängers an der ungestörten Ausübung seines Gewerbebetriebs als das Interesse des Versenders an bequemer und kostengünstiger Werbung per E-Mail.

Das Reisebüro berief sich auf eine Möglichkeit zur Austragung aus seinem E-Mail-Verteiler. Das Gericht sah dadurch jedoch die Rechtswidrigkeit der E-Mail nicht beseitigt und begründete dies damit, dass ein E-Mail-Adressinhaber durch seinen Austragungswunsch zu erkennen gibt, dass es sich hierbei um eine E-Mail-Adresse handelt, die aktiv genutzt wird. Dadurch bestünde die Gefahr, dass an diese E-Mail-Adresse in der Folgezeit besonders viele Werbe-E-Mails gesendet würden.

Des Weiteren behauptete das Reisebüro, die Kanzlei habe sich selbst auf der Website des Reisebüros zu dessen E-Mail-Newsletter angemeldet. Dazu entschied das Gericht:

> Der Beklagte trägt die Beweislast [...] dafür, dass der Empfänger der jeweiligen Sendung vorher zugestimmt hat oder das Einverständnis vermutet werden kann.

Den vorliegenden Fall kommentierte das Gericht wie folgt:

> Selbst wenn jemand eine Eintragung auf der Homepage des Beklagten vorgenommen und hiermit den Newsletter an die Adresse bestellt hat, sodass es für den Beklagten so ausgesehen hat, als ob der Kläger sein Einverständnis mit der Zusendung des Newsletters erklärt hat, so liegt ein rechtswidriger Eingriff vor, es sei denn, die Eintragung wäre vom Kläger veranlasst worden. Im vorliegenden Fall kann der Beklagte nicht den ihm obliegenden Beweis dafür antreten, dass eine Eintragung auf der Homepage vom Kläger vorgenommen oder von diesem veranlasst wurde.

Demzufolge muss der Versender nachweisen können, dass sich der Inhaber einer E-Mail-Adresse selbst zu seinem E-Mail-Verteiler angemeldet hat! Das Gericht beschreibt in seiner Urteilsbegründung auch, wie der Beklagte sicherstellen kann, dass die Bestellung nicht durch Dritte erfolgt:

> Der Beklagte hätte aber die Möglichkeit, die Bestellung des Newsletters nicht durch Anklicken, sondern nur durch Übersendung einer E-Mail an den Beklagten zu ermöglichen und darauf hinzuweisen, dass eine Übersendung des Newsletters nur erfolgt, wenn die Absenderadresse der E-Mail mit der Empfängeradresse, an die der Newsletter bestellt wird, übereinstimmt. [...] Eine E-Mail von einer bestimmten Absenderadresse kann nur eine Person verschicken, die das entsprechende Passwort kennt. Auf diese Weise könnte der Beklagte sicherstellen, dass keine Bestellung des Newsletters durch unbefugte Personen erfolgt.
>
> Die Gefahr des Missbrauchs wird nicht etwa dadurch verursacht, dass der Kläger seine E-Mail-Adresse einem großen Kreis von Per-

sonen zugänglich macht, sondern dadurch, dass der Beklagte durch
die Art der Bestellmöglichkeit des Newsletters jedem Dritten ermöglicht, unbefugt fremde E-Mail-Adressen in den Verteiler einzutragen.

8.2.6 E-Mail-Anmeldung als Opt-in-Alternative

Die aktuelle Rechtsprechung (der Gerichte in Berlin) hat leider gezeigt,
dass auch das Double-Opt-in-Verfahren keinen 100-prozentigen Schutz
vor rechtlichen Problemen mit E-Mail-Empfängern bietet, obwohl es
nicht nur vom Deutschen Direktmarketing Verband (DDV), sondern
auch von den Verbraucherschutzverbänden empfohlen wird.

So haben das Landgericht Berlin im März 2002 und das Kammerge-
richt Berlin im Juni 2002 in verschiedenen Verfahren explizit geurteilt,
dass im Rahmen des Newsletter-Anmeldeprozesses auf der Website eines
Anbieters bereits die Zusendung der Double-Opt-in-Bestätigung (die
vom Empfänger rückbestätigt werden muss) aufgrund der darin enthaltenen Kontaktdaten als werbliche E-Mail einzustufen und damit nicht zulässig ist. Das Kammergerichtsurteil wurde bereits in zweiter Instanz gefällt, und der Beklagte hat daraufhin auf eine Fortführung des Verfahrens
in die dritte Instanz verzichtet.

Die Urteilsbegründung des Landgerichts Berlin deutet jedoch implizit
ein Verfahren für einen Anmeldeprozess an, der vor Gericht als Alternative zum Double-Opt-in-Verfahren gesehen werden könnte. (Die Formulierung fällt hier bewusst etwas vorsichtig aus, denn was ein Richter
meint, muss nicht unbedingt mit der Ansicht eines anderen Richters –
eines anderen Gerichtsstands oder einer anderen Instanz – übereinstim-
men.)

Die Richter des LG Berlin schlugen in ihrer Urteilsbegründung indirekt vor, dass der Anmeldeprozess für einen E-Mail-Verteiler in der Form
erfolgen könne, dass der interessierte E-Mail-Empfänger zur Anmeldung
seiner Adresse eine E-Mail an eine zu diesem Zweck eingerichtete
E-Mail-Adresse des Anbieters sendet. Der Anbieter könne dann die eingehenden E-Mails zu Beweiszwecken archivieren und den Nachweis,
welche Person sich angemeldet hat, anhand der Header der E-Mails führen. (Diese Argumentation wurde von der gleichen Zivilkammer zwei
Monate später in dem Urteil aus dem vorigen Abschnitt wie obenstehend
ausgeführt.)

Experten wissen natürlich, dass sich ein E-Mail-Header fälschen lässt.
Allerdings sind Manipulationen, die über die Änderung der Absenderadresse hinausgehen, nicht trivial, und auch mit falscher Absenderadresse

lässt sich der Weg einer E-Mail anhand der Header-Informationen oft bis zum wahren Absender zurückverfolgen (zumindest im Rahmen eines Prozesses, wenn die Provider die entsprechenden Verbindungsdaten herausgeben müssen).

Aus diesem Grund kann das Anmeldeverfahren per E-Mail tatsächlich als eine Alternative zum Double-Opt-in-Verfahren angesehen werden.

Übrigens: Das oben erwähnte zweitinstanzliche Urteil des Berliner Kammergerichts wurde mittlerweile mehrfach kritisch kommentiert, unter anderem auch von Juristen mit Schwerpunkt Internet-Recht. Es bleibt zu hoffen, dass es sich bei diesem Urteil (und dem erstinstanzlichen LG-Urteil) um einen „Ausreißer" handelt, der bei anderen Gerichten keine Nachahmung findet.

8.3   Datenschutz im E-Mail-Marketing

8.3.1   Datenschutz für Profilinformationen

Im Kapitel 5, Abschnitt 4.2 wurde beschrieben, wie sich Klicks auf Links in E-Mails messen (tracken) lassen, um die Klickdaten zu ermitteln, und dass auf Basis dieser Klickdaten Interessenprofile der E-Mail-Empfänger aufgebaut werden können.

Diese Interessenprofile geben beispielsweise an, ob ein E-Mail-Empfänger auf Links geklickt hat, wie oft er geklickt hat und auf welche Links zu welchen Themen er konkret geklickt hat. Auf diese Weise werden das allgemeine Interesse und die speziellen Interessengebiete des E-Mail-Empfängers für den Anbieter transparent und der E-Mail-Empfänger lässt sich künftig gezielter ansprechen.

Anbieter dürfen solche Profilinformationen jedoch nicht nach Belieben speichern und auswerten, denn bei Interessenprofilen handelt es sich um personenbezogene Daten, und dem Umgang mit diesen Daten sind durch den Gesetzgeber enge Grenzen gesetzt. Die Regeln für den Umgang mit personenbezogenen Daten, die über das Internet gewonnen werden, beschreibt das Bundesdatenschutzgesetz (BDSG) im Allgemeinen und das Teledienste-Datenschutzgesetz (TDDSG) im Besonderen. Letzteres wurde Anfang 2002 präzisiert und durch eine Bußgeldvorschrift verschärft, wird jedoch von vielen Anbietern derzeit noch ignoriert, weil dessen Bestimmungen nur wenig bekannt sind.

8.3.2 Anonymisierte und personenbezogene Daten

Klickdaten lassen sich prinzipiell anonymisiert oder personenbezogen (d. h. nichtanonymisiert) speichern und auswerten.

Werden Klickdaten nur anonymisiert verarbeitet, so bedeutet dies, dass aus den Daten die Verweise auf konkrete Personen bzw. deren Stammdaten entweder komplett entfernt wurden oder durch Kennungen ersetzt sind, die nur die Zielgruppe definieren, nicht aber die einzelne Person bezeichnen. In diesen Fällen geben die Daten zwar an, zu welchem Zeitpunkt über welches E-Mailing auf welchen Link geklickt wurde (gegebenenfalls von welcher Zielgruppe), aber eben nicht, welche einzelne Person hinter dem jeweiligen Klick steckt. Bei diesen Daten handelt es sich demzufolge um die so genannten Nutzungsdaten (Klickdaten = Nutzungsdaten + Stammdaten).

Bei der Verarbeitung von personenbezogenen Klickdaten bleiben dagegen die Referenzen auf die Stammdaten wie z.B. Vorname, Nachname und E-Mail-Adresse der jeweiligen Personen erhalten, sodass sich genau ermitteln lässt, welche Person zu welchem Zeitpunkt aus welcher E-Mail auf welchen Link geklickt hat.

Wichtig in diesem Zusammenhang ist, dass für das Speichern und Auswerten von anonymisierten Daten Bundesdatenschutzgesetz und Teledienste-Datenschutzgesetz nicht gelten, weil es sich hierbei eben nicht um personenbezogene Daten handelt. Das heißt, anonymisierte Daten lassen sich nach Belieben speichern und auswerten.

8.3.3 Nutzen anonymisierter Klickdaten

Die Auswertung von anonymisierten Klickdaten kann dem Anbieter bereits wertvolle Einblicke in seine Zielgruppe und Informationen zum generellen Nutzungsprofil der Empfänger seiner E-Mailings liefern.

Zum einen lassen sich die Nutzungsdaten statistisch auswerten, um festzustellen, auf welche Links wie häufig geklickt wurde. Dadurch erhält man ein quantitatives Feedback und lernt beispielsweise, wie aktiv die Empfänger auf ein E-Mailing reagieren und welche Themen und Angebote so gut ankommen, dass weitere Informationen dazu abgerufen werden.

Anbieter, die die Anzahl der Klicks auf einen Link, der auf eine Bestellseite führt, mit den tatsächlichen Bestellungen über diese Webseite vergleichen, können die Konvertierungsquote ermitteln und entsprechende Maßnahmen daraus ableiten.

Wer die Postleitzahl (sofern vorhanden) zusammen mit den anonymisierten Klickdaten speichert, kann auch geografische Auswertungen vornehmen, um Affinitäten zwischen Wohngegenden und den eigenen Angeboten zu ermitteln. Die Postleitzahl gilt nicht als personenbezogenes Datum, weil sie keine Rückschlüsse auf eine einzelne Person zulässt – es sei denn, die Zielgruppe ist so klein, dass mancher Postleitzahl nur jeweils eine Person zugeordnet ist. In diesem Fall dürfen nur die ersten drei oder vier Ziffern der Postleitzahl gespeichert werden, sodass jedem Postleitzahlenbereich mehrere Personen zugeordnet sind. In der Praxis wird in Deutschland übrigens mit einer Mindestanzahl von fünf Personen oder Haushalten pro Zielgruppenzelle gearbeitet.

Eine weitere Möglichkeit ist die Identifikation von Interessen, die spezifisch für das Geschlecht oder eine bestimmte Altersgruppe sind, sofern das Geschlecht bzw. Alter der jeweiligen Personen zusammen mit den anonymisierten Klickdaten gespeichert ist. Gibt es beim Klicken Verhaltensunterschiede zwischen weiblichen und männlichen Lesern? Interessieren sich jüngere Leser für andere Themen als ältere Leser? Auch diese Fragen lassen sich beantworten, ohne personenbezogene Daten heranziehen zu müssen.

Neben der statistischen Auswertung kann der Anbieter auch nach Korrelationen fahnden. Gibt es Links, die von den Empfängern besonders häufig in Kombination angeklickt werden? Diese Informationen lassen sich beispielsweise zum Ermitteln von Interessenclustern und in Online-Shops für das Schnüren von Produkt-Bundles verwenden.

8.3.4 Vorsicht bei personenbezogenen Klickdaten

Aus personenbezogenen Klickdaten lässt sich natürlich noch mehr Nutzen ziehen als aus anonymisierten Klickdaten, weil die personenbezogenen Daten es erlauben, eine Person ganz gezielt auf Basis ihrer Interessen anzusprechen.

Bevor ein Anbieter jedoch personenbezogene Daten verarbeiten darf, muss er die betroffenen Personen informieren und deren Einwilligung einholen (siehe § 3 Absatz 1 und § 4 Absatz 1 TDDSG). Das wird den einen oder anderen Leser vielleicht überraschen, weil diese Anforderungen in Deutschland bislang von kaum einem Anbieter umgesetzt werden, aber so verlangt es nun einmal das TDDSG.

Doch spätestens dann, wenn Spiegel, Stern TV oder die einschlägigen TV-Boulevard-Magazine das erste Mal über ein Unternehmen berichten, das seine Kunden per E-Mail-Marketing „heimlich ausspioniert", um sie „völlig zu durchleuchten" und mit gezielter, personalisierter Werbung einem „psychologischen Kaufzwang" auszusetzen, werden alle Anbieter schnellstens ihr Versäumnis nachholen wollen.

Wer sich negative Presse oder einen peinlichen TV-Auftritt ersparen möchte, dem ist dringend zu empfehlen, umgehend die Einwilligung seiner E-Mail-Empfänger zur Speicherung und Auswertung der personenbezogenen Daten einzuholen, sofern er bereits mit personenbezogenen Daten arbeitet.

Die Einwilligung der E-Mail-Empfänger einzuholen sollte übrigens gar nicht so schwierig sein: Laut einer Untersuchung der Beraterfirma Mummert+Partner aus dem Frühjahr 2001 waren ¾ der Internet-Nutzer bereit, personenbezogene Daten preiszugeben, wenn sie dafür im Gegenzug einen personalisierten Service erhalten.

8.3.5 Einwilligung der E-Mail-Empfänger einholen

Das TDDSG legt zum Umgang mit personenbezogenen Daten fest:

> § 3 (1) Personenbezogene Daten dürfen vom Diensteanbieter zur Durchführung von Telediensten nur erhoben, verarbeitet und genutzt werden, soweit dieses Gesetz […] es erlaubt oder der Nutzer eingewilligt hat.

Das TDDSG erlaubt das Erheben, Verarbeiten und Nutzen von personenbezogenen Daten als Regelfall allerdings nur dann, wenn diese für die Nutzung eines Dienstes zwingend erforderlich sind:

> § 5 Der Diensteanbieter darf personenbezogene Daten eines Nutzers erheben, verarbeiten und nutzen, soweit sie für die Begründung, inhaltliche Ausgestaltung oder Änderung eines Vertragsverhältnisses mit ihm über die Nutzung von Telediensten erforderlich sind (Bestandsdaten). […]

> § 6 (1) Der Diensteanbieter darf personenbezogene Daten eines Nutzers erheben, verarbeiten und nutzen, soweit dies erforderlich ist, um die Inanspruchnahme von Telediensten zu ermöglichen und abzurechnen (Nutzungsdaten). […]

E-Mail-Marketing-Aktivitäten werden durch diese Bestimmungen in der Regel nicht abgedeckt, denn für den Versand eines E-Mailings oder E-Mail-Newsletters benötigt der Anbieter keine personenbezogenen Daten. (Ausnahme: Für einen inhaltlich individualisierten E-Mail-Service sind natürlich personenbezogene Daten wie z. B. die Interessengebiete des Empfängers erforderlich, sodass der Umgang mit diesen Daten grundsätzlich erlaubt ist.)

Wer für seine E-Mail-Marketing-Aktivitäten personenbezogene Daten per Link-Tracking erheben und nutzen möchte, muss folglich die Einwilligung der Nutzer einholen. Das TDDSG lässt erfreulicherweise eine elektronische Einwilligung zu:

> § 3 (3) Die Einwilligung kann unter den Voraussetzungen von § 4 (2) elektronisch erklärt werden.

In § 4 (2) sind die Details zum elektronischen Einwilligungsverfahren definiert:

> § 4 (2) Bietet der Diensteanbieter dem Nutzer die elektronische Einwilligung an, so hat er sicherzustellen, dass
>
> 1. sie nur durch eine eindeutige und bewusste Handlung des Nutzers erfolgen kann,
>
> 2. die Einwilligung protokolliert wird und
>
> 3. der Inhalt der Einwilligung jederzeit vom Nutzer abgerufen werden kann.

§ 4 (3) ergänzt hierzu:

> § 4 (3) Der Diensteanbieter hat den Nutzer vor Erklärung seiner Einwilligung auf sein Recht auf jederzeitigen Widerruf mit Wirkung für die Zukunft hinzuweisen. […]

Unabhängig davon, ob die Einwilligung des Nutzers erforderlich ist oder nicht, schreibt das TDDSG vor:

> § 4 (1) Der Diensteanbieter hat den Nutzer zu Beginn des Nutzungsvorgangs über Art, Umfang und Zwecke der Erhebung, Verarbeitung und Nutzung personenbezogener Daten […] zu unterrichten, sofern eine solche Unterrichtung nicht bereits erfolgt ist.
>
> Bei automatisierten Verfahren, die eine spätere Identifizierung des Nutzers ermöglichen und eine Erhebung, Verarbeitung oder Nutzung personenbezogener Daten vorbereiten, ist der Nutzer zu Beginn dieses Verfahrens zu unterrichten.
>
> Der Inhalt der Unterrichtung muss für den Nutzer jederzeit abrufbar sein.

Aufgrund dieser Formerfordernisse des TDDSG bietet es sich an, die Einwilligung der E-Mail-Empfänger über einen entsprechenden Text auf der Anmeldeseite zum E-Mail-Verteiler einzuholen. Diese Anmeldeseite mit dem Wortlaut der Einwilligungserklärung muss auf der Website des Anbieters auch nachträglich jederzeit abrufbar sein.

Die Formulierung der Einwilligungserklärung sollte natürlich so gewählt werden, dass dem Leser deutlich der Nutzen des Link-Trackings vermittelt wird, damit er zustimmt. Ein Beispiel:

> Um mehr Feedback von unseren Lesern zu erhalten und auf deren Interessen besser eingehen zu können, werden die Link-Klicks in unserem E-Mail-Newsletter gemessen, gespeichert und den entsprechenden Lesern zugeordnet. Auf diese Weise können wir Sie als Leser noch persönlicher und individueller informieren und von Themen, die nicht auf Ihr Interesse stoßen, absehen.
>
> Wir garantieren Ihnen, dass wir diese Daten keinesfalls an Dritte weitergeben werden.
>
> Durch die Anmeldung zu unserem E-Mail-Newsletter stimmen Sie dieser Vereinbarung zu, und durch Ihre Abmeldung können Sie sie jederzeit widerrufen. In diesem Fall werden alle gespeicherten Daten vollständig gelöscht.

Diese Einwilligungserklärung muss so deutlich auf der Anmeldeseite platziert sein, dass der E-Mail-Empfänger vor dem Abschluss der Anmeldung auf den Text stößt. Kann sich ein Interessent zum E-Mail-Verteiler anmelden, ohne auf die Einwilligungserklärung aufmerksam gemacht worden zu sein, so ist diese rechtlich gesehen nicht wirksam eingebunden und damit auch nicht rechtsgültig.

In jedem Fall muss sich der Anbieter die Kenntnisnahme der Einwilligungserklärung vom E-Mail-Empfänger durch das Anklicken einer Checkbox bestätigen lassen. Er darf die Anmeldung der E-Mail-Adresse nur zulassen, wenn diese Checkbox angeklickt wurde, um den Anforderungen des TDDSG an eine „eindeutige und bewusste Handlung" gerecht zu werden. Noch besser ist es, anstelle der Checkbox ein Textfeld zu verwenden, in das zur Einwilligung das Wort „ja" oder „ok" eingetippt werden muss. Dann kann sich auch niemand darauf berufen, er hätte die Checkbox unbewusst oder versehentlich angeklickt.

Zuletzt muss der Anbieter die Anmeldung mit allen verfügbaren Daten wie Datum und Uhrzeit der Anmeldung, Webadresse der Anmeldeseite und IP-Adresse des Angemeldeten in einer Protokolldatei speichern, wie es das TDDSG fordert.

Da im Rahmen dieses Buchs natürlich keine individuelle Rechtsberatung durchgeführt werden kann und darf, ist es empfehlenswert, dass der

---

! Nach erfolgreicher Anmeldung sollte dem Angemeldeten der genaue Wortlaut der Einwilligungserklärung per E-Mail zugesendet werden (beispielsweise im Rahmen der Anmeldebestätigungsmail) – verbunden mit der Bitte, den Text bei sich zu speichern, damit er für den Empfänger jederzeit abrufbar ist.

Anbieter den Text, den er für seine Einwilligungserklärung verwenden möchte und dessen Anbindung auf seiner Website vorab mit einem im Internet-Recht kompetenten Fachanwalt abstimmt.

Als Alternative zur verdeckten Erhebung von Profilen, die dem E-Mail-Empfänger per Einwilligungserklärung „abgerungen" werden muss, gibt es noch die offene Profilerhebung, bei der der Empfänger freiwillig Daten angibt, um die Kommunikation mit dem Anbieter auf diejenigen Themen zu beschränken, die ihn interessieren (siehe hierzu auch Kapitel 5, Abschnitt 3.4). In diesem Fall kann das Einholen einer entsprechenden Einwilligungserklärung entfallen, weil diese personenbezogenen Daten laut § 5 und § 6 TDDSG (siehe oben) zur inhaltlichen Ausgestaltung und Inanspruchnahme des individualisierten Services erforderlich sind. Eine Unterrichtung der Nutzer gemäß § 4 (1) muss jedoch erfolgen.

Die Missachtung der Bestimmungen des TDDSG wird übrigens seit Anfang 2002 durch den neu hinzu gekommenen § 9 sanktioniert, in dem für Anbieter, die vorsätzlich oder fahrlässig gegen grundlegende Pflichten des TDDSG verstoßen, ein Bußgeldrahmen definiert wird, der Bußgelder bis zu einer Höhe von 50.000 € vorsieht.

Das TDDSG ist mit insgesamt neun Paragraphen ein sehr kurzes und relativ verständliches Gesetz. Daher ist es sinnvoll, dass sich jeder Anbieter, der den Umgang mit personenbezogenen Daten plant, mit den Bestimmungen dieses Gesetzes vertraut macht, zumal das Gesetz neben den oben genannten Pflichten weitere wichtige Bestimmungen enthält. Den kompletten Wortlaut des TDDSG kann man beispielsweise auf der Website des Bundesbeauftragten für den Datenschutz (www.bfd.bund.de) unter dem Menüpunkt „Materialien" nachlesen.

8.3.6 Datenschutz ist keine Option

Noch existieren in Deutschland kaum Erfahrungen zum Aufbau von E-Mail-Marketing-Datenbanken mit Interessenprofilen im Zusammenhang mit den Bestimmungen des Datenschutzes. Dem Autor sind zum Zeitpunkt der Drucklegung dieses Buchs keine gerichtlichen Entscheidungen oder juristischen Veröffentlichungen zu dieser Thematik bekannt.

Das bedeutet jedoch nicht, dass man das Thema Datenschutz vorerst ignorieren darf. Erfahrungen aus den USA zeigen, dass sich solch ein Vorgehen rächen kann. Das wohl bekannteste Beispiel ist der Internet-Vermarkter Doubleclick, der durch das Zusammenführen von verschiedenen, teilweise zugekauften Profildatenbanken plötzlich über ein sehr genaues

Wissen zu Millionen von Internet-Nutzern verfügte, ohne dass diese wussten, um welche Daten es sich dabei konkret handelte und wie sie sich gegen deren Nutzung zur Wehr setzen konnten. Die Folgen waren eine Vielzahl von negativen Berichten in der Presse, ein gewaltiger Image-verlust für Doubleclick und ein eklatanter Absturz des Aktienkurses, der direkt auf diese Situation zurückzuführen war.

Aus diesem Grund muss sich jeder Anbieter frühzeitig mit dem Thema Datenschutz befassen. Die Sensibilität für dieses Thema ist in der deut-schen Bevölkerung hoch (man denke nur an das Thema Volkszählung) und die Gesetzeslage im Vergleich zum Ausland sehr streng. Allerdings sollte man den zur Verfügung stehenden Spielraum voll ausschöpfen, eben weil die Gesetzeslage ohnehin enge Grenzen setzt und weil der Aufbau von Interessenprofilen letztendlich zum Nutzen der E-Mail-Empfänger erfolgt.

Interessenprofile sind relevanter als soziodemografische Profile und führen dazu, dass der E-Mail-Empfänger nur fokussierte (Marketing)-Botschaften erhält, die auf sein Interessenprofil zugeschnitten sind, sodass die Kommunikation des Anbieters vom Empfänger im Idealfall nicht als lästige Werbung, sondern als nützliche Information empfunden wird.

8.3.7 Erwerb personenbezogener Daten

Ist der Kauf oder Verkauf von personenbezogenen Kundendaten zuläs-sig? Oft stellt sich diese Frage im Zusammenhang mit einer Betriebsauf-gabe, Liquidation oder Insolvenz, wenn einem Anbieter die Kundendaten seines Wettbewerbers zum Kauf angeboten werden.

In den USA hat es bereits ähnliche Fälle gegeben, bei denen Internet-Unternehmen, die insolvent geworden sind, Profildaten ihrer Kunden an andere Firmen verkauft haben. Immer wenn solche Fälle publik wurden, führte dies zu massiven Protesten der betroffenen Kunden und zu negati-ver Berichterstattung in der Presse – und das in einem Land, in dem das Thema Datenschutz bislang eher nachlässig gehandhabt wurde.

In Deutschland, wo der Datenschutz einen wesentlich höheren Stel-lenwert einnimmt, muss vom Kauf personenbezogener Daten nicht nur abgeraten werden, weil er zu Unmut bei den Kunden und in der Öffent-lichkeit führen könnte, sondern auch, weil laut TDDSG die Weitergabe von personenbezogenen Daten an Dritte nur dann erlaubt ist, wenn es sich dabei um Abrechnungsdaten handelt, die der Dritte zur Abrechnung mit dem Nutzer benötigt (§ 6 Absatz 5 TDDSG). Damit ist der Verkauf von Kundendaten an Dritte in Deutschland implizit verboten (es sei denn, die Nutzer würden dem Verkauf zustimmen).

Die einzige Alternative zum Kauf besteht für einen Anbieter darin, das insolvente Unternehmen komplett (mit allen Rechten und Pflichten) zu übernehmen und fortzuführen. In diesem Fall werden die Kundendaten nicht verkauft, sondern es wechseln nur die Gesellschafter bzw. Aktionäre. Das übernommene Unternehmen kann dann als Tochtergesellschaft der übernehmenden Firma fortgeführt, in diese Firma eingebracht oder mit ihr verschmolzen werden. Ob der Wert der Kundendaten diesen Aufwand rechtfertigt, muss jeweils im Einzelfall entschieden werden. In der Regel ist dies jedoch zweifelhaft, zumal auch steuerliche Konsequenzen berücksichtigt werden müssen.

8.3.8 Gebot der Datensparsamkeit

Wer schon seit längerer Zeit aktiv im E-Mail-Marketing-Geschäft tätig ist, hat vermutlich im Sommer 2001 davon gehört oder war sogar selbst davon betroffen: Eine „Gesellschaft zum Schutz privater Daten in elektronischen Informations- und Kommunikationsdiensten e. V." (GSDI) aus Hannover, die auf eigentümliche Weise Verbraucherschutz und kommerzielle Geschäftsinteressen miteinander verquickte, mahnte über eine Anwaltskanzlei per Serienabmahnung systematisch über 50 kleinere Anbieter von E-Mail-Newslettern ab, wenn diese bei der Newsletter-Anmeldung neben der Angabe der E-Mail-Adresse nach weiteren Daten des Empfängers (Name, Wohnort etc.) fragten. Die Anwaltskanzlei verlangte neben der Abgabe einer strafbewehrten Unterlassungserklärung auch die Begleichung ihrer Gebühren in Höhe von über 600 €.

Hintergrund dieser Abmahnwelle waren die gleich lautenden Vorschriften in § 4 (6) des Teledienstedatenschutzgesetzes (TDDSG) und in § 13 (1) des Mediendienstestaatsvertrages (MDStV), die beide fordern:

> Der Diensteanbieter hat dem Nutzer die Inanspruchnahme von Telediensten […] anonym oder unter Pseudonym zu ermöglichen, soweit dies technisch möglich und zumutbar ist. Der Nutzer ist über diese Möglichkeiten zu informieren.

Zusätzlich wurde von den Anwälten der GSDI ein Verstoß gegen die ebenfalls gleich lautenden Vorschriften § 3 (4) TDDSG (in der vor dem Jahr 2002 gültigen Fassung) und § 12 (5) MDStV bemängelt, die den so genannten „Grundsatz der Datensparsamkeit" definieren:

> Die Gestaltung und Auswahl technischer Einrichtungen für Teledienste hat sich an dem Ziel auszurichten, keine oder so wenige personenbezogene Daten wie möglich zu erheben, zu verarbeiten und zu nutzen.

(§ 3 Absatz 4 wurde zum 1. Januar 2002 aus dem TDDSG gestrichen, weil diese Bestimmung im Mai 2001 sinngemäß in Form des § 3a Aufnahme in das dem TDDSG übergeordnete BDSG gefunden hatte.)

Der GSDI muss zugestanden werden, dass die inhaltliche Begründung der Abmahnungen im Prinzip berechtigt war, wenngleich die Vorgehensweise mit Serienabmahnungen sehr fragwürdig ist. Um die Kritikpunkte der GSDI zu beseitigen, muss ein Anbieter den potenziellen E-Mail-Empfänger bei der Anmeldung lediglich darauf hinweisen, dass er nicht alle Felder ausfüllen muss oder sich auch per Pseudonym anonym anmelden kann.

Im Nachhinein wurde der GSDI übrigens die Gemeinnützigkeit und die Berechtigung zur Abmahnung wegen Wettbewerbsverstößen, „durch die wesentliche Belange der Verbraucher berührt werden" (§ 13 Absatz 2 Nr. 3 Satz 2 UWG, alte Fassung), wieder entzogen.

8.4 Abmahnungen und Unterlassungserklärungen

Internet und E-Mail sind nach wie vor relativ junge Medien. Aus diesem Grund ist die Rechtsprechung für diese Medien noch nicht gefestigt, und es herrscht in vielen Bereichen eine gewisse Rechtsunsicherheit. Diese Unsicherheit machen sich zwielichtige Abmahnvereine und Anwälte zu Nutze, um Unternehmen und sogar Privatpersonen wegen eines vermeintlichen Rechtsverstoßes auf ihren Websites oder in ihren E-Mailings gebührenpflichtig abzumahnen.

Eine Abmahnung ist eine außergerichtliche, in der Regel schriftliche Aufforderung an den Empfänger, ein bestimmtes rechtswidriges Verhalten zu unterlassen. Dazu liegt der Abmahnung in der Regel eine vorformulierte, strafbewehrte (d.h. mit einer Vertragsstrafe verbundene) Unterlassungs- und Verpflichtungserklärung bei, die der Abgemahnte innerhalb einer kurzen Frist (wenige Tage sind hier üblich) rechtsverbindlich unterzeichnet zurücksenden soll. Da es keine ausdrückliche Rechtsgrundlage für die Abmahnung gibt, leitet die Rechtsprechung diese Berechtigung aus den Vorschriften zur so genannten „Geschäftsführung ohne Auftrag" des Bürgerlichen Gesetzbuches ab (§ 677 ff. BGB).

Erfolgt die Abmahnung nicht durch den Abmahnenden selbst, sondern durch dessen Anwalt, fallen gesetzliche Gebühren nach dem Rechtsanwaltsvergütungsgesetz (RVG) an, die bei einem entsprechend hohen Streitwert schnell einen vierstelligen Betrag ausmachen können.

Bevor der Abgemahnte die Abmahnung akzeptiert, die (strafbewehrte) Unterlassungserklärung unterschreibt und die Anwaltsgebühren zahlt, sollte er unbedingt selbst oder mit Hilfe eines Fachanwalts, der im Internet-Recht kompetent ist, prüfen, ob der abgemahnte Sachverhalt in der Abmahnung richtig wiedergegeben und die Rechtsauffassung des Abmahners hierzu korrekt ist. Diese kann sich durchaus als unzulässig oder unbegründet erweisen.

Auch der vorformulierte Text der beiliegenden Unterlassungserklärung sollte sorgfältig geprüft und gegebenenfalls abgeändert werden. Häufig ist nämlich die vom Abgemahnten verlangte Unterlassung bzw. die geforderte Verpflichtungserklärung viel weiter gefasst, als dies für den konkreten Fall notwendig wäre. Das Problem: Wer solch eine Erklärung unterschreibt und später gegen eine der darin enthaltenen Verpflichtungen verstößt, muss die Vertragsstrafe auch dann zahlen, wenn die Verpflichtung, gegen die er verstoßen hat, für die Abmahnung gar nicht relevant ist. So ungerecht kann Recht sein!

Doch bei Änderungen an der Unterlassungserklärung ist auch wieder Vorsicht geboten. Wenn sich nämlich aus der geänderten Erklärung nicht eindeutig die rechtsverbindliche Absicht ergibt, das abgemahnte Verhalten zu beenden, und wenn die Erklärung keine Vertragsstrafe mehr enthält, besteht aus Sicht des Abmahnenden eine Wiederholungsgefahr und er kann den Erlass einer einstweiligen Verfügung durch das zuständige Gericht bewirken.

Auch der Zahlungsanspruch des Abmahnenden kann unbegründet sein, beispielsweise wenn der Anwalt des Abmahnenden seinem Mandanten keine Kostenrechnung gestellt hat. Ohne diese Rechnung ist ein Vergütungsanspruch nicht gerechtfertigt, denn der Schaden, den sein Mandant per Erstattungsanspruch vom Abgemahnten fordert, ist noch gar nicht entstanden. Ein direkter Zahlungsanspruch des Rechtsanwalts gegen den Abgemahnten besteht nicht. Er muss zunächst gegenüber seinem Mandanten abrechnen und kann dann die Kosten als Vertreter seines Mandanten vom Abgemahnten einfordern.

Die Kosten einer Abmahnung müssen ausnahmsweise auch dann nicht ersetzt werden, wenn es sich um eine so genannte „einfache Sache" handelt und die Einschaltung eines Anwaltes durch den Abmahnenden von vornherein überflüssig war. Auch wenn der Abmahner selbst ausreichend rechtskundig ist, hat er keinen Anspruch auf Ersatz seiner Rechtsanwaltskosten, wie der BGH zuletzt in einem Urteil vom Mai 2004 bekräftigt hat.

Daher sollte der Abgemahnte nicht zahlen, wenn der Abmahngegenstand ganz offensichtlich ist oder es zumindest um einen unschwer zu erkennenden Wettbewerbsverstoß geht und der Abmahnende ein Unternehmen mit einer eigenen Rechtsabteilung, ein Verband oder eine IHK bzw. Handwerkskammer ist. In beiden Fällen besteht allerdings die Gefahr, dass im Zweifelsfall ein Richter eine andere Auffassung von einer einfachen Sache oder einem unschwer zu erkennenden Wettbewerbsverstoß hat als der Abgemahnte.

Auch bei unberechtigten Abmahnungen müssen die Gebühren vom Abgemahnten natürlich nicht getragen werden. Selbst die eigenen Anwaltskosten sind dem Abgemahnten unter den Voraussetzungen des § 678 BGB vom Abmahnenden zu erstatten, d.h., wenn der Abmahnende ohne weiteres erkennen konnte, dass seine Abmahnung rechtlich nicht haltbar ist.

Über die Abwehr der Abmahnung hinaus kann der Abgemahnte gemäß § 256 ZPO eine so genannte „Feststellungsklage" erheben, um gerichtlich feststellen zu lassen, dass der abgemahnte Unterlassungsanspruch nicht besteht. Gewinnt der Abgemahnte die Feststellungsklage, so sind die Kosten für den Prozess vom Abmahnenden zu erstatten.

Ist die Rechtslage, auf die sich eine Abmahnung bezieht, unklar, das abgemahnte Verhalten für den Abgemahnten aber unbedeutend, so empfiehlt sich, die geforderte Unterlassungserklärung mit dem Zusatz „ohne Anerkennung einer Rechtspflicht" abzugeben, aber gleichzeitig die Verpflichtung zur Kostenübernahme abzulehnen, um die Abmahngebühren zu sparen. In der Regel wird der Abmahnende sich damit zufrieden geben, denn andernfalls müsste er gegen den Abgemahnten Zahlungsklage erheben. Das wäre allerdings mit einem erheblichen Risiko verbunden, denn im Rahmen dieser Klage würde auch die rechtliche Zulässigkeit der Abmahnung geprüft werden, und es bestünde für den Abmahnenden das Risiko, dass das Gericht die Abmahnung insgesamt ablehnt.

Wenn Abmahnung und Zahlungsanspruch wirklich begründet sind, besteht immer noch die Möglichkeit, dass der Streitwert zu hoch festgesetzt wurde, um die Anwaltsgebühren unnötig zu steigern. In diesem Fall sollte sich der Abgemahnte bei der Rechtsanwaltskammer beschweren, die für den Anwalt, der die Abmahnung verfasst hat, zuständig ist. Wenn der Abgemahnte mit seiner Beschwerde Recht bekommt, hat dies negative Konsequenzen für den Anwalt bis hin zum Ausschluss aus der Anwaltskammer (Letzteres aber nur in extremen Fällen).

Übrigens: Wenn ein Abgemahnter sich einem Abmahnenden gegenüber bereits strafbewehrt verpflichtet hat, ein bestimmtes Verhalten in Zukunft zu unterlassen, droht normalerweise keine Gefahr durch weitere Abmahnungen. Mahnt jetzt ein weiterer Wettbewerber wegen des gleichen Verstoßes ab, so muss dieser seine Anwaltskosten selbst zahlen.

9 Kosten und Refinanzierung

9.1 Kosten

E-Mail-Marketing hilft, Interessenten in Kunden umzuwandeln, die Kundenbindung zu intensivieren und mehr Umsätze zu generieren. Doch E-Mail-Marketing kostet auch Zeit und Geld. Abhängig von der Komplexität der jeweiligen E-Mail-Marketing-Aktionen setzen sich diese aus den folgenden Kosten zusammen:

- Marketing-Aufwand für die Gewinnung eigener E-Mail-Adressen;
- Mietzahlungen für das Anmieten fremder E-Mail-Adressen;
- Einrichtungskosten für den Aufbau des E-Mail-Verteilers bzw. die Installation und Konfiguration der E-Mail-Marketing-Datenbank für die Profile der Empfänger;
- Betriebskosten für die Verwaltung des E-Mail-Verteilers bzw. der E-Mail-Marketing-Datenbank;
- Entwicklungskosten für den Aufbau der Webseiten, Webformulare und Skripte zur Verwaltung des E-Mail-Verteilers (für die An-, Um- und Abmeldungen der E-Mail-Empfänger);
- Designerhonorare für die Gestaltung der HTML-Layouts bzw. der HTML-Schablone;
- Autorenhonorare für das Verfassen der E-Mail-Inhalte;
- Kosten für den Versand der E-Mails (mit Bounce-Management, Link-Tracking und Autoresponder);
- Kosten für die Überwachung der korrekten E-Mail-Zustellung und -Darstellung bei den wichtigsten Internet- und E-Mail-Service-Providern;
- Gebühren für die Auswertung und Analyse der Rückläufe (Bounces, Abmeldungen, Link-Klicks, E-Mail-Antworten, Data Mining etc.);
- sonstige Honorare für das Texten und die Gestaltung der Landing Pages, für die Abwicklung von Callback- und Click-to-Chat-Anfragen etc.;
- gegebenenfalls Betriebskosten für den (manuellen oder automatisierten) Datenabgleich zwischen E-Mail-Marketing-Datenbank und zentraler (CRM-)Unternehmensdatenbank.

Bevor man mit dem E-Mail-Marketing beginnt, ist es natürlich interessant zu wissen, mit welchen Kosten für die oben genannten Punkte zu rechnen ist. Diese Frage lässt sich pauschal allerdings nicht so einfach beantworten, weil bei der Kalkulation der Kosten für E-Mail-Marketing viele Faktoren mitspielen. Genauso gut könnte man eine Webagentur fragen, was denn der Aufbau einer Website kostet.

Trotzdem soll im Folgenden der Versuch unternommen werden, die Kosten für E-Mail-Marketing transparenter zu machen, indem dem Leser einige Anhaltspunkte gegeben werden, wie und in welcher Höhe erfahrene E-Mail-Marketing-Dienstleister die einzelnen Aufgaben berechnen.

9.1.1 Kosten einzelner E-Mailings

Die Kosten eines einzelnen E-Mailings lassen sich prinzipiell in folgende drei Kostenarten aufteilen:

- Kosten der Vorbereitung,
- Versandkosten,
- laufende Betriebskosten.

Kosten zur Vorbereitung eines E-Mailings

Zu den Vorbereitungskosten für ein E-Mailing zählt im ersten Schritt der Marketing-Aufwand für die Gewinnung von E-Mail-Adressen, die mit einem E-Mailing angeschrieben werden sollen. Diese Kosten lassen sich pauschal nicht beziffern, denn sie hängen von den Aktivitäten ab, die zur Adressgewinnung unternommen werden, und können extrem voneinander abweichen.

Werden die E-Mail-Adressen beispielsweise ausschließlich über die eigene Website generiert, so fallen praktisch keine Kosten an, abgesehen von eventuell eingesetzten Response-Verstärkern wie Verlosungen und Gewinnspielen. Werden die E-Mail-Adressen dagegen beispielsweise über ein eigenes Post-Mailing gewonnen, das 0,50 bis 1,00 € pro Brief kostet und eine Response-Quote von (durchaus üblichen) 1 bis 2 % erzielt, so kostet die Gewinnung einer E-Mail-Adresse 25 bis 100 €.

Wenn die E-Mail-Adressen von einem Listbroker angemietet werden, kostet eine Adresse je nach Menge der Profilinformationen nur zwischen 0,05 € (nur E-Mail-Adresse) und 0,50 € (E-Mail-Adresse mit Vorname, Nachname, Postadresse und Interessengebiete). Allerdings sind bei gemieteten Adressen die Streuverluste auch wesentlich höher als bei selbst gewonnenen Adressen. Gemietete E-Mail-Adressen dürfen im Gegensatz zu selbst gewonnenen Adressen auch nur ein einziges Mal angeschrieben werden. Außerdem bekommt der Anbieter die Adressen nie zu Gesicht, weil der Listowner den Versand selbst vornimmt.

Ferner zählen zu den Vorbereitungskosten bei E-Mailings typischerweise die Einrichtungskosten für den E-Mail-Verteiler sowie – bei E-Mails

im HTML-Format – zusätzlich die Kosten für das Design des HTML-
Layouts. Diese Tätigkeiten werden von Dienstleistern in der Regel nach
Aufwand mit Stundensätzen zwischen 80 und 120 € abgerechnet.

Soll der Inhalt des E-Mailings anhand der Empfängerprofile individualisiert werden und/oder erfolgt ein personenbezogenes Link-Tracking,
dessen Ergebnisse den Empfängerprofilen zugeordnet werden sollen, so
fallen zusätzlich die Installations- und Konfigurationskosten für eine
E-Mail-Marketing-Datenbank zum Speichern dieser Profile an. Hierfür
sollte auf jeden Fall mit einem hohen dreistelligen bis niedrigen vierstelligen Euro-Betrag gerechnet werden.

Sollen in die E-Mail-Marketing-Datenbank Stamm- und Profildaten
übernommen werden, die der Anbieter gesammelt hat, entstehen weitere
Kosten für die Konvertierung dieser Daten in ein geeignetes Format.
Eventuell müssen die Daten auch um Dubletten oder Inkonsistenzen be-
reinigt werden. In diesem Fall können sich die gesamten Einrichtungskosten für die E-Mail-Marketing-Datenbank bei sechsstelliger Auflage des
E-Mailings auf einen höheren vierstelligen Euro-Betrag belaufen.

Kosten pro Versand eines E-Mailings

Die Versandkosten für ein E-Mailing richten sich nach der Anzahl der
versendeten E-Mails, deren Dateigröße und eventuell dem versendeten
Format (Text, HTML oder Flash), weil diese drei Parameter die Kosten
des Dienstleisters maßgeblich bestimmen.

Wer lediglich ein simples personalisiertes E-Mailing ohne Bounce-Management und Link-Tracking versenden möchte, sollte, abhängig von dessen Auflage, mit Kosten von 0,2 Cent (nur bei sechs- bis siebenstelligen
Auflagen) bis 2 Cent pro E-Mail rechnen. Hinzu kommt – zumindest bei
kleineren Auflagen – meist eine Handling-Pauschale von 100 bis 200 € pro
Versand.

Anbieter, die für den Versand mehr Komfort wünschen und die unzus-
stellbaren E-Mails und Autoresponder-Antworten auf ihr E-Mailing
automatisch verarbeiten lassen wollen und wissen möchten, auf welche
Links in ihrem E-Mailing wie oft geklickt wurde, sollten mit doppelt so
hohen Versandkosten von 0,4 bis 4 Cent pro E-Mail rechnen. Auch diese
Angabe gilt wieder zuzüglich einer Handling-Pauschale von 100 bis 200 €.

Falls ein Anbieter dem Dienstleister die E-Mail-Inhalte nicht versand-
fertig in Form von Text- und HTML-Dateien, sondern beispielsweise im
Word-Format liefert, fallen zusätzliche Konvertierungskosten an, denn
eine Word-Datei lässt sich nicht einfach als E-Mail verwenden. Dies gilt
übrigens selbst dann nicht, wenn man das Word-Dokument für E-Mails
im Textformat als „Nur Text" oder für E-Mails im HTML-Format als

„Webseite" speichert – auch wenn Microsoft vielleicht etwas anderes behauptet. Die Konvertierungskosten werden gewöhnlich auf Stundenbasis mit 80 bis 120 € pro Stunde abgerechnet.

Wenn der Anbieter von seinem Dienstleister spezielle Auswertungen und Analysen der Rückläufe wie z.B. die Bounce-Verteilung oder eine Link-Klick-Statistik wünscht oder die Einrichtung von Zusatzfunktionen wie kontextsensitive Autoresponder, entstehen zusätzliche Kosten, die aufgrund der dafür erforderlichen Datenbank- oder Programmierkenntnisse mit höheren Stundensätzen von 120 bis 150 € abgerechnet werden.

Betriebskosten eines E-Mailings

Für den Betrieb des E-Mail-Verteilers und der E-Mail-Marketing-Datenbank (sofern vorhanden) fallen laufende Kosten an, die abhängig von der Größe des Verteilers und der Menge der gespeicherten Daten sind.

Für E-Mail-Verteiler muss, abhängig von der Größe des Verteilers, mit monatlichen Betriebskosten von 0,2 bis 1 Cent pro E-Mail-Empfänger gerechnet werden. Bei kleineren Verteilern mit wenigen tausend Empfängern erheben Dienstleister stattdessen eine monatliche Pauschale von 100 bis 200 €.

Kommt neben dem E-Mail-Verteiler zusätzlich eine E-Mail-Marketing-Datenbank zum Einsatz, so fallen hierfür Kosten an, die mindestens so hoch wie die Verwaltungskosten für den E-Mail-Verteiler sind.

Handelt es sich bei dem E-Mailing um eine Einmal-Aktion, so sollten E-Mail-Verteiler und Datenbank ab dem Versandtermin für etwa einen Monat betrieben werden, weil erfahrungsgemäß selbst nach drei bis vier Wochen noch Rückläufe auf ein E-Mailing in Form von aus den E-Mails nachgeladenen Zählpixeln, Link-Klicks, Abmeldungen etc. eintreffen (beispielsweise von Empfängern, die länger krank oder im Urlaub waren). Nach Ablauf des Monats kann der Dienstleister den E-Mail-Verteiler und die Datenbank abschalten und die Daten an den Anbieter übermitteln.

9.1.2 Kosten eines E-Mail-Newsletters

Bei einem regelmäßigen E-Mail-Newsletter lassen sich die Kosten ähnlich wie bei einem E-Mailing in drei Kostenarten aufteilen:

- einmalige Kosten der Vorbereitung,
- Kosten pro Versand,
- monatliche Betriebskosten.

Kosten zur Vorbereitung eines E-Mail-Newsletters

Ein E-Mail-Newsletter verursacht die gleichen Vorbereitungskosten wie ein E-Mailing. Da es sich bei diesen Kosten um einmalige Ausgaben handelt, fallen sie bei einem Newsletter aber weniger ins Gewicht, weil sie nicht einer Einzelaktion zugerechnet werden müssen, sondern für eine Maßnahme anfallen, die über einen langen Zeitraum läuft.

Neben den Vorbereitungen, die für ein E-Mailing erforderlich sind, müssen für einen regelmäßigen E-Mail-Newsletter Webseiten entwickelt werden, über die sich die E-Mail-Empfänger anmelden, ummelden und abmelden können. Wenn das System zum Versenden der E-Mails HTML-Schablonen unterstützt, fallen auch hierfür Entwicklungskosten an. Diese Dienstleistungen werden in der Regel nach Aufwand mit Stundensätzen zwischen 80 und 120 € abgerechnet.

Nutzt der Anbieter den Dienstleister als ASP, fallen gegebenenfalls auch Schulungskosten für die Mitarbeiter des Anbieters an, die das E-Mail-Marketing-System bedienen sollen.

Kosten pro Newsletter-Versand

Für die Kosten eines Newsletter-Versands gilt das Gleiche, was oben bereits bei den Versandkosten für E-Mailings aufgeführt wurde. Wird ein E-Mail-Newsletter häufiger als einmal pro Monat versendet, gewähren Dienstleister oft einen zusätzlichen Mengenrabatt auf Basis der Gesamtzahl an E-Mails, die monatlich versendet werden.

Monatliche Betriebskosten eines E-Mail-Newsletters

Für E-Mail-Newsletter fallen die gleichen Betriebskosten wie für E-Mailings an, mit dem Unterschied, dass der E-Mail-Verteiler und eine E-Mail-Marketing-Datenbank nicht nur einen Monat lang betrieben werden dürfen, sondern während der gesamten Laufzeit des E-Mail-Newsletters aktiv sein müssen.

Ist für die (CRM-)Unternehmensdatenbank des Anbieters und die E-Mail-Marketing-Datenbank des Dienstleisters ein automatisierter Datenabgleich vereinbart, so entstehen auch hierfür Kosten, die abhängig von der Menge der in den beiden Datenbanken gespeicherten Informationen sind. Bei kleineren Datenmengen und wenig Abgleichbedarf ist eventuell auch ein manueller Datenabgleich wirtschaftlich, der von Dienstleistern aufgrund der dazu erforderlichen Datenbank- und Programmierkenntnisse mit höheren Stundensätzen im Bereich von 120 bis 150 € abgerechnet wird.

Sonstige praktische Erfahrungen

Auch wenn pauschale Aussagen zu den Kosten im E-Mail-Marketing sehr schwierig sind, zeigt die Erfahrung, dass die einmaligen Vorbereitungskosten ohne die Kosten der Adressgewinnung etwa das Zwei- oder Dreifache der monatlichen Betriebs- und Versandkosten betragen. Die Betriebskosten belaufen sich auf etwa 20 bis 35 % der gesamten monatlichen Kosten, während die Versandkosten dementsprechend 65 bis 80 % betragen.

Bei Nutzung eines Dienstleisters als ASP ist das Kostenmodell übrigens oft deutlich einfacher. In diesem Fall berechnet der ASP gewöhnlich eine monatliche Mietpauschale, deren Höhe sich nach der Anzahl der monatlich versendeten E-Mails und der Anzahl der E-Mail-Empfänger, die im E-Mail-Verteiler und der Datenbank verwaltet werden, richtet. Manchmal spielt auch noch die durchschnittliche Größe der E-Mails eine Rolle, oder die maximale Größe der E-Mails wird vom System limitiert.

9.2 Refinanzierung

Damit sich E-Mailings und E-Mail-Newsletter betriebswirtschaftlich rechnen, dürfen sie natürlich nicht nur etwas kosten, sondern müssen auch einen Ertrag produzieren, der mittelfristig über den Kosten liegt. Die Kosten für E-Mail-Marketing-Aktionen lassen sich über verschiedene Geschäftsmodelle refinanzieren.

9.2.1 Redaktioneller Newsletter oder Marketing-Mailings?

Bevor ein Anbieter sich entscheidet, auf welche Weise er seine E-Mailings oder seinen E-Mail-Newsletter refinanzieren möchte, sollte er überlegen, was der Sinn und Zweck seiner E-Mail-Marketing-Aktivitäten ist:

Bietet er einen E-Mail-Newsletter an, der ein eigenständiges Produkt oder eine Internet-Ergänzung zu einem anderen Medium (z.B. Zeitung, Zeitschrift oder TV) ist? Bietet dieser Newsletter hochwertige redaktionelle Inhalte, die journalistischen Aufwand und Kosten verursachen und über Einnahmen aus dem Newsletter heraus wieder gedeckt werden sollen oder müssen? Diese Newsletter werden im Folgenden als redaktionelle Newsletter bezeichnet (siehe Bild 9.1).

Sind die E-Mailings oder der E-Mail-Newsletter eher ein Direktmarketing- oder Dialogmarketing-Tool, das den Marketing-Mix des Anbie-

wekanet homepage

elektroniknet   franzis   wekashop   webtip   datatip   tk-forum

PC Magazin homepage

PC Magazin*online*

▶ **meldungen**

◆ Boeing vernetzt seine Flugzeuge
◆ AMD I: "Mustang" und "Corvette" in der Entwicklung
◆ AMD II: Athlon unterstützt DDR-Speicher
◆ EU: "Letzte Meile" liberalisieren

☐ **kurzmeldungen**

◆ Sony lizenziert Symbian-Technologie
◆ Ein Porsche für jede Führungskraft bei Mercury
◆ Schon wieder Beschwerde gegen AOL bei der FCC
◆ Elsa präsentiert neues Grafikboard

☐ **service**

◆ Internet-tes
◆ Online-Shopping
◆ Download des Tages
◆ Impressum

Meldungen für Martin Aschoff

Boeing vernetzt seine Flugzeuge

Eine der letzten (fast) internetfreien Bastionen fällt; Boeing will das Internet ins Flugzeug bringen.

"Sky is the Limit" - der Himmel ist die Grenze: Dieses Zockermotto galt bisher auch für Flugreisende. Zwar gibt es bereits jetzt die Möglichkeit, sich in 10 000 Meter Höhe ins Netz einzuklinken, bei Geschwindigkeiten von 2400 bis 9600 bps reicht das jedoch gerade mal für das Abrufen einer möglichst kurzen E-Mail.

Der US-Jetgigant Boeing will diesen Zustand ändern. Unter dem Namen Connexion by Boeing will der Flugzeugbauer aus Seattle das Hochgeschwindigkeits-Internet an jeden Flugzeugsitz bringen. Die weltweite Nr. 1 nutzt dazu eine Entwicklung aus dem militärischen Bereich ihres Geschäfts. Dank einer mehr als einen Meter langen Antenne und einer speziellen Software soll es möglich sein, ununterbrochen Satelliten anzupeilen. Boeing will die Daten mit 128 kbps - also der doppelten Geschwindigkeit einer einzelnen IS DN-Leitung - zum Passagier bringen. Sozusagen nebenbei liefert das System auch Dutzende Fernsehprogramme live an den Sitz.

In einer Vorab-Presseerklärung betont Boeing mit einem Seitenhieb auf seinen größten Konkurrenten Airbus, dass sich die Technik auch in Flugzeuge der Konkurrenz einbauen lasse. Ebenso sei ein Einsatz auf Kreuzfahrtschiffen, Ölplattformen oder in Militärjets möglich. Die in Hongkong beheimatete Cathay Pacific will Connexion by Boeing testweise in ihre Flugzeuge einbauen.

Was die Preise für den Passagier angeht, bleiben die Airlines dem Motto "Sky is the limit" vermutlich treu. Eine Stunde Surfen in luftiger Höhe wird umgerechnet etwa 60 Mark kosten.

http://www.boeing.com

▲ –

AMD I: "Mustang" und "Corvette" in der Entwicklung

Nach amerikanischen Berichten werkelt AMD gerade an einem neuen mobilen Prozessor mit dem Codenamen "Corvette".

Auf der "Windows Hardware Engineering Conference" in New Orleans ist jetzt bekannt geworden, dass AMD, Intel härtester Konkurrent, an einem neuen mobilen Prozessor arbeitet. Unter dem Codenamen "Corvette" soll noch in der zweiten Jahreshälfte eine CPU auf den Markt kommen, die den gerade in der Entwicklung befindlichen "Mustang" ergänzen soll.

Der "Mustang"-Prozessor wird mit weitgehend ähnlichen Spezifikationen den Desktop-Bereich abdecken. Weitere Informationen zu den Leistungsdaten der beiden CPUs sind noch nicht bekannt geworden. Als sicher gilt jedoch, dass der "Mustang" und der "Corvette" in Folge von "Thunderbird" und "Spitfire" antreten werden. AMD will aber versuchen, bei allen Prozessoren mehr Cache anzubieten, als Erzrivale Intel bei seinem Pentium III.

http://www.amd.com

▲ –

Bild 9.1: *Ein typisches Beispiel für einen hochwertigen redaktionellen Newsletter, der das monatliche Angebot einer Computerzeitschrift um tägliche News ergänzt*

ters ergänzt und mit dessen Hilfe zusätzliche Umsätze generiert werden
sollen (z. B. ein Schnäppchen-Newsletter für Angebote aus dem eigenen
Online-Shop)? Diese E-Mailings und Newsletter werden im Folgenden
zusammenfassend als Marketing-Mailings bezeichnet (siehe Bild 9.2).

9.2.2 Marketing-Mailings müssen sich rentieren

Bei Marketing-Mailings ist die Refinanzierung dadurch möglich, dass
diese E-Mailings zusätzlichen Umsatz generieren, indem die E-Mail-
Empfänger beispielsweise Käufe im Online-Shop des Anbieters tätigen
oder ihm Dienstleistungsaufträge erteilen. Die Margen, die mit diesen zusätzlichen Käufen oder Aufträgen erwirtschaftet werden, sollten mittelfristig die Kosten für die Erstellung, den Versand, die Verwaltung und die
Auswertung der Marketing-Mailings übertreffen. Gegebenenfalls muss
ein intensives Link-Tracking betrieben und müssen die ermittelten Ergebnisse penibel ausgewertet werden, um die inhaltliche Zusammenstellung
der Marketing-Mails so lange zu optimieren, bis der Angebotsmix stimmt
und beim Leser die gewünschten Ergebnisse erzielt.

Wird ein Marketing-Mailing per E-Mail an Stelle eines Post-Mailings
versendet, hat sich das E-Mailing bereits dann wirtschaftlich gelohnt,
wenn der vom Mailing generierte Bestellwert mindestens im gleichen Verhältnis zum Bestellwert eines Post-Mailings steht wie die Kosten des
E-Mailings im Vergleich zum Post-Mailing.

Das heißt konkret, wenn die Kosten für ein E-Mailing ein Zehntel der
Kosten eines Post-Mailings gleicher Auflage betragen (was bei größeren
Auflagen ein nicht unüblicher Wert ist), dann reichen schon 10 % des
Bestellwertes im Vergleich zum Post-Mailing für ein ausgeglichenes Ergebnis, weil bei einer Verzehnfachung der Auflage des E-Mailings die
gleichen Kosten wie bei einem Post-Mailing anfallen würden und entsprechend der gleiche absolute Bestellwert generiert werden würde.

Da die Rückläufe aus E-Mailings – eine vergleichbare Adressqualität
vorausgesetzt – oft deutlich über den Rückläufen aus klassischen Post-
Mailings liegen, sind E-Mailings in der Regel weitaus lohnender. Eine em-
pirische Untersuchung des US-Marktforschungsinstituts IMT Strategies
Ende 2001 hat für Mailings an Bestandskunden ein Verhältnis von 10:1
zugunsten von E-Mailings gegenüber Post-Mailings ergeben. So betrugen
in der Studie die durchschnittlichen Aktionskosten pro Bestellung bei
Post-Mailings 25 US-Dollar, bei E-Mailings dagegen nur 2,50 US-Dollar!

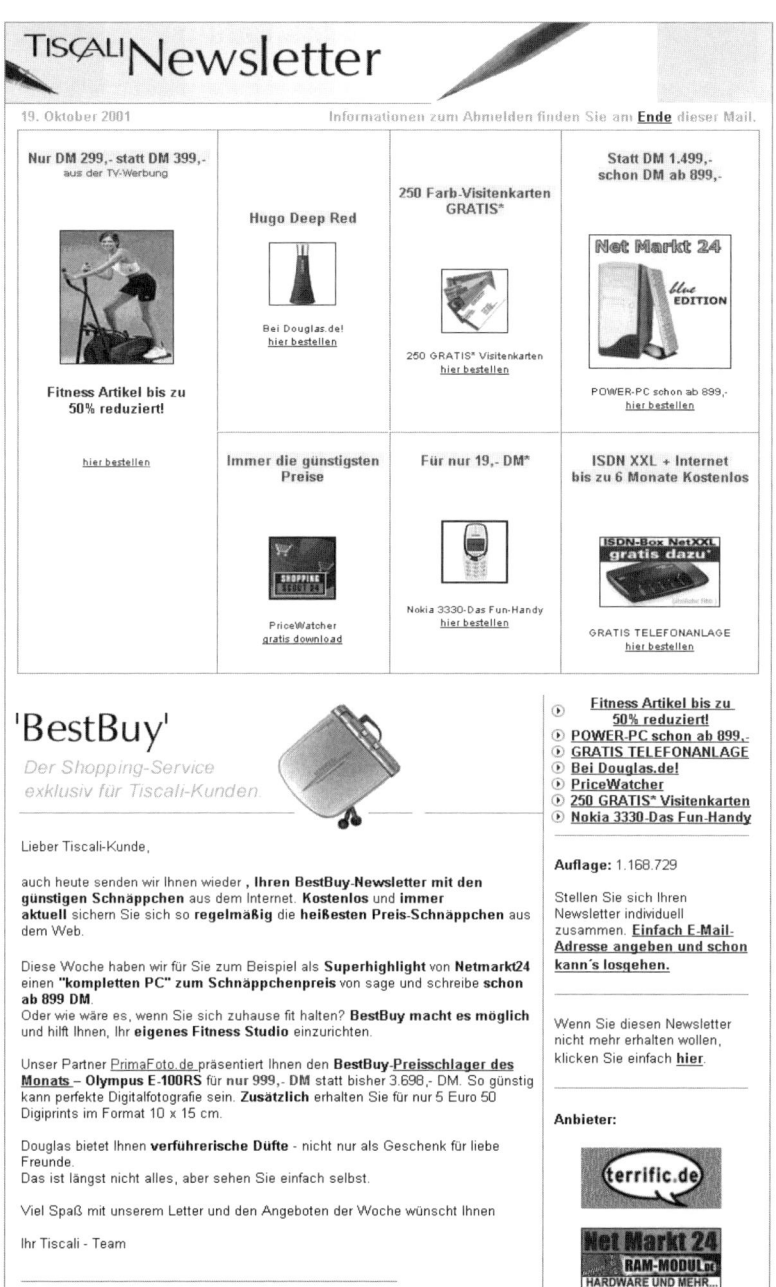

Bild 9.2: Ein Muster eines klassischen Marketing-Mailings, deren primäres Ziel der Abverkauf der darin angebotenen Produkte ist

9.2.3 Erfolgsmessung im E-Mail-Marketing

Viele Untersuchungen und Erfahrungen sprechen für Marketing-Mails, doch um den genauen wirtschaftlichen Erfolg dieser Aktionen messen zu können, muss man deren ROI berechnen. Die Abkürzung ROI steht für „Return on Investment". Der ROI-Wert gibt an, welchen (finanziellen) Rücklauf die Investition in eine bestimmte Aktion, beispielsweise ein E-Mailing oder einen E-Mail-Newsletter, produziert.

Einer der großen Vorteile im E-Mail-Marketing ist, dass sich fast alle wichtigen Parameter messen lassen, sodass sich der ROI einer E-Mail-Marketing-Aktion exakt berechnen lässt. Im Folgenden wird die Berechnung von fünf ökonomischen Kennzahlen vorgestellt, die Schritt für Schritt zu einer ROI-Analyse führen:

1. Kosten pro Tausend (TKP: Tausender-Kontaktpreis)

Im ersten Schritt wird berechnet, wie viel eine E-Mailing-Aktion pro 1.000 Empfänger kostet. Dazu werden die Kosten der Aktion durch die Anzahl der Empfänger geteilt und mit 1.000 multipliziert. Kostet ein E-Mailing beispielsweise 1.000 € und wird es an 20.000 Empfänger versendet, so beträgt der **TKP**-Wert 50 €, d.h. die Kosten pro 1.000 Empfänger liegen bei 50 €.

2. Kosten pro Klick (CPC: Cost per Click)

Im zweiten Schritt werden die Kosten pro Link-Klick ermittelt. In diesem Fall werden die Kosten der Aktion durch die Anzahl der Empfänger, die mindestens auf einen Link geklickt haben, geteilt. Damit weiß ein Anbieter, was er pro Empfänger, der auf die Aktion reagiert, zahlt. Kostet eine Aktion 1.000 € und klicken beispielsweise 2.000 Empfänger, so beträgt der **CPC**-Wert 0,50 €.

Das Verhältnis zwischen TKP und CPC gibt die Klickrate, auch „Click Through Rate" oder **CTR** genannt, wieder. Beträgt der CTR-Wert wie im Beispiel oben 10 % (d.h. jeder zehnte Empfänger klickt), so liegt der TKP-Wert geteilt durch 1.000 (d.h. die Aktionskosten pro Empfänger) entsprechend bei 10 % des CPC-Wertes.

3. Kosten pro Bestellung (CPO: Cost per Order)

Noch einen Schritt weiter in Richtung ROI geht die Berechnung der Kosten pro Bestellung. Diese Kosten lassen sich ermitteln, indem die Aktionskosten durch die Anzahl der Bestellungen geteilt werden. Werden bei Aktionskosten von 1.000 € genau 100 Bestellungen generiert, so liegt der **CPO**-Wert bei 10 €.

Das Verhältnis zwischen CPC und CPO wird durch die Konvertierungsrate, auch „Prospect Conversion Rate" oder **PCR** genannt, bestimmt. Der PCR-Wert gibt an, welcher Prozentsatz der Reagierenden tatsächlich etwas bestellt. Liegt der PCR-Wert wie im Beispiel oben bei 5 %, so beträgt entsprechend der CPC-Wert 5 % des CPO-Wertes.

4. Deckungsbeitrag I (DB I)

Der entscheidende Schritt bei der ROI-Analyse ist die Berechnung des Deckungsbeitrags. Dieser Schritt kann auch völlig unabhängig von den drei vorhergehenden Schritten durchgeführt werden. Gewöhnlich macht es jedoch Sinn, alle fünf Kennzahlen zu ermitteln, um ein umfassendes ökonomisches Bild der jeweiligen Aktion zu erhalten und Schwachstellen (z.B. eine schlechte Konvertierungsrate) identifizieren zu können.

Für die Berechnung des Deckungsbeitrags muss zuerst die Anzahl der Bestellungen mit dem durchschnittlichen Bestellwert multipliziert werden, um den Umsatz, den die Aktion generiert, zu ermitteln. Von diesem Umsatz werden die dem verkauften Produkt bzw. der Dienstleistung direkt zurechenbaren (variablen) Herstellungskosten abgezogen. Bei diesen Kosten kann es sich beispielsweise um die Kosten für Wareneinsatz, Material- und Produktionskosten, Fertigungslöhne oder Versandkosten handeln.

Entscheidend ist der Vergleich des DB I mit den Aktionskosten: Liegt der DB I über den Aktionskosten, so wird ein positiver Deckungsbeitrag erwirtschaftet, also ein Überschuss.

Beispiel: 100 Bestellungen generieren einen durchschnittlichen Bestellwert von 50 €, sodass der Gesamtumsatz bei 5.000 € liegt. Die direkt zurechenbaren Kosten betragen 3.750 €, sodass der DB I bei 1.250 € liegt (also 25 % des Umsatzes). Da dieser Wert höher als die Aktionskosten von 1.000 € ist, erwirtschaftet die Aktion einen positiven Überschuss.

5. Kapitalertrag (ROI: Return on Investment)

Vom DB I ist es nicht mehr weit bis zum ROI: Der ROI-Wert gibt den prozentualen Kapitalertrag auf das investierte Kapital (in diesem Fall die jeweiligen Aktionskosten) an. Dazu wird der Deckungsbeitrag durch die Aktionskosten geteilt und mit 100 multipliziert, um den jeweiligen Prozentwert zu erhalten. Eine Aktion mit einem ROI von 100 % bedeutet demnach, dass das investierte Kapital durch den erwirtschafteten Deckungsbeitrag zu 100 % wieder „zurückgekehrt" ist, d.h. der Break-Even-Punkt erreicht wurde.

Deckungsbeitrag und ROI sind unmittelbar miteinander verknüpft: Bei einem positiven Deckungsbeitrag liegt der ROI über 100 %, und umgekehrt beträgt der ROI bei einem negativen Deckungsbeitrag weniger als 100 %. Im oben aufgeführten Beispiel werden 1.000 € investiert, um 1.250 € zu erwirtschaften. Der ROI dieser Aktion liegt demnach bei 125 %, also deutlich über dem Break-Even-Wert von 100 %.

9.2.4 Erfolgsmessung für Fortgeschrittene

Wichtig bei den hier vorgestellten Deckungsbeitrags- und ROI-Betrachtungen ist, dass in diesen Berechnungen Nebenwirkungen wie Imagegewinn, Folgebestellungen, Cross-Channel-Shopping, Multiplikatoreffekte etc., die nicht oder nur schwer messbar sind, völlig unberücksichtigt bleiben. Da diese Effekte jedoch ebenfalls monetäre Auswirkungen haben, kann sich eine Aktion mittel- und langfristig auch dann rechnen, wenn deren DB I ein gutes Stück unter den Aktionskosten liegt bzw. der ROI etwas weniger als 100 % beträgt.

Darüber hinaus führen Umsatzmessfehler bei der ROI-Berechnung oft zu Werten, die deutlich unter dem wahren ROI liegen, was dazu führen kann, dass eine Kampagne abgebrochen bzw. nicht wiederholt wird, obwohl sie in Wirklichkeit einen ROI von über 100 % erwirtschaftet hat.

Wie kann es zu solchen Umsatzmessfehlern kommen? Das Problem ist, dass der für die ROI-Berechnung erforderliche Wert für den erzielten Umsatz oft zu niedrig angesetzt wird, weil meistens nur die Umsätze erfasst werden, die direkt aus einer Aktion heraus erfolgen. Umsätze, die erst mit Zeitverzögerung oder nicht unmittelbar über Link-Klicks in den E-Mails generiert werden, fließen dagegen häufig nicht in die ROI-Berechnung ein. Ein solcher Fall wäre beispielsweise ein Empfänger, der eine E-Mail im Büro erhält, mangels Zeit aber erst am Wochenende die Website des Anbieters besucht und dort das in der E-Mail beworbene Produkt bestellt.

Wie lässt sich nun sicherstellen, dass zur Berechnung des ROI alle Umsätze herangezogen werden, die tatsächlich aufgrund einer bestimmten E-Mail-Marketing-Aktion erfolgt sind? Die Lösung ist, eine Kontrollgruppe (mit einer statistisch relevanten Größe) anzulegen, deren Mitglieder keine E-Mails im Rahmen der zu messenden E-Mail-Marketing-Aktion erhalten. Die Umsätze dieser Kontrollgruppe müssen mit den Umsätzen der Testgruppe, die die E-Mails erhält, verglichen werden – und zwar bis zu vier Wochen, nachdem die zu messende Aktion beendet ist, um auch alle späteren aus der Aktion resultierenden Umsätze zuverlässig mit erfassen zu können.

In den USA wurde übrigens auf diese Weise festgestellt, dass die so genannten „non-click-customer", d. h. E-Mail-Empfänger, die nicht sofort klicken, sondern erst später kaufen, den wahren Wert für den Umsatz bis um den Faktor 5 erhöhen können. Das führt natürlich zu einem erheblich besseren ROI-Wert und kann eine E-Mail-Marketing-Kampagne, die bei einer konventionellen Betrachtung vielleicht noch negativ war, weit über den Break-Even-Punkt heben.

9.2.5 Kaum ein Leser will für Inhalte zahlen

Es ist traurig, aber nach wie vor die bittere Realität (aus Anbietersicht): Die Refinanzierung eines redaktionellen E-Mail-Newsletters über Abo-Gebühren, die von dessen Lesern erhoben werden, ist nach wie vor sehr schwierig, denn die Internet-Nutzer sind es seit Jahren gewohnt, dass Internet-Inhalte kostenlos zum Lesen angeboten und über Werbung finanziert werden.

Erste Versuche für kostenpflichtige redaktionelle Angebote, wie sie von Zeitschriften wie dem *Spiegel* gestartet wurden, verlaufen trotz der hochwertigen Inhalte nicht besonders vielversprechend. Vielleicht ist aber auch der Zeitpunkt noch etwas früh, denn prinzipiell ist bei allen großen Anbietern mittlerweile eine Tendenz zu kostenpflichtigen Inhalten erkennbar.

Denn weil Werbung als alleinige Finanzierungsquelle nicht ausreicht, gibt es nach wie vor bei vielen Content-Anbietern im Internet Überlegungen, die Leser zur Kasse zu bitten. Doch wer startet als Erster damit? Wer sich vorwagt und Gebühren einführt, während beim Wettbewerb vergleichbare Inhalte noch kostenlos angeboten werden, der wird schnell die Mehrheit seiner Leser an den Wettbewerb verlieren. Aus diesem Grund müssten eigentlich alle Wettbewerber mit Inhalten zu einem bestimmten Thema gleichzeitig Nutzungsgebühren einführen. Aber ob bei solch einem Vorhaben dann wirklich jeder mitzieht (wer als Einziger keine Gebühren einführen würde, hätte einen gigantischen Wettbewerbsvorteil) und was das Kartellamt zu diesem Vorgehen sagen würde, ist fraglich.

Zurzeit besteht nur in exklusiven Content-Bereichen mit sehr wenig Wettbewerb, bei Inhalten mit geldwerten Vorteilen und zahlungskräftigen (gewerblichen) Kunden die Möglichkeit, Gebühren für den Bezug eines redaktionellen E-Mail-Newsletters zu verlangen. Beispiele hierfür wären ein Newsletter für Zahnmediziner zu neuen Behandlungstechniken, ein Newsletter für Apotheker mit Hintergrundinfos zu neuen Medikamenten oder ein Newsletter für Fachanwälte mit aktuellen, aufbereiteten Entscheidungen zu deren jeweiligem Rechtsgebiet.

In diesen Fällen dürfte die Bereitschaft der Leser vorhanden sein, eine überschaubare Gebühr von schätzungsweise 10 bis 30 € pro Jahr (ab-

hängig von der Erscheinungsfrequenz des Newsletters) zu zahlen. Dann
stellt sich jedoch die Frage des Inkassos, d. h., wie kommt der Anbieter an
das Geld seiner Leser heran. Moderne Payment-Verfahren wie z. B.
Click&Buy von Firstgate oder das T-Pay-System der Deutschen Telekom
sind noch nicht so weit verbreitet und erfordern, dass der potenzielle
Leser erst einen gewissen Aufwand betreibt, indem er sich bei dem jeweiligen
Payment-Anbieter registriert. Klassische Zahlungsarten wie Lastschrift,
Kreditkarte oder offene Rechnung sind dagegen für den Anbieter
recht aufwendig, wobei die ersten beiden Zahlungsarten bei Internet-
Nutzern ohnehin relativ unbeliebt sind.

Die beste Möglichkeit, um von Lesern für einen E-Mail-Newsletter
Geld zu verlangen, ist derzeit die Einbettung in ein umfassenderes Angebot,
bei dem der Newsletter nur ein Bestandteil des Services ist. Wenn dieses
umfassende Angebot, das beispielsweise aus einer redaktionellen Website,
einem Datenbankarchiv, moderierten Diskussionsforen und dem
Newsletter bestehen kann, für eine günstige vierteljährliche oder jährliche
Pauschale angeboten wird, besteht die Chance, dass die Leser auch bereit
sind, dafür zu zahlen. Dies gilt allerdings auch wieder nur für Special-Interest-Angebote
mit zahlungskräftigen Zielgruppen und Inhalten, die
nicht an anderer Stelle im Internet kostenlos erhältlich sind.

Es gibt bereits Anbieter im Fachinformationsbereich wie z. B. den Verlag
Praktisches Wissen (www.vpw.de), die E-Mail-Newsletter systematisch,
aber indirekt zur Generierung von Umsätzen einsetzen. Diese
Newsletter werden aus den Inhalten der kostenpflichtigen Internet-Angebote
gespeist und sollen die Leser zum Abschluss von Abonnements
für diese Inhalte verlocken. Es liegen zwar keine offiziellen Erfahrungswerte
vor, da diese Anbieter allerdings schon seit längerem aktiv sind und
nicht aufgegeben haben, liegt die Vermutung nahe, dass auch diese indirekte
Form der Newsletter-Finanzierung funktionieren kann.

9.2.6 Textanzeigen und Bannerwerbung

Die klassische Methode zur Refinanzierung eines redaktionellen E-Mail-
Newsletters sind Banner- und Textanzeigen. Ähnlich wie eine Zeitung
oder Zeitschrift von Werbebotschaften unterbrochen wird, lassen sich
auch in einem Newsletter Textanzeigen und Werbebanner platzieren.
Und während Banner auf Websites bei der werbetreibenden Wirtschaft an
Popularität verloren haben, ist der Trend bei Anzeigen in E-Mail-Newslettern
nach wie vor gegenläufig.

Die Preise für Anzeigen und Banner in einem Newsletter sind abhängig
von dessen Auflage. Gewöhnlich legt man als Basispreis einen Tausen-

der-Kontakt-Preis (TKP) fest. Dieser Preis besagt, wie teuer die Anzeige pro 1.000 E-Mail-Empfänger ist. In den Mediadaten der großen deutschen E-Mail-Newsletter werden offiziell TKPs von 25 bis über 100 € aufgeführt. Die tatsächlich gezahlten TKPs, die von den Herausgebern wie ein Staatsgeheimnis gehütet werden, liegen allerdings oft deutlich darunter. Sie sind abhängig von der Qualität und Zielgruppe des jeweiligen Newsletters und bewegen sich nach unseren Erfahrungen gewöhnlich zwischen 10 € (unbekannter Herausgeber, allgemeine Zielgruppe) und 60 € (renommierter Verlag oder Markenanbieter, spezielle Zielgruppe).

Wenn ein E-Mail-Newsletter Textanzeigen enthält, sollten diese über horizontale Funktionslinien vom eigentlichen Inhalt des Newsletters klar abgetrennt sein und aus vier bis acht, maximal zehn Textzeilen bestehen. Länger sollten Textanzeigen nicht sein, weil sie sonst unter Umständen dazu führen, dass der Leser gar nicht mehr weiterscrollt und dadurch den Rest des Newsletters versäumt. Die Beschränkung der Zeilenzahl sollte für den Werbenden jedoch kein Problem darstellen, denn er kann schließlich über einen Link in der Anzeige auf weiterführende Informationen auf seiner Website verweisen.

Werbebanner, wie sie auch auf Websites im Internet verwendet werden, können aus technischen Gründen nur in E-Mail-Newslettern im HTML-Format eingesetzt werden. Die Banner lassen sich entweder fest im Newsletter einbetten, oder es wird nur eine Referenz eingefügt, die den eigentlichen Banner aus dem Internet nachlädt. Letztere Variante hat den Vorteil, dass die Dateigröße des Newsletters klein bleibt und der Anbieter (oder eine Adserver-Software) die Banner austauschen kann, sodass für verschiedene Zielgruppen unterschiedliche Banner ausgeliefert werden. Der Nachteil dieses Verfahrens ist, dass ein Leser nur ein Loch im Newsletter sieht, wenn er dessen Inhalt offline liest, weil dann der Banner nicht vom Adserver ausgeliefert werden kann.

Für den Verkauf der Werbeflächen in einem Newsletter gibt es zwei Möglichkeiten: Entweder kümmert sich der Anbieter selbst darum, oder er lagert diese Tätigkeit an eine Agentur aus.

Die Selbstvermarktung ergibt eigentlich nur dann Sinn, wenn der Anbieter bereits Mitarbeiter wie beispielsweise die Anzeigenabteilung einer Zeitung oder Zeitschrift im Haus hat, die den Newsletter mit vermarkten können, oder das Thema des Newsletters sehr speziell ist und man die potenziellen Werbekunden ohnehin alle kennt. Einen Verkäufer extra für die Vermarktung eines Newsletters abzustellen ist ansonsten nur sinnvoll, wenn er damit voll ausgelastet ist, was in der Regel aber nicht der Fall sein wird. Im Idealfall sollte das Verkaufsteam sogar aus mindestens zwei Mitarbeitern bestehen, damit Urlaubs- und Krankheitsvertretungen sichergestellt sind.

Andernfalls sollte man die Vermarktung seines Newsletters an einen professionellen Internet-Vermarkter auslagern. Diese Dienstleister haben geschultes Personal und besitzen bereits die entsprechenden Kontakte zu den Werbetreibenden und Online-Mediaagenturen. Außerdem können die Vermarkter den Newsletter zusammen mit anderen Angeboten zu einer kritischen Masse bündeln. Das ist wichtig, weil viele Werbetreibende und speziell deren Mediaagenturen Anzeigen und Banner lieber über einen einzigen Vermarktungspartner buchen als über eine Vielzahl kleinerer Anbieter.

Anbieter, die die Vermarktung ihres E-Mail-Newsletters an eine Agentur vergeben, zahlen zwar – abhängig von dem zu erwartenden Anzeigenumsatz, der Bekanntheit des Newsletters und ihrem Verhandlungsgeschick – 15 bis 50 % des Umsatzes als Provision an den Vermarkter, doch der verbleibende Rest ist reiner Ertrag, weil beim Anbieter keine Personal- oder sonstigen Vermarktungskosten anfallen.

9.2.7 Sponsoring und Promotions

Eine Alternative zu Werbung im Newsletter sind Sponsoring-Vereinbarungen und Promotion-Aktionen. Sponsoring bedeutet, dass der komplette Newsletter oder einzelne Rubriken möglichst über einen längeren Zeitraum hinweg von einem festen Partner in Form von Geld- und/oder Sachleistungen gesponsert werden.

Beispielsweise könnte ein Unternehmen wie Sony eine Rubrik für CD-Musik in einem Newsletter sponsern, indem es in jeder Ausgabe für Verlosungen einen CD-Player und ein Dutzend Musik-CDs zur Verfügung stellt und/oder dem Anbieter einen fixen Geldbetrag zahlt. Im Gegenzug könnte der Anbieter des Newsletters jedes Mal Sony an prominenter Stelle als Sponsor hervorheben und den CD-Player sowie die CDs nennen – bei einem E-Mail-Newsletter im HTML-Format sogar komplett mit Sony-Logo und einem Bild des CD-Players.

Während Sponsoring schon einen Schritt weg von der „harten" Werbung in Richtung Partnerschaft geht, sind Promotions noch einen Schritt weiter entfernt von der klassischen Werbung, weil sie gewöhnlich im redaktionellen Teil eines E-Mail-Newsletters stattfinden. Ein Beispiel für eine Promotion wäre ein Unternehmen wie Club Med, das seine Clubs um Internet-Cafés erweitert hat, einen Urlaub in einem dieser Clubs verlost und den Newsletter-Anbieter für die Promotion bezahlt. Der Newsletter könnte in diesem Fall über Club Med und die Internet-Cafés berichten, zur Teilnahme an der Verlosung für die Reise aufrufen und einen Link auf die Club-Med-Homepage aufführen für die Leser, die mehr zu dem Thema wissen möchten.

Eine Promotion hat für das Unternehmen, das diese Aktion durchführt, den Vorteil der stärkeren Einbindung in das redaktionelle Umfeld des Newsletters. Allerdings muss der Anbieter des Newsletters aufpassen, dass die Promotion zum Inhalt des Newsletters passt und qualitativ so gut ist, dass sie nicht dessen redaktionelle Glaubwürdigkeit bei den Lesern beschädigt. Jede geplante Aktion sollte daher vor dem Abschluss kritisch geprüft und auch die langfristigen Konsequenzen sollten in die Entscheidung mit einbezogen werden.

9.2.8 „Cost per Click" statt Pauschalen

Ein in der werbetreibenden Wirtschaft immer beliebter werdendes Modell für den Verkauf von Anzeigen in E-Mail-Newslettern ist die Abrechnung nach der Anzahl der Klicks (**CPC**: „Cost per Click"). Das bedeutet, dass der Werbende für seine Anzeige nicht einen festen Betrag zahlt, sondern der Anbieter erhebt einen Betrag pro Klick auf den Link in der Anzeige des Werbenden, der beispielsweise zu weiterführenden Informationen oder zu einer Bestellseite führt. Voraussetzung hierfür ist natürlich, dass das E-Mail-Marketing-System, mit dem der Anbieter seine E-Mails versendet, das Link-Tracking beherrscht.

Bei der Klick-basierten Abrechnung ist das Risiko des Werbenden minimiert, weil er – unabhängig von der Auflage und Zielgruppe des Newsletters – nur für die Interessenten zahlt, die tatsächlich auf den Link klicken. Ein üblicher Betrag pro Klick liegt bei 0,25 bis 1 €. Wenn sich bei diesen Klickkosten von den klickenden Interessenten 5 % zu einem Kauf entscheiden, hat ein Neukunde den Werbenden nur 5 bis 20 € gekostet.

Der Anbieter sollte bei einer Klick-basierten Tarifierung die geschaltete Anzeige möglichst prominent in seinem E-Mail-Newsletter platzieren, bei mehreren Schaltungen die Platzierung von den gezahlten Beträgen pro Klick abhängig machen oder beispielsweise für eine Platzierung ganz am Anfang seines Mailings einen zusätzlichen Platzierungszuschlag erheben.

Der Nachteil bei der Klick-basierten Tarifierung für den Anbieter ist, dass er voll im Risiko steht und bei einem unattraktiven Angebot des Werbenden nur wenig verdient, weil nur wenige Leser auf den Link klicken. Auf der anderen Seite ist ein kleiner Verdienst besser als gar kein Umsatz, denn die werbetreibende Wirtschaft lässt sich bei Online-Werbung aufgrund des Überangebotes zunehmend nur noch auf leistungsabhängige Abrechnungsverfahren ein.

Wer seinen E-Mail-Newsletter auch im HTML-Format versendet, sollte übrigens alle Anzeigen unbedingt mit einem Foto des Produktes oder zumindest mit dem Logo des Werbenden ergänzen. Denn erfahrungsgemäß ist die Klickrate bei einem auffällig gestalteten Text mit Produktfoto um den Faktor 2 bis 4 höher als die Klickrate, die eine Textanzeige in einem E-Mailing im Textformat generiert.

10 Aus der Praxis

10.1 Tipps & Tricks für mehr Klicks

Häufig haben E-Mailings und E-Mail-Newsletter zum Ziel, dass deren Empfänger auf die Links in den E-Mails klicken, um Beiträge auf der Website des Anbieters zu lesen, um sich für einen bestimmten Service zu registrieren oder um ein Produkt oder eine Dienstleistung zu kaufen.

Je mehr Empfänger der E-Mailings oder E-Mail-Newsletter auf die Links in den E-Mails klicken, desto erfolgreicher ist die jeweilige Aktion. Oberstes Ziel des Anbieters muss es daher sein, die Klickrate zu maximieren. Doch die Klickrate hängt nicht nur von dem objektiven Angebot hinter dem Link ab, sondern wird ganz maßgeblich von den inhaltlichen Formulierungen und der Gestaltung des Links beeinflusst.

Im Folgenden einige Tipps & Tricks aus der Praxis, mit denen sich die Klickraten auf Links in einer E-Mail optimieren lassen:

Neugierde wecken

Der Leser muss neugierig gemacht werden: Manchmal ist es sinnvoll, nicht gleich alles zu verraten, sondern mit der Neugier des Lesers zu spielen und an der spannendsten Stelle zu stoppen, damit der Leser auf den Link klicken muss, um zu erfahren, wie es weitergeht. Dieses Verfahren nennt man auch „Cliff Hanger". Bekannt ist diese Technik von der letzten, besonders spannenden Szene eines Spielfilms, kurz vor der Werbepause, die dafür sorgen soll, dass der Zuschauer während des Werbeblocks nicht den Sender wechselt.

Den Link per Text verkaufen

Ein Link muss über den Text verkauft werden: Der Anbieter darf bei seinen Formulierungen nicht zu sachlich sein. Dem Leser muss klar werden, welche Vorteile und Nutzen sich hinter dem Link verbergen und was er alles verpasst, wenn er nicht klickt.

Zeitliche Befristung

Ein E-Mail-Empfänger, der nicht gleich beim ersten Lesen klickt, klickt erfahrungsgemäß nie: Um Kaufinteressenten zur sofortigen Klickreaktion zu motivieren, sollte ein gewisser Zeitdruck aufgebaut werden. Dieser lässt sich beispielsweise umsetzen durch eine kurze Frist für ein bestimmtes Sonderangebot oder durch den Hinweis auf die limitierte Stückzahl eines Artikels und dessen Abverkauf nach Bestelleingang.

Den Link per Bild verkaufen

Links sollten auch über Bilder verkauft werden: Wenn es sich bei dem Link um den Verweis auf ein Thema oder ein Produkt handelt, das sich gut visualisieren lässt, sollte in E-Mails im HTML-Format ein thematisch passendes Bild bzw. ein Bild des Produktes neben dem Link gezeigt werden. Erfahrungsgemäß sind die Klicks bei einem Link mit Bild mindestens doppelt so hoch wie bei einem Link ohne Bild.

Links in Textmails klickbar machen

Links müssen klickbar sein: Damit Links in E-Mails im Textformat als solche erkannt und vom E-Mail-Programm entsprechend unterstrichen und klickbar dargestellt werden, sollten diese immer mit der Angabe des Übertragungsprotokolls notiert werden, also z.B. „http://www.domain.de" statt nur „www.domain.de" und für E-Mail-Links „mailto:adresse@domain.de" statt „adresse@domain.de".

Links in HTML-Mails unterstreichen

Links müssen unterstrichen sein: Die Internet-Nutzer haben gelernt, dass Links im Text durch Unterstreichungen gekennzeichnet sind. Von diesem Standard sollte keinesfalls abgewichen werden, auch wenn es technisch möglich ist und der HTML-Designer der Meinung ist, dass Links ohne Unterstreichungen schöner aussehen. Zusätzlich sollten die Links in blauer oder roter Farbe dargestellt werden, damit sie sich noch deutlicher vom Rest des Textes abheben.

Hier klicken

„Klicken Sie hier„: Die konkrete und unmissverständliche Aufforderung zur Tat funktioniert nicht nur im klassischen Direktmarketing, sondern auch im E-Mail-Marketing. Aufforderungen sollten jedoch nicht formuliert werden wie „Nehmen Sie an unserem Gewinnspiel teil", wobei das Wort „Gewinnspiel" mit einem Link hinterlegt wird. Vielmehr sollte der Text „Zur Teilnahme am Gewinnspiel hier klicken!" lauten und das Wort „hier" muss mit dem Link hinterlegt sein, um noch genauer auf den Punkt zu kommen.

Bild- statt Text-Links

Bild-Links statt Text-Links verwenden: Anstelle von Text-Links sollten bei E-Mails im HTML-Format auch Bilder zum Anklicken als Eye-Catcher eingesetzt werden. Allerdings muss in diesen Fällen sofort klar sein, dass sich hinter den Bildern Links verbergen, beispielsweise, indem in den Bildern jeweils ein Cursor abgebildet ist oder unter jedem Bild der Text „Hier klicken" steht oder blinkt.

10.2 Checklisten

10.2.1 Checkliste für E-Mail-Inhalte

Die Ergebnisse im E-Mail-Marketing hängen entscheidend vom Inhalt der versendeten E-Mailings und E-Mail-Newsletter ab. Viele Regeln, die für das klassische Direktmarketing gelten, sind auch für E-Mail-Marketing-Aktionen gültig, doch darüber hinaus gibt es auch einige spezielle, medienspezifische Punkte zu berücksichtigen.

Im Folgenden sind auf Basis zahlreicher Erfahrungen aus der Praxis die Punkte aufgelistet, auf die bei der Erstellung der E-Mail-Inhalte besonders geachtet werden sollte, damit die jeweilige Aktion zum Erfolg führt.

Marketing-Aussage

○ Der Inhalt hat immer eine höhere Priorität als die Gestaltung („form follows function").

○ Zielorientiert formulieren: Immer das Ziel des E-Mailings vor Augen haben.

○ Zielgruppengerecht formulieren: Auf Tonalität und Verständlichkeit für die Zielgruppe achten.

○ Übertriebene „Hype„-Sprache vermeiden, weil sie intelligente Leser abschreckt.

○ Das Wichtigste zuerst schreiben, keinen Spannungsbogen aufbauen.

○ Den Einstieg gegebenenfalls als Teaser verfassen, um den Leser zum Scrollen oder Klicken zu motivieren.

○ Besser ein großes Alleinstellungsmerkmal als mehrere kleine Vorteile kommunizieren.

○ Potenzielle Fragen der Leser antizipieren und kompetent beantworten (Fragen über Fokusgruppen identifizieren).

○ Den Textumfang so knapp wie möglich halten, weil die Leser keine Zeit haben; weniger Wichtiges gegebenenfalls auf Landing Pages auslagern.

○ Kunden sind prinzipiell misstrauisch („Wo ist der Haken?"), daher muss das Angebot in sich stimmig und plausibel sein.

○ Unabhängige und glaubwürdige Referenzen in Form von Kundenzitaten, positiven Presseberichten oder Ergebnissen von Vergleichsstudien nennen, um das Vertrauen der potenziellen Käufer zu gewinnen.

○ Details wie Zahlungsarten, Kündigungsfristen oder weitere technische Informationen gehören nicht in die E-Mail, sondern auf die Bestellseite.

○ Verschiedene Response-Möglichkeiten aufführen: Nicht nur die E-Mail-Adresse, sondern auch Telefonnummer (bei 0180-Nummern den Tarif angeben), Faxnummer und/oder Postadresse nennen.
○ Gegebenenfalls Verlosungen, Gewinnspiele oder Gimmicks für jede Bestellung als Response-Verstärker nutzen.
○ Am Schluss die Aufforderung zum Handeln nicht vergessen.

Text

○ Ein übergreifendes Key Wording (Produktnamen, Slogans, Phrasen, Fachbegriffe etc.) definieren mit dem Ziel, unterschwellig Kontinuität und Glaubwürdigkeit zu kommunizieren.
○ Der Stil: aktiv statt passiv, Indikativ statt Konjunktiv, „Sie" statt „man", Präsens statt Futur, kurz und knackig, keine Hilfsverben, keine Füllwörter und keine Fremdwörter.
○ Kurze Headlines mit kurzen Wörtern und eine klare Gliederung mit überschaubaren Schritten einsetzen (Vorbild: ein „gedrucktes Verkaufsgespräch").
○ Zwischenüberschriften und Leerzeilen zur Verbesserung der Übersichtlichkeit einsetzen.
○ Besser stichwortartige Aufzählungen als ausformulierten Fließtext verwenden.
○ Nicht die Leser mit Wissensballast erschlagen: Die eigene Kompetenz verkaufen, aber keine Fachausdrücke, um die Leser zu beeindrucken.
○ Die Leser direkt und persönlich ansprechen, niemals mit „wir" oder „uns" beginnen.
○ Mit Reizwörtern arbeiten: „exklusiv", „Extra", „Geschenk", „gratis", „heute", „kostenlos", „neu", „sofort", „Sonderangebot", „sparen" etc.
○ Immer positiv formulieren: „Geld-zurück-Garantie" statt „kein Risiko", „perfekte Datensicherheit" statt „Schutz vor dem Plattencrash".
○ Zusammenfassung der Kernaussagen am Schluss (Fazit).

HTML-Layout

○ Key Visuals (Logos, Hausfarben, Schriften etc.) definieren, die durchgängig genutzt werden und Seriosität sowie Vertrauenswürdigkeit signalisieren.
○ Optische Rubrizierung der Inhalte gegebenenfalls durch Farbcodierung („Key Colors") erreichen.
○ Leserführung durch Einstiegspunkte (Titel, Vorspann, Initial, Zwischenüberschrift) und Kontraste bei den Proportionen realisieren.
○ Strukturen durch Absätze, Zwischenüberschriften, Leerraum, Linien und Schatten aufbauen.

○ Den Haupttext in großer Schrift und die Nebentexte in kleinerer Schrift darstellen oder in Textkästen auslagern.

○ Kernaussagen und -argumente im Text durch Hervorhebungen kennzeichnen (Fettschrift, Unterstreichungen oder Hinterlegung mit Leuchtstiftfarbe).

○ Lesbare Typographie verwenden, d.h. keine exotischen Fonts, keine Versalien, keine Brotschrift mit Serifen, keine farbige oder inverse Schrift und kein unruhiger Hintergrund.

○ Links auf weiterführende Informationen klar erkennbar auszeichnen.

○ Ziel muss eine optisch klare und übersichtliche Darstellung sein, nach dem Motto „weniger ist mehr".

○ Gestaltungselemente: Tabellen, Diagramme, Infografiken, Fotos etc.

○ Fotografien (z. B. Lebensstilbilder mit natürlichen Menschen) wirken auf den Betrachter stärker und authentischer als Grafiken.

○ Vorsicht: Zu viel Farbe führt zu Boulevardblatt-Charakter („bunt") und vermindert die Glaubwürdigkeit des Inhalts.

10.2.2 Checkliste für E-Mail-Marketing-Aktionen

Um E-Mail-Marketing-Aktionen professionell durchzuführen, ist eine Vielzahl von einzelnen Schritten erforderlich. Die folgende Checkliste ist aus der Praxis heraus entstanden und sowohl für einzelne E-Mailing-Aktivitäten als auch für mehrstufige E-Mail-Marketing-Kampagnen geeignet. Die einzelnen Punkte sollten in der aufgeführten Reihenfolge systematisch abgearbeitet werden, um den Erfolg der jeweiligen E-Mail-Marketing-Aktion sicherzustellen:

Konzept

○ Strategisches Ziel des E-Mailings/der Kampagne definieren.

○ Taktische Ziele für das E-Mailing/die einzelnen Kampagnenstufen auf Basis des strategischen Ziels definieren.

○ Entscheiden, ob das E-Mailing/die Kampagnenstufen personalisiert, segmentiert und/oder inhaltlich individualisiert werden sollen.

○ Briefing für Produktmanagement/Redaktion und Design/Layout verfassen.

Inhalt und Design

○ Texte für das E-Mailing/die Kampagnenstufen verfassen:
  – am Anfang ein Hinweis, von wem (Webadresse des Anbieters) und warum der Empfänger angeschrieben wird (zur Abgrenzung von Spam-Mails),

– danach (oder am Ende) den Abmelde-Link nicht vergessen,
– Platzhalter für personalisierte Ansprache der E-Mail-Empfänger
  einfügen,
– falls Segmentierung bzw. inhaltliche Individualisierung gewünscht
  ist, für alle denkbaren Varianten/Kombinationen die erforderlichen
  Textbausteine formulieren.
○ Texte auf Verständlichkeit, Zielausrichtung, Rechtschreibung und
  Grammatik kontrollieren.
○ Texte freigeben.
○ Betreffzeile verfassen.
○ Betreffzeile auf Länge, Aussage und Überzeugungskraft prüfen.
○ Betreffzeile freigeben.
○ Gestaltung für E-Mails im HTML-Format entwerfen und in HTML-
  Code umsetzen:
    – Bilder mit beschreibenden Alt-Tags versehen, damit E-Mail-Emp-
      fänger zumindest wissen, was sie hätten sehen sollen, falls Bilder
      nicht nachgeladen werden,
    – falls das Öffnen der HTML-Mails gemessen werden soll, das erfor-
      derliche Zählpixel zum Tracking nicht vergessen.
○ Text formatieren:
    – Textformat mit Zeilenumbruch nach 65 bis maximal 72 Zeichen pro
      Zeile und ausreichend Leerzeilen, Trennlinien durch Bindestriche
      o. Ä., Hervorhebungen durch Großschreibung oder Einrahmung
      mit Plus-Zeichen (Telegrammstil),
    – HTML-Format mit ausreichender Schriftgröße und korrekter For-
      matierung von Umlauten und Sonderzeichen (keine Stylesheets
      und kein Javascript verwenden).
○ Absenderadresse (inklusive Real-Name) definieren.

Versandvorbereitungen

○ E-Mail-Verteiler definieren und in einem für das Versandsystem geeigneten Format einspielen:
    – zuvor überprüfen, ob abgemeldete E-Mail-Adressen tatsächlich aus
      dem Verteiler entfernt oder zumindest deaktiviert wurden,
    – Neuanmeldungen in den E-Mail-Verteiler einpflegen,
    – gegebenenfalls die für Personalisierung und inhaltliche Individuali-
      sierung erforderlichen Felder (sofern vorhanden) in der Datenbank
      einrichten.
○ E-Mail-Verteiler gegebenenfalls für mehrere Zielgruppen segmentieren.
○ Versandzeitpunkt festlegen.

○ Diejenigen Links, die gemessen werden sollen, den Vorgaben des E-Mail-Versandsystems bzw. des Webservers gemäß codieren.
○ HTML-Bildelemente auf einem Webserver bereitstellen (auch für Offline-HTML-Format erforderlich).
○ Prüfen, ob die Webadressen der HTML-Bildelemente im E-Mailing in den Verweisen komplett (statt relativ) angegeben sind.
○ Absenderadresse funktionsfähig schalten (sofern notwendig) und einer Person/Abteilung zuordnen.
○ Bounce-Management für Absenderadresse aktivieren.
○ Wenn Anhänge für das E-Mailing geplant sind, diese zuvor auf Virenfreiheit überprüfen.
○ Wenn Aktionen für Link-Klicks geplant sind (Profilmodifikationen, Autoresponder etc.), diese einrichten.

Tests
○ Absenderadresse und Betreffzeile auf deren Richtigkeit checken.
○ Funktionsfähigkeit der Personalisierung prüfen (männlich/weiblich, Titel, Doppelnamen, zweiter Vorname etc.):
  – Ergebnis prüfen, falls für eine E-Mail-Adresse keine Personalisierungsdaten vorliegen.
○ Vorhandensein des Abmeldehinweises und dessen Funktionsfähigkeit testen.
○ Alle Links auf Funktionsfähigkeit und korrektes Ziel (intern) bzw. Zielseite (extern) überprüfen:
  – falls Link-Tracking gewählt wurde, Codierung der Links und Funktionsfähigkeit sowie Verzögerung der Umleitung prüfen,
  – falls Link-Klicks mit Aktionen verknüpft wurden, deren korrekte Funktionsfähigkeit überprüfen.
○ Optische Darstellung mit verschiedenen E-Mail-Programmen (Outlook, Outlook Express, Thunderbird, T-Online, AOL) und unter verschiedenen Betriebssystemen (Windows, Linux, Macintosh) testen:
  – Textformat: Zeilenumbrüche, Leerzeilen, Umlaute, Sonderzeichen,
  – HTML-Format: Schriftart/-größe, Umlaute, Sonderzeichen, Formatierung, Farben, Bildelemente.
○ Funktionsfähigkeit der Segmentierung bzw. inhaltlichen Individualisierung prüfen (gegebenenfalls nur stichprobenartig):
  – bei Segmentierung prüfen, ob der E-Mail-Verteiler korrekt in die verschiedenen Zielgruppen aufgeteilt wird und diese entsprechend mit unterschiedlichen Inhalten beliefert werden,
  – bei inhaltlicher Individualisierung prüfen, ob die variablen und

optionalen Textbausteine abhängig vom Profil des E-Mail-Empfängers korrekt ein- bzw. ausgeblendet werden.

○ Vorhandensein eventueller Dateianhänge überprüfen.

○ E-Mailing bzw. Kampagnenstufe zum Versand freigeben.

Versand

○ E-Mailing zum festgelegten Zeitpunkt an den vordefinierten E-Mail-Verteiler mit der gewünschten Personalisierung und den inhaltlichen Individualisierungen versenden.

○ Die korrekte Zustellung und Darstellung der E-Mails über Test-Accounts bei den wichtigsten Internet- und E-Mail-Service-Providern überprüfen.

Auswertung

○ Tracking-Ergebnisse (geöffnete HTML-Mails und geklickte Links) erfassen und mit anderen E-Mailings vergleichen.

○ Anzahl der Bounces fünf Tage nach dem Versandtermin erfassen und E-Mail-Adressen, die Hard Bounces generiert haben, löschen bzw. deaktivieren.

○ Entwicklung der Abmeldequote in den ersten sieben Tagen nach dem Versandtermin prüfen, um Akzeptanz des E-Mailings bzw. der Kampagne festzustellen.

○ Ergebnisse der Auswertung in die Erstellung des nächsten E-Mailings bzw. der nächsten Kampagnenstufe einfließen lassen.

10.3 Dos and Don'ts im E-Mail-Marketing

In der Praxis zeigt sich häufig, dass E-Mail-Marketing gemeine Tücken haben kann. So machen Einsteiger in diese Materie immer wieder die gleichen Fehler. Damit der Leser aus den Erfahrungen anderer lernen und sich selbst teures Lehrgeld sparen kann, sind im Folgenden zu den drei großen Themenbereichen E-Mail-Adressen, Inhalte und Organisation die wichtigsten Hinweise zusammengefasst.

10.3.1 Gewinnung von E-Mail-Adressen

Zuerst einige Tipps im Zusammenhang mit der Generierung von E-Mail-Adressen für E-Mail-Marketing-Aktionen:

• Aus rechtlichen Gründen dürfen nur E-Mail-Adressen angeschrieben werden, die hierzu ausdrücklich oder zumindest stillschweigend (z. B.

durch eine bereits bestehende Geschäftsbeziehung) ihr Einverständnis erklärt haben (das so genannte „Opt-in").

- Wer absolute Rechtssicherheit wünscht, sollte bei der Anmeldung zu seinem E-Mail-Verteiler das Double-Opt-in-Verfahren nutzen, d. h. jede Bestätigungsmail an den Anmeldenden muss vom Empfänger per E-Mail oder Link-Klick rückbestätigt werden, um den Anmeldenden bzw. dessen E-Mail-Adresse eindeutig identifizieren zu können.
- Response-Verstärker wie Gewinnspiele und Verlosungen erhöhen die Anmeldequote, allerdings sinkt die Qualität der Zielgruppe mit dem steigenden Wert der ausgelobten Preise (Schnorrer), und die Kündigungsquote (auch „Churnrate" genannt) steigt an.
- E-Mail-Adressen dürfen nie von Listbrokern angemietet werden, die ihre Adressquellen nicht offen legen und nicht schriftlich zusichern können, dass die Adressinhaber Dritten die Erlaubnis gegeben haben, sie per E-Mail anzuschreiben. Im Zweifelsfall sollte sich der Anbieter vom Listbroker von eventuellen Ansprüchen der E-Mail-Empfänger freistellen lassen.
- E-Mail-Adressen dürfen nicht mit anderen Unternehmen getauscht werden, wenn die Erlaubnis nur für das Unternehmen besteht, das die Adressen gewonnen hat (was der Regelfall ist).
- Der beste Anreiz für potenzielle E-Mail-Empfänger, sich anzumelden, ist ein regelmäßiger E-Mail-Newsletter mit hochwertigen redaktionellen Inhalten, die Nutz- oder Unterhaltungswert bieten (Vorbild: professionelle Kundenzeitschrift).
- Wer beim E-Mail-Marketing personenbezogene Daten sammelt, muss die Nutzer vorab deutlich und unübersehbar darauf hinweisen und deren Einwilligung einholen (am besten direkt über die Anmeldeseite).

10.3.2 Inhalte von E-Mailings

Ergänzend zur Adressgewinnung einige Tipps zur Formulierung und Gestaltung der Inhalte von E-Mailings und E-Mail-Newslettern:

- Die Absenderadresse eines E-Mailings muss aussagekräftig und funktionsfähig (gültig) sein, sonst hinterlässt das E-Mailing beim Empfänger einen unseriösen Eindruck.
- Betreffzeilen müssen wie die Headline einer Werbung sehr sorgfältig formuliert werden, weil sie bereits sichtbar sind, wenn die E-Mail noch ungeöffnet ist, und mit entscheiden, ob der Empfänger die E-Mail überhaupt öffnet oder ungelesen löscht.

- Der Abmeldehinweis darf nie vergessen werden und muss so auffällig platziert und so einfach zu verstehen sein, dass ihn auch der flüchtige Leser finden und nachvollziehen kann (alles andere schafft auf Dauer nur Arbeit und Ärger).
- Neben einer E-Mail-Adresse als Kontaktmöglichkeit sollte als vertrauensbildende Maßnahme immer auch eine Nicht-Internet-Kontaktvariante wie eine Telefonnummer, eine Faxnummer und/oder die Postadresse genannt werden.
- Der Inhalt eines E-Mailings darf nicht zu aufdringlich werblich wirken, denn der Leser ist immer nur eine E-Mail bzw. einen Mausklick von der Abmeldung entfernt.
- Die E-Mail-Inhalte sollten nach Möglichkeit personalisiert und inhaltlich auf das Profil des Empfängers zugeschnitten werden, um den jeweiligen Leser gezielter anzusprechen.
- Das HTML-Format sollte nicht als zwingend vorausgesetzt werden, denn es gibt immer noch Empfänger, deren E-Mail-Programm Mails im HTML-Format nicht darstellen kann oder die das Text- dem HTML-Format vorziehen.
- Schriftgrößen in HTML-Mails dürfen wegen der Lesbarkeit nicht unter 10 Punkt liegen. Die Schriften selbst müssen Standardschriften sein, weil sie sonst eventuell auf dem Computer des Empfängers nicht vorhanden sind und durch andere Schriften notdürftig ersetzt werden müssen.
- E-Mails an Privatanwender sollten nie größer als 80 bis 100 KByte sein (aus diesem Grund gilt auch: Hände weg von Flash-Mails an Endkunden).

10.3.3 Organisatorische Punkte

Zuletzt noch einige wichtige Hinweise zur Organisation von E-Mail-Marketing-Aktionen:

- Die Struktur der E-Mail-Marketing-Datenbank und deren Integration in die bestehende technische Infrastruktur müssen langfristig geplant werden, weil nachträgliche Änderungen am Datenbankdesign oder den Abgleichprozeduren aufwendig (und teuer) sind.
- Werden mehr als 2.000 bis 3.000 E-Mail-Adressen angeschrieben, sollte die Bearbeitung der Hard und Soft Bounces sowie Autoresponder-Mails aus Kostengründen durch ein Bounce-Management-System automatisiert werden.
- Die Verwaltung des E-Mail-Verteilers (d. h. die An-, Um- und Abmeldungen der Leser) sollte über geeignete Webformulare und Abmelde-

verfahren optimiert und weitestgehend automatisiert werden, um auf Anbieterseite Arbeitszeit zu sparen.

- Wer mit E-Mail-Marketing startet, muss beachten, dass die E-Mail-Empfänger auch senden können, und sollte daher die entsprechenden Inbound-Kapazitäten (intern oder extern in Form einer E-Mail-Hotline) bereithalten.
- Rückmeldungen auf E-Mails sind für den Empfänger einfach und treten daher gehäuft auf. Diese Chance sollte genutzt und das Feedback sehr ernst genommen werden (auch und gerade auf der Führungsebene). Oft lassen sich auf diese Weise wertvolle Anregungen zur Verbesserung der E-Mail-Kommunikation und der eigenen Website gewinnen, ohne eine teure Fokusgruppe beauftragen zu müssen.
- E-Mail-Marketing ist aufgrund der geringen Kosten, der Schnelligkeit und der messbaren Ergebnisse ideal für die Marktforschung geeignet, daher gilt: testen, testen, testen (z.B. Betreffzeilen, Textlängen, Zielgruppen, Versandzeitpunkte, Versandfrequenzen, Angebotsformen, Preispunkte etc.).

10.4 Fallbeispiele

In den folgenden Abschnitten werden einige E-Mail-Marketing-Fallbeispiele aus der Praxis des Autors vorgestellt, weil praktische Beispiele von erfolgreichen Aktionen in der Regel viel anschaulicher und verständlicher sind als theoretische Konzepte. Weil sich die Unternehmen, die im Internet Erfolg haben, jedoch ungern von Dritten (oder gar dem Wettbewerb) zu tief in die Karten schauen lassen, können im Folgenden nicht alle Details und Kennzahlen erwähnt werden. Das dürfte den Nutzwert der beschriebenen Fallbeispiele jedoch nicht schmälern.

10.4.1 Tiscali: Neue Wege in der Kundenbindung

Das Unternehmen

Tiscali Deutschland ist eine 100-prozentige Tochter der italienischen Tiscali S.p.A., Cagliari. Mit europaweit über 7,6 Millionen aktiven Kunden gehört Tiscali zu den führenden Internet-Service-Providern Europas. Im deutschen Markt wendet sich Tiscali sowohl an Privat- als auch an Geschäftskunden.

Die Zielsetzung

E-Mail-Marketing ist für Tiscali in erster Linie ein Instrument der Kundenkommunikation mit dem Ziel der dauerhaften Kundenbindung und dem Ausbau der Kundenbeziehungen. Die Vorgaben waren, dass sich Kundenbindung durch E-Mail-Marketing zum einen in zusätzlichen Umsätzen mit den aktiven Kunden niederschlägt und außerdem ein Programm zur Kundenreaktivierung aufgesetzt wird, das inaktive Kunden von den Vorteilen der weiteren Nutzung überzeugt. Für Werbepartner sollte darüber hinaus eine attraktive Sonderwerbemöglichkeit in Newsletter-Form geschaffen werden.

Die Lösung

Tiscali entwickelte gemeinsam mit seinem Dienstleister ein Bündel an E-Mail-Marketing-Maßnahmen. Als Basis für die Kundenkommunikation wurde Tiscali News gestartet, ein 14-tägiger Newsletter für alle Tiscali-Kunden. Tiscali News enthält aktuelle Informationen über das Unternehmen, ausführliche Berichte über neue Kommunikationsdienste und Tipps für den optimalen Einsatz der Tiscali-Produkte wie z.B. des Tiscali Fotoservice. Den Kunden wird auf diese Weise die gesamte Leistungspalette nahe gebracht, was zu Kundenbindung, Cross- und Up-Selling führt.

Für Kunden, die für einen Tiscali-Internet-Zugang registriert sind, diesen aber seit einer bestimmten Zeit nicht mehr nutzen, wurde ein Reaktivierungsprogramm namens Win-Back gestartet. Im ersten Schritt erhält der Kunde eine E-Mail, in der die längere Inaktivität zum Anlass genommen wird, Möglichkeiten zur Reduzierung der Online-Kosten zu kommunizieren. Dazu werden günstige Internet-Tarife vorgestellt mit Links zu genauen Tarifinformationen.

Das verwendete E-Mail-Marketing-System registriert bei einem Klick des Empfängers auf einen Link das Interesse des Nutzers für dieses bestimmte Angebot. Einige Tage später wird eine Follow-up-Mail versendet, die das Interesse des Kunden aufgreift und ausführlich alle Vorteile des für den Kunden interessanten Tarifs aufzeigt. Der Kunde kann sich sofort für den Tarif anmelden. In der dritten Stufe des Reaktivierungsprogramms erhält der Kunde einige Tage später ein Incentive (z.B. kostenlosen Musik-Download) sowie einen Online-Tarifberater. Ein Feedbackformular erlaubt die Mitteilung von Kritik oder Problemen.

Das dritte E-Mail-Marketing-Instrument heißt BestBuy. Tiscali-Kunden, die diesen Newsletter bei der Anmeldung abonniert haben, erhalten wöchentlich eine Empfehlung für ein attraktives Schnäppchen aus dem

Internet. Tiscali präsentiert hier das Angebot eines Werbekunden, das zur Response-Steigerung beispielsweise einen Einkaufsgutschein beinhaltet. So erhalten die Tiscali-Kunden Angebote mit echtem Mehrwert und Tiscali kann durch die Sonderwerbeform zusätzlichen Umsatz generieren.

Bei allen drei E-Mail-Marketing-Maßnahmen verwaltet das E-Mail-Marketing-System des Dienstleisters für Tiscali die E-Mail-Empfänger, integriert die An- und Abmeldeseiten nahtlos in die Website von Tiscali und sorgt durch exakte Auswertung der Kundenklicks für zusätzliches Feedback zur Optimierung der E-Mail-Inhalte.

Die Ergebnisse

Alle drei E-Mail-Marketing-Maßnahmen starteten erfolgreich und sind zu dauerhaften Marketing-Tools bei Tiscali geworden.

Die Tiscali News als elektronisches Kundenmagazin halten den Kontakt zum Kunden und sorgen für positive Imagewirkung und erhöhte Kundenbindung. Zusätzlich zu der positiven Imagewirkung erzielt der Newsletter als Kundenbindungsinstrument erhebliche Umsätze durch die Vorstellung interessanter Produkte und Dienstleistungen. Die umfangreichen Reporting-Funktionen des E-Mail-Marketing-Systems erlauben eine exakte Erfolgskontrolle. Aufgrund des großen Erfolgs will Tiscali zukünftig auch die angebotenen Closed-Loop-Funktionen nutzen. Dabei werden die Klicks der Kunden auf bestimmte Themengebiete zu individuellen Interessenprofilen verdichtet, um die Inhalte des Newsletters automatisch an jeden Empfänger individuell anzupassen.

Mit dem Win-Back-Programm kann Tiscali Kunden reaktivieren und binden, die schon fast verloren waren. Dabei senkt der hohe Automatisierungsgrad des E-Mail-Marketing-Systems den Arbeitsaufwand für Win-Back auf ein Minimum. So kann sich Tiscali ganz auf die Erfolgskontrolle konzentrieren. Und die Ergebnisse bestätigen auch hier die Effektivität und Effizienz des E-Mail-Marketings.

Der Tiscali BestBuy-Newsletter ist heute einer der größten Newsletter im deutschsprachigen Raum. Er überzeugt dabei nicht nur durch seine Auflagenhöhe von fast 400.000 Abonnenten, sondern auch durch Qualität. Namhafte Unternehmen wie Otto, eBay oder Opodo buchen den BestBuy-Newsletter und sorgen mit ihren Gutscheinen und Angeboten für hohe Zufriedenheit bei den Abonnenten und zusätzliche Werbeerlöse bei Tiscali.

10.4.2 FOCUS, FREUNDIN, PLAYBOY: Synergien im E-Mail-Marketing

Das Unternehmen

Die TOMORROW FOCUS AG zählt zu den führenden Medienanbietern von Internet- und Printprodukten in Deutschland. TOMORROW FOCUS publiziert anspruchsvolle Informations- und Entertainmentangebote für Endkunden. So werden unter dem Dach der TOMORROW FOCUS AG 15 reichweitenstarke Internet-Portale publiziert. Als Online-Vermarkter zählt TOMORROW FOCUS mit derzeit über 700 Millionen Seitenabrufen pro Monat (Stand 07/2004) zu den bedeutendsten Anbietern auf dem deutschen Markt.

Die Zielsetzung

TOMORROW FOCUS nutzte für seine Internet-Portale schon bisher E-Mail-Marketing. Da die Portale relativ unabhängig voneinander betrieben werden, waren die E-Mail-Marketing-Aktivitäten auf mehrere Dienstleister verteilt. Ziel war die Realisierung von Synergieeffekten durch eine gemeinsame Plattform für alle Portale, darunter etablierte Markenangebote wie FOCUS Online, TV SPIELFILM Online, TOMORROW Online, MAX Online und PLAYBOY Online. Das E-Mail-Marketing-System musste höchsten Ansprüchen an Bedienungsfreundlichkeit und Automatisierung gerecht werden und durfte mit dem Handling sehr großer Datenmengen nicht überfordert sein.

Die Lösung

Als Lösung wurde das System eines auf E-Mail-Marketing spezialisierten Dienstleisters ausgewählt. Alle Portale der TOMORROW FOCUS nutzen das Content-Management-System HPS|cms der TOMORROW FOCUS Technologies. In Zusammenarbeit mit der TOMORROW FOCUS Technologies, einer 100-prozentigen Tochter der TOMORROW FOCUS, realisierte der Dienstleister zunächst die automatisierte Anbindung an HPS|cms. Somit können die Inhalte für die Newsletter problemlos aus dem Redaktionssystem von TOMORROW FOCUS übernommen werden, in das die Redakteure ihre Beiträge eingeben.

Die Anlage von unabhängigen Sub-Accounts für die verschiedenen Portale von TOMORROW FOCUS ist durch die Mandantenfähigkeit des E-Mail-Marketing-Systems möglich. Da TOMORROW FOCUS Technologies als technischer Dienstleister auch externe Kundenprojekte produziert und im E-Mail-Marketing betreut, ist diese Lösung die ideale und flexible Plattform.

TOMORROW FOCUS entschied sich für die Nutzung des E-Mail-Marketing-Systems als ASP-Lösung. Hier steuert der Nutzer seine E-Mail-Marketing-Kampagnen selbst via Webbrowser. Dies erlaubt den weltweiten Zugriff auf die Software ohne jegliche lokale Installation und die damit verbundenen Kosten. Hardware und Software befinden sich im Rechenzentrum des Dienstleisters. Gesteuert werden alle Aktivitäten an den verschiedenen Standorten von TOMORROW FOCUS in Hamburg, München und Offenburg.

Die Newsletter beinhalten meist aktuelle Nachrichten und Themen des jeweiligen Portals. Die Themen werden im Newsletter kurz zusammengefasst und sind per Link mit dem vollständigen Artikel auf der Website verbunden, damit sich anhand der Klick-Statistik die Popularität der Beiträge feststellen lässt.

Die Ergebnisse

TOMORROW FOCUS organisiert alle Newsletter der Portale AMICA, BELLEVUE, CINEMA, ELLE, FIT FOR FUN, FOCUS Online, FOCUS Money, FREUNDIN, Haus+Garten, MAX, mein schöner Garten, PLAYBOY, TOMORROW und TV SPIELFILM mit der Technologie des E-Mail-Marketing-Dienstleisters. Dies gilt auch für die Newsletter Club TOMORROW FOCUS und msn-Networld.

Über drei Millionen E-Mails versenden die Objekte der TOMORROW-FOCUS-Gruppe jeden Monat über das E-Mail-Marketing-System. Durch die gemeinsame Nutzung der technischen Plattform werden die Profile der etwa eine Million Empfänger zentral und effizient verwaltet. Für den Austausch der Daten (z.B. An-, Um-, und Abmeldeinformationen) zwischen dem Dienstleister und den Objekten von TOMORROW FOCUS sorgt ein eigenes Tool. Vollautomatisch und ohne jeden manuellen Aufwand werden alle erforderlichen Daten täglich aktualisiert.

Die inhaltliche Gestaltung der Newsletter ist nur mit geringem Aufwand verbunden. Dank der direkten Anbindung an das Content-Management-System HPS|cms der TOMORROW FOCUS Technologies werden die Inhalte automatisch aus dem bestehenden Redaktionssystem übernommen. Diese Workflow-Optimierung führt bei den Redakteuren zu deutlichen Zeitersparnissen.

TOMORROW FOCUS unterstützt durch E-Mail-Marketing den Brückenschlag von der Offline-Welt der Zeitschriften zur Online-Welt der Portale. Dabei fördern die Newsletter nicht nur die Bindung der Empfänger an die Portale. Auch die Bindung an die Printobjekte kann durch E-Mail-Marketing gestärkt werden: So wird z.B. die Leserbindung

an die monatliche Zeitschrift CINEMA durch den Empfang des wöchentlichen CINEMA-Newsletters erhöht.

Die umfangreichen Auswertungen der E-Mail-Marketing-Plattform
erlauben die komfortable Erfolgskontrolle und laufende Optimierung der
Newsletter. Alle relevanten Kennzahlen wie z.B. Öffnungsrate, Link-
Klicks und Abmeldungen werden grafisch dargestellt und können auf
Ebene verschiedener Mailings oder Kampagnen verglichen werden. Auch
die Entwicklung im Zeitablauf wird analysiert.

10.4.3 COMINVEST: 20% Konvertierungsquote mit Hilfe von E-Mail-Marketing

Das Unternehmen

Die älteste und traditionsreichste deutsche Investmentmarke ADIG ist
ein verlässlicher Partner auf nationalen und internationalen Kapitalmärk-
ten. ADIG-Investment ist die Publikumsfondstochter der im September
2002 gegründeten COMINVEST, die das Herzstück des Commerzbank
Asset Management darstellt und mit einem verwalteten Fondsvermögen
von über 24 Milliarden Euro zu den fünf größten Kapitalanlagegesell-
schaften in Deutschland zählt.

Die Zielsetzung

Die Online-Plattform für Publikumsfonds „ADIG Lounge" bietet
Fondsinteressierten zahlreiche kostenlose Serviceangebote. Im Mittelpunkt steht dabei das persönliche Musterdepot des jeweiligen Nutzers.
E-Mail-Marketing-Aktivitäten über diese Plattform sollen die Kommunikationsfrequenz erhöhen und sowohl ADIG-Lounge-Nutzer informieren als auch Neukunden generieren. Dabei sollen die Informationen aus
den Musterdepots ebenso genutzt werden wie bereits bestehende PDF-
Newsletter.

Die Lösung

COMINVEST hat sich von seinem Dienstleister zu den Möglichkeiten
der gezielten Kommunikation per E-Mail im Rahmen der ADIG Lounge
beraten lassen. Gemeinsam wurden zwei verschiedene Arten der Kundenansprache verwirklicht.

Zunächst kann der Nutzer bei der Registrierung zur ADIG Lounge je
nach persönlichen Interessen bis zu vier thematisch unterschiedliche
Newsletter abonnieren. Jeder Interessent wird durch die Newsletter „Top-
News", „Investment Special", „Marketletter" und „Fonds-Facts-Sheets"
gezielt nach seinen Bedürfnissen informiert, wobei die bereits auf der Web-

site als PDF bestehenden Newsletter durch die zusätzliche Nutzung des E-Mail-Kanals wesentlich weiter verbreitet werden. Um den Kunden einen schnellen Download des Newsletters zu bieten, enthält jeder Newsletter einen Link auf das aktuelle PDF-Dokument und zusätzlich einen Link zur Übersichtsseite bereits erschienener Ausgaben.

Zur Information der ADIG-Lounge-Nutzer über die Performance ihres Musterdepots wurde das E-Mail-Marketing-System des Dienstleisters in die Musterdepot-Anwendung der ADIG Lounge eingebunden. Hier kann die Software ihre Flexibilität bei der Integration in bestehende zentrale CRM-Datenbanken und Data-Warehouse-Lösungen voll unter Beweis stellen. Die Kunden erhalten somit die Möglichkeit, regelmäßig ihren Musterdepotauszug per E-Mail zu beziehen. Dabei kann je nach individuellen Vorlieben eine tägliche, wöchentliche oder monatliche Kommunikationsfrequenz gewählt werden sowie die Darstellung im HTML- oder Textformat. Der automatisierte Datenabgleich mit den Musterdepotdaten bietet durch das XML-Format maximale Aktualität und Datensicherheit.

Die Ergebnisse

Durch ihre E-Mail-Marketing-Aktivitäten kann COMINVEST den Nutzern der ADIG Lounge genau den Mehrwert an Information und Kommunikation bieten, den sie wünschen. Die Empfänger erhalten mit den bestellten Newslettern fokussiert die ihrem Interessenprofil entsprechenden Meldungen, wobei der Mehraufwand auf Seiten der COMINVEST durch die Zweitverwertung der bestehenden Informationen äußerst gering gehalten werden kann. Insgesamt beziehen 91 % der rund 2.300 Kunden der ADIG Lounge mindestens einen der vier angebotenen Newsletter mit einer direkt messbaren Öffnungsquote um 60 %.

Dass E-Mail-Marketing keine Insellösung sein muss, zeigt die flexible Anbindung an die bestehende Musterdepotanwendung. Das E-Mail-Marketing-System erlaubt die schnelle und unkomplizierte Übersicht über die Entwicklungen im Musterdepot und schafft so die Voraussetzung für eine langfristige Kundenbindung. 65 % der Empfänger lassen sich täglich informieren.

COMINVEST verfügt durch die verwendete Technologie schon heute über die Möglichkeit zur inhaltlichen Individualisierung auf Basis von freiwillig angegebenen Profilinformationen bis hin zum Mikro-Marketing per E-Mail. Die Zufriedenheit mit den Services der ADIG Lounge zeigt Wirkung. Von den Nutzern der ADIG Lounge, die Interesse an einem realen Depot haben, konnte rund ein Fünftel in Kunden mit einem realen Depot bei COMINVEST umgewandelt werden.

10.4.4 Baur Versand: E-Mail-Marketing integriert in die eigene IT-Infrastruktur

Das Unternehmen

Der Baur Versand entwickelte sich seit seiner Gründung im Jahr 1925 vom Schuhversandhaus zum fünftgrößten Versandunternehmen Deutschlands. Der über 1.400 Seiten starke Hauptkatalog von Baur und zahlreiche Spezialkataloge bieten ein vielseitiges Qualitätssortiment für die ganze Familie: von Mode über Wohnideen bis hin zu Haushaltsartikeln und Technik. Mit modernster Logistik und neuesten Medien erfüllen über 2.800 Mitarbeiter die Bestellwünsche von ca. vier Millionen Kunden. Bestellt werden kann per Internet, Telefon, Fax oder Post.

Die Zielsetzung

Der Online-Shop ist für einen Universalversandhändler wie den Baur Versand ein unverzichtbarer Vertriebskanal. Zielsetzung war, zusätzlichen Umsatz auf der Website www.baur.de durch die Einführung von E-Mail-Marketing-Aktivitäten zu generieren. Baur war von Beginn an von der Leistungsfähigkeit von E-Mail-Marketing überzeugt und benötigte einen Dienstleister, der auch bei steigenden Anforderungen und einem deutlichen Ausbau der Projekte Schritt halten kann.

Die Lösung

Nach den Vorgaben von Baur entwickelte der gewählte Dienstleister das Konzept für einen E-Mail-Newsletter sowie dessen An-, Um- und Abmeldeseiten für die Website von Baur. Der „Wochenhit„-Newsletter informiert über aktuelle Angebote, Preisreduzierungen, Produktneuheiten und Gewinnspiele und fasst unter einem wöchentlich neuen Motto besonders interessante Angebote zusammen. Die Verknüpfung des Newsletters mit einer eigenen Landing Page im Online-Shop gewährleistet dabei eine einfache Bestellung: Mit nur zwei Mausklicks liegt das gewünschte Produkt im Warenkorb.

Später wurde zusätzlich ein zweites Newsletter-Format eingerichtet, das im „Preishit der Woche" ein Produkt mit besonders attraktivem Preis-Leistungs-Verhältnis vorstellt. Somit erhalten die Empfänger wöchentlich zwei verschiedene Formate des Baur-Newsletters. E-Mail-Marketing dient bei Baur sowohl zur Neukundengewinnung von Interessenten, die den Newsletter auf der Homepage abonniert haben, als auch zur Bindung von Bestandskunden durch die Newsletter-Anmeldemöglichkeit bei jeder Bestellung.

Baur startete zunächst mit einer Fullservice-Dienstleistung. Im Rahmen einer ganzheitlichen Betreuung wurden alle E-Mail-Marketing-Aktivitäten an den Dienstleister ausgelagert. Die umfangreichen Reporting-Funktionen dessen E-Mail-Marketing-Systems erlauben die Durchführung von Tests zur Optimierung des Newsletters im Hinblick auf Design und Text.

Mit zunehmendem Erfolg stiegen Versandvolumen und Erfahrung bei Baur gleichermaßen an. Baur entschied sich für die weitere Nutzung des E-Mail-Marketing-Systems als ASP-Service. Hier steuert der Nutzer vom Schreibtisch aus per Internet seine E-Mail-Marketing-Kampagnen selbst, während sich Hardware und Software des Systems im Rechenzentrum des Dienstleisters befinden. Gegenüber einer eigenen Installation entfallen Hardware- und Softwarekosten (Anschaffung, Support, Upgrades) und ebenso die damit verbundenen Betriebskosten für Verwaltung, Wartung und Backups.

Im weiteren Verlauf entwickelten sich die Umsätze mit E-Mail-Marketing so positiv, dass bei Baur eine langfristige Entscheidung zugunsten der Lizenz des E-Mail-Marketing-Systems getroffen wurde. Zu diesem Zweck installierte und konfigurierte der Dienstleister die erforderliche Server-Hardware und -Software vor Ort im Rechenzentrum von Baur.

Die Ergebnisse

Das Angebot seines Dienstleisters erlaubte Baur eine kontinuierliche Weiterentwicklung des E-Mail-Marketings bis hin zum heutigen Betrieb des E-Mail-Marketing-Systems als Lizenz-Version im eigenen Rechenzentrum. Baur realisiert mit E-Mail-Marketing eine umfassende Kundenansprache mit echtem Mehrwert sowie eine effiziente Neukundengewinnung. Die Abonnentenzahl stieg innerhalb von nur drei Jahren von 40.000 auf fast eine Million Empfänger. Der durch einen Newsletter im Online-Shop getätigte Umsatz ist direkt messbar und liegt zum Teil im sechsstelligen Bereich pro Newsletter. Für die Zukunft denkt man bei Baur bereits an eine individualisierte Ansprache je nach Scoring-Wert des Empfängers.

Da das E-Mail-Marketing-System vollständig vom Dienstleister selbst entwickelt wurde, kann es flexibel in die bestehende Infrastruktur beim Kunden integriert werden. So war auch die Anbindung an die vorhandene IT-Infrastruktur und die relevanten Datenbanken bei Baur schnell und problemlos realisierbar.

Kundenindividuelle Anpassungen der Software selbst sind in der Lizenz-Version ebenfalls möglich. Für Baur wurde das Versandverhalten für eine optimierte Auslastung der vorhandenen Bandbreite dahingehend modifiziert, dass der Versand bereits startet, bevor sämtliche E-Mails fertig generiert sind.

Großunternehmen wie Baur schätzen darüber hinaus den modularen Aufbau des E-Mail-Marketing-Systems für einen ortsunabhängigen Einsatz. Baur trennt den Prozess der Mail-Erzeugung strikt vom Mail-Versand. Die Mail-Erzeugung findet am Sitz von Baur in Burgkunstadt statt, wo Inhalte, Vorlagen und Empfängerdaten zusammengefasst werden. Die generierten Datenpakete werden dann komprimiert im Datenaustauschformat XML zur Konzernmutter Otto Versand nach Hamburg gesendet, um deren großzügige Infrastruktur für den Versand der einzelnen E-Mails an die Empfänger zu nutzen. Die Modularität des E-Mail-Marketing-Systems erlaubt die räumliche Verteilung von Datenbank, Rechenleistung und Bandbreite.

11 Ausblick

11.1 Die zehn Gebote im E-Mail-Marketing

Zum Abschluss dieses Buches sind die zehn wichtigsten Gebote für erfolgreiches E-Mail-Marketing zusammengestellt. Anbieter und Versender sollten überprüfen, ob sie mit ihren E-Mail-Marketing-Kampagnen bereits alle zehn Gebote einhalten. Sollte dies nicht der Fall sein, so steht damit automatisch fest, was die Aufgaben für die nächsten Wochen und Monate sein müssen.

Die zehn Gebote im E-Mail-Marketing

1. Du sollst keine E-Mails ohne Einverständnis der Empfänger versenden.
2. Du sollst dem Empfänger mit der Absenderadresse deutlich signalisieren, wer der Absender ist.
3. Du sollst in der Betreffzeile das Thema der E-Mail nennen oder zumindest anreißen.
4. Du sollst den Empfänger namentlich ansprechen.
5. Du sollst im Text der E-Mail sofort auf den Punkt kommen.
6. Du sollst dem Empfänger in jeder E-Mail eine einfach zu nutzende Abmeldemöglichkeit anbieten.
7. Du sollst vor dem Versand alle Links eines E-Mailings auf Funktionsfähigkeit testen.
8. Du sollst keine E-Mails mit großen Anhängen versenden.
9. Du sollst die Reaktionen auf deine E-Mail-Marketing-Aktionen messen.
10. Du sollst die Ergebnisse deiner Aktionen über Tests mit Listsplits optimieren.

11.2 Entwicklungen im E-Mail-Marketing

In diesem Buch wurde E-Mail-Marketing häufig mit einzelnen E-Mailing-Aktionen und regelmäßigen E-Mail-Newslettern gleichgesetzt. Zurzeit sind diese auch die gängigen Maßnahmen, die Anbieter im Rahmen ihrer E-Mail-Marketing-Aktivitäten durchführen.

Doch E-Mail-Marketing kann noch viel mehr. Im Kapitel 1, Abschnitt 2.4 wurden bereits die Evolutionsstufen im E-Mail-Marketing dargestellt, angefangen bei simplen Textmails über personalisierte HTML-Mails mit Link-Tracking bis hin zur höchsten Stufe, dem 1:1-Marketing. Beim 1:1-Marketing per E-Mail wird mit jedem Empfänger ein inhaltlich und zeitlich individueller, persönlich auf ihn zugeschnittener E-Mail-Dialog geführt. Dies bedeutet nicht die massenhafte, zeitgleiche Aussendung eines E-Mailings an eine bestimmte Zielgruppe, sondern einzelne, inhaltlich individualisierte E-Mails, die dynamisch generiert werden.

In Deutschland experimentieren die innovativen Unternehmen erst mit dem Potenzial des E-Mail-Marketings zur individuellen Ansprache jedes einzelnen Empfängers. In den USA dagegen sind das Mikro- und 1:1-Marketing per E-Mail bereits Alltag bei führenden Unternehmen aus den Branchen Finanzdienstleistungen, Informationstechnik, Internet, Medien, Telekommunikation und Versandhandel. Verglichen mit der Entwicklung im US-Markt hinkt Deutschland derzeit etwa zwei Jahre hinterher, ist erfreulicherweise aber dabei, den Abstand zu verkürzen.

Vor allem der Versandhandel, der in Deutschland eine große Tradition hat, ist beim E-Mail-Marketing als Vorreiter und Wegbereiter zu sehen. Während viele Unternehmen in Deutschland schon auf ihre E-Mails im HTML-Format stolz sind und gerade erst die Möglichkeiten der Personalisierung von E-Mails für sich erschließen, baut der Versandhandel systematisch seine bereits aus dem Kataloggeschäft vorhandenen Kundendaten über Link-Tracking und Profilerhebungen aus. Er analysiert seine Daten per Data Mining (z.B. zur Identifizierung von Zielgruppen-Clustern, zum Ermitteln von Assoziationen und Korrelationen oder zur Entwicklung von Forecasting-Modellen), segmentiert die Kunden in Zielgruppen und spricht diese gezielt und individuell an.

Der allgemeine Trend im E-Mail-Marketing wird sich kontinuierlich vom Massen-Marketing (jeder Empfänger erhält die gleiche E-Mail) zum Mikro-Marketing entwickeln. Mikro-Marketing ist mit dem Medium E-Mail erstmals im großen Stil möglich, weil E-Mail-Marketing eine vollständig elektronische Marketing-Form ist und dessen Potenzial lediglich durch die Möglichkeiten der technischen Plattform limitiert ist, die als Basis für die E-Mail-Marketing-Aktivitäten dient.

11.3 Zukunft der Spam-Bekämpfung

Abschließend noch ein Wort der Warnung: Dem E-Mail-Marketing steht eine großartige Zukunft bevor. Dazu muss es der E-Mail-Marketing-Branche jedoch gelingen, den gewissenlosen Versendern von Spam-Mails das Handwerk zu legen, weil diese durch ihre Aktivitäten bei den E-Mail-Empfängern die Akzeptanz von E-Mails zu Marketing- und Werbezwecken empfindlich stören können. Darüber hinaus setzen die E-Mail-Empfänger vermehrt Spam-Filter ein, die zunehmend mehr False Positives produzieren und damit auch den Versand erwünschter E-Mails beeinträchtigen. Es ist folglich im Interesse jedes Anbieters und Versenders, die Spam-Versender zu bekämpfen, um ihre Aktivitäten zu stoppen.

In diesem Zusammenhang ist der Trend bei den Spam-Filtern hin zu Bayes-Filtern, die gegenüber heuristischen Filtern und anderen Arten von Spam-Filtern eine deutlich geringere Quote von False Positives produzieren, sehr positiv zu sehen. Durch den Bayes-Filter namens Smartscreen, der erstmals in Microsoft Outlook 2003 zum Einsatz gekommen ist, werden sich diese Filter allein aufgrund der großen Popularität und hohen Verbreitung der Microsoft-E-Mail-Programme schnell auf allen PCs mit Windows-Betriebssystem durchsetzen.

Der weltweit größte Internet-Service-Provider AOL hat Ende 2003 eine offizielle Whitelist für E-Mail-Marketing-Anbieter eingeführt. Gemessen werden die Bounce-Quote, deren Handhabung durch den Versender sowie der prozentuale Anteil der Spam-Beschwerden. Nächster Schritt war im Frühjahr 2004 die Einrichtung einer Feedback-Schleife zu den Versendern auf dieser Whitelist, die es AOL erlaubt, in der nächsten Version der AOL-Software einen zentralen Abmelde-Button (ergänzend zu dem bisherigen Report-Spam-Button) zu implementieren und den Abmeldewunsch der AOL-Nutzer, die diesen Button nutzen, automatisiert an den jeweiligen Versender weiterzuleiten.

Diese Entwicklung ist grundsätzlich zu begrüßen, weil erfahrungsgemäß viele AOL-Kunden aus Bequemlichkeit den Report-Spam-Button zum Abmelden aus einem E-Mail-Verteiler nutzen. Dadurch werden allerdings auch rechtskonforme Versender gegenüber AOL als Spam-Mail-Versender beschuldigt, was für diese Versender einen Eintrag in der AOL-Blacklist bedeuten kann!

Die perfekte Maßnahme zur Spam-Bekämpfung wird vermutlich niemals umgesetzt werden können: Diese besteht darin, dass einfach niemand mehr auf Spam-Mails reagiert. Solange jedoch Spam-Versender mit den Angeboten in ihren E-Mailings genügend naive Käufer finden und dadurch finanzielle Erfolge erzielen, wird es schwierig sein, diese Art von E-Mails gänzlich zu verhindern. In diesem Zusammenhang hat eine Untersuchung der BSA im November 2004 ergeben, dass stolze 29 % der Befragten bereits bei Spam-Mail-Versendern Software eingekauft hatten...

Es bleibt viel zu tun!

Stichwortregister